MÃOS QUE CURAM

CB028808

J. BERNARD HUTTON
em colaboração com
GEORGE CHAPMAN

MÃOS QUE CURAM

UM RELATO OBJETIVO E CONVINCENTE DE CURAS ESPIRITUAIS

Tradução
SÍLVIO NEVES FERREIRA

EDITORA PENSAMENTO
São Paulo

Título do original:
Healing Hands

Copyright © J. Bernard Hutton, 1966.
Acréscimos à primeira edição © J. Bernard Hutton e George Chapman, 1978.

Publicado pela primeira vez na Grã-Bretanha por
W. H. Allen & Company Ltd., em 1966.

O primeiro número à esquerda indica a edição, ou reedição, desta obra. A primeira dezena à direita indica o ano em que esta edição, ou reedição foi publicada.

Edição	Ano
6-7-8-9-10-11-12-13-14	04-05-06-07-08-09-10

Direitos de tradução para a língua portuguesa
adquiridos com exclusividade pela
EDITORA PENSAMENTO-CULTRIX LTDA.
Rua Dr. Mário Vicente, 368 – 04270-000 – São Paulo, SP
Fone: 6166-9000 – Fax: 6166-9008
E-mail: pensamento@cultrix.com.br
http://www.pensamento-cultrix.com.br
que se reserva a propriedade literária desta tradução.

Impresso em nossas oficinas gráficas.

DEDICATÓRIA

Eu poderia estar cego; poderia estar morto. Se isso não aconteceu, devo a Pearl, minha esposa, que "descobriu" William Lang para mim e a quem dedico este livro com gratidão.

MILAGRE: um acontecimento maravilhoso que ocorre no período da existência humana e que não pode ter sido provocado por uma força humana ou pela influência de meios naturais, devendo, portanto, ser atribuído à intervenção específica da Divindade ou de algum ser sobrenatural; principalmente um ato (de cura, por exemplo) que revela controle sobre as leis da natureza e que serve como evidência de que o agente é divino ou particularmente auxiliado por Deus.

The Oxford English Dictionary
(edição reimpressa em 1961)

SUMÁRIO

PREFÁCIO

Este é um livro muito singular, redigido habilmente por um talentoso escritor, sobre "cura espiritual", um assunto que poderá correr o risco de ser repudiado como obscuro, caso não se faça uma introdução preliminar.

Ele narra a história real de "milagres" realizados pela cura espiritual através da devotada cooperação de dois homens, um famoso cirurgião clínico, William Lang, que viveu no século XIX e no início do século XX, conhecido por muitos médicos ainda vivos, e seu médium George Chapman, que dedica sua vida à mediunidade através da qual o dr. Lang, como ele gosta de ser chamado, e seus colegas espirituais têm a possibilidade de pôr em prática forças curativas que não se encontram no âmbito do tratamento comum. A maioria dos médicos reconhece perfeitamente as limitações da sua capacidade para aliviar os sofrimentos e as doenças. Este livro, certamente, poderá ajudar a convencê-los da veracidade da cura espiritual e das suas potencialidades.

A finalidade deste livro, entretanto, é muito mais ampla e traz uma mensagem de esperança para todos os que estão aflitos e desesperados, a despeito da dedicada atenção de médicos e enfermeiras.

Não posso afirmar com muita ênfase que este não seja um livro sobre o Espiritismo; ele se constitui num relato muito humano e comovente de "milagres de cura". O Autor inclui o seu próprio milagre e admite que, da mesma forma que muitas pessoas, ele jamais ouvira falar do corpo espiritual que, apesar de invisível, é uma parte integrante de todos nós. Para muitos, essa proposição pode parecer estranha mas, sabendo disso, o dr. Lang transmite a todos os que o visitam a simplicidade dessa idéia e a razão óbvia pela qual é possível, através do corpo espiritual, receber tratamento de ajuda para o corpo físico.

Não existe nada neste livro que possa melindrar qualquer tipo de crença religiosa, ou mesmo a sua ausência. Nem tampouco há qualquer intenção de provocar emoções para delas se aproveitar. Tudo o que nele está relatado é uma apresentação de *fatos comprovados*.

Estou convencido de que os milagres descritos não são fantasias da imaginação. Compreendo como é difícil para os médicos aceitarem aquilo que não é comprovado pelos métodos usuais de avaliação, mas este é um livro que poderá estimular bastante tanto médicos como pacientes para uma posterior e desapaixonada pesquisa. Quanto maior for o ceticismo inicial maior será a convicção final.

Não hesito em dizer que, a partir da minha própria experiência na profissão cirúrgica, aceito sem questionar que "milagres" podem ocorrer e, na realidade, ocorrem sob as condições tão honestamente apresentadas pelo sr. Hutton em seu livro que, acredito, no devido tempo, será considerado como uma referência pioneira da até agora pouco conhecida "Ciência da Cura".

EDWARD TOWNLEY BAILEY, bacharel em Medicina,
bacharel em Ciências e Membro do Colégio de
Cirurgiões (Inglaterra)
Cirurgião clínico ortopedista

NOTA DO AUTOR

Quando pela primeira vez me deparei com o nome de George Chapman e li que o seu guia médico espiritual era o falecido William Lang, membro do Colégio de Cirurgiões da Inglaterra, do Hospital de Olhos de Middlesex e Moorfields, pouco ou nada sabia sobre cura espiritual. Era difícil para mim aceitar quaisquer afirmações de que "operações" espirituais e tratamentos semelhantes pudessem curar doenças incuráveis (ou graves) que não haviam reagido aos cuidados médicos ortodoxos. Eu não acreditava em milagres. Portanto, não era verdadeiramente surpreendente que, tendo um encontro marcado com George Chapman para o dia 6 de janeiro de 1964, houvesse me dirigido para Aylesbury com certas reservas. Eu ia "conhecer o médico espiritual Lang".

A visita mostrou-se gratificante, porque, depois de ser curado pelo dr. Lang, não me restaram mais dúvidas de que a sua operação espiritual tinha, na realidade, provocado resultados que não foram apenas surpreendentes mas também convincentes.

Quanto mais evidente se tornava a melhoria de minhas condições de saúde, mais forte era o desejo existente em meu pensamento de me familiarizar com o excitante assunto da cura espiritual. Dei os meus primeiros passos nesse sentido analisando algumas evidências disponíveis sobre o trabalho do dr. Lang e de George Chapman. Descobri que a minha própria experiência era semelhante à de milhares de casos onde o médico espiritual tinha obtido êxito provocando resultados extraordinários.

No entanto, havia muitíssimo mais que eu deveria tomar conhecimento se quisesse publicar um relato imparcial e autêntico do trabalho de Lang e Chapman. Ambos disseram que me ajudariam da melhor forma que lhes fosse possível. O cenário estava pronto e eu poderia levar avante a cansativa porém gratificante tarefa a que me havia proposto.

Houve muitas entrevistas gravadas em fitas com o dr. Lang, enquanto ele estava incorporado em seu médium em estado de transe. Houve reuniões com George Chapman durante o seu estado desperto. Essas entrevistas geralmente tomaram a forma de interrogatórios, questionamentos obstinados e pedidos de provas de qualquer afirmação feita. Viajei milhares de quilômetros pela Grã-Bretanha para entrevistar pacientes de Lang que eu havia escolhido aleatoriamente dos volumosos arquivos de históricos médicos de Chapman. À medida que o tempo passava, reunia rolos e rolos de fitas gravadas com declarações de pessoas que afirmavam que Lang as havia curado. Algumas delas sustentaram que haviam sido totalmente curadas por Lang de doenças que os médicos nos hospitais haviam considerado incuráveis.

Além de entrevistar pacientes, também confrontei as suas declarações com os seus históricos médicos. Eu desejava estar plenamente certo de ter em mãos *fatos* e não relatos emocionais profundamente tendenciosos (e possivelmente imprecisos).

Todos os nomes de pacientes e seus locais de residência publicados neste livro são autênticos. Aproveito esta oportunidade para agradecer a cada um deles pela sua bondosa ajuda e cooperação, pois, se essas generosas pessoas não me tivessem permitido registrar os seus casos individuais e publicar as suas verdadeiras identidades, a autenticidade e a credibilidade dos feitos de Lang e Chapman poderiam estar sujeitas a sérias dúvidas.

Quero também agradecer a William Lang e a George Chapman pela sua incansável assistência, uma vez que sem a sua inestimável ajuda não me teria sido possível escrever este livro. Expresso um débito especial de gratidão a Liam Nolan por sua orientação e ajuda na feitura deste livro – esforços que vão muito além das funções de um amigo.

Tendo a certeza de haver escrito um livro incomum, quero deixar plenamente claro que não tenho a mais leve intenção de tentar influenciar ou converter quem quer que seja a uma nova maneira de pensar. Minha tarefa termina com a apresentação de um relato objetivo da verdade sobre o assunto em questão.

J. Bernard Hutton

PRÓLOGO

Era um dia de outono de 1963 e, à medida que o ano findava, a vida parecia estar também se esvaindo de mim. O médico, de pé ao lado da minha cama, falava com uma voz calma e grave. Mantínhamos relações de amizade e, uma vez que jamais em minha existência havia me sentido tão doente quanto agora, eu sabia que ele seria honesto na resposta à pergunta que lhe fiz sobre o mal que me afligia.

"Você é portador de um tipo de poliomielite que não provoca paralisia", disse ele. "Mas quero que faça alguns exames de sangue."

As palavras me deixaram em pânico. Poliomielite – será que na verdade eu a contraíra? A afirmação "que não provoca paralisia" não aliviou o meu medo. Eu não sabia o que dizer. Sentia-me como se a minha cabeça tivesse sido aberta em bandas. Meus braços e minhas pernas latejavam de dor lancinante e, quando tentei ficar em pé, uma vertigem tomou conta de mim. Poliomielite. A palavra martelava e ecoava em meu cérebro. Passei então por um período em que o tempo e os detalhes se fundiam. O hospital, exames de sangue, macas, sono, fraqueza, confusão, dor. Antibióticos mostraram-se ineficazes.

E então comecei a ficar cego.

Durante toda a minha vida eu havia sofrido de uma deficiência visual e desde julho de 1958 tinha estado sob os cuidados de um famoso especialista em oftalmologia, o dr. Hudson. Desde o início, ele havia sido totalmente honesto para comigo e eu já começara a aceitar o fato de que havia uma chance mínima de melhora da minha visão.

Certa manhã, numa ocasião em que eu me encontrava totalmente desolado, minha esposa, Pearl, colocou em minhas mãos um exemplar do *Psychic News*. "Leia a história desse homem de Aylesbury", disse ela.

Nessa época eu andava bastante irritado, gritando continuamente com Pearl e com as crianças. A idéia de forçar os meus olhos para tentar distinguir as palavras de tipo miúdo do jornal era demais. "Não seja ridícula", disse eu. "Você sabe como é difícil para mim ler até mesmo um livro com letras graúdas; sem falar que isso é uma bobagem sem qualquer sentido."

"Não, por favor, leia-a, Joe, por favor", insistiu Pearl.

Resmungando, levantei o jornal até a ponta do nariz para tentar focalizar as palavras. Eu estava dolorosamente consciente do fato de que qualquer pessoa que olhasse para mim naquela situação seria tentada a rir. Isso, mais do que tudo, me havia induzido a abandonar totalmente a leitura, exceto quando estava sozinho. Mesmo então, o esforço e a dor nos olhos faziam disso uma provação.

Tive de procurar a página na qual estava a história que Pearl queria que eu lesse. Estava a ponto de atirar o jornal para longe de mim, cheio de ira pela frustração, quando distingui um trecho sobre acontecimentos notáveis ocorridos em Aylesbury. Referia-se a operações de olhos que, segundo dizia o jornal, estavam sendo realizadas por um médico espiritual.

Voltei ao início da história e comecei a lê-la com muito esforço. Ela falava de um certo dr. Lang, que havia sido um famoso oftalmologista na última metade do século XIX e na primeira do século XX. Ele havia morrido em 1937 mas agora, dizia a história, estava operando através de um médium de Aylesbury.

Baixei o jornal com um comentário zombeteiro. Pearl, no entanto, pensava de modo diferente. "Por que você não faz uma tentativa, Joe?" ela objetou. "Poderíamos ir de carro até lá e, pelo menos, *ver*." De início, minha recusa fora inabalável, mas finalmente cedi. Concordei em escrever marcando uma consulta.

O médium era um homem chamado George Chapman. Dois dias mais tarde recebi a resposta dele comunicando que o dr. William Lang poderia me receber às 2 horas da tarde do dia 6 de janeiro de 1964.

Bem, pensei eu, se isso for uma brincadeira, pelo menos o sr. Chapman está obedecendo às suas regras com todo o cuidado. Olhei novamente para a carta. O *dr. Lang* iria me receber, dizia ela. Eu sabia o bastante sobre espiritismo para compreender que o sr. Chapman estaria em transe, tendo como guia o médico espiritual.

No dia 6 de janeiro, saímos de nossa casa em Worthing de manhã cedo. Devido às condições dos meus olhos, Pearl de há muito havia assumido as funções de motorista e, como iríamos ficar fora durante todo o dia, as crianças também tiveram que nos acompanhar.

Às cinco para as duas bati à porta da casa do sr. Chapman. Acho que por trás da minha disposição se encontrava o pensamento de que, se tudo o que fora planejado não passasse de um embuste, o caso poderia se transformar numa história interessante para os jornais de domingo.

Fui conduzido à sala de espera e, alguns minutos depois, a recepcionista disse: "Sr. Hutton, o dr. Lang o receberá agora." Mais uma vez, o *dr. Lang* iria me receber.

Observei atentamente, através das minhas grossas lentes, a figura vestida de branco, de pé junto à janela da sala de consultas. O rosto parecia enrugado, o rosto de um velho, enquanto os olhos estavam firmemente fechados. Surpreendi-me quando, sem abrir os olhos, o homem de branco disse: "Bem, o que o preocupa, jovem?"

Mais uma vez fiquei surpreso. Eu não era um jovem, certamente não tão jovem como o médium Chapman, cuja fotografia eu havia visto no *Psychic News*. Agora que me encontrava a alguns passos no interior da sala, podia notar a semelhança entre a figura que se mantinha de pé e a fotografia de Chapman. Mas seu rosto me parecia muito mais velho. As rugas e linhas eram marcas de uma velhice real, embora eu soubesse que Chapman tinha pouco mais de quarenta anos.

A figura vestida de branco moveu-se na minha direção com os olhos ainda fechados.

"Eu sou o dr. Lang", disse. Até a voz soava como a de um velho, pensei. "Você queria me ver, não?"

"Sim", disse-lhe.

Ele estendeu a mão direita na minha direção e eu ergui a minha, mas apenas a meio caminho. Eu estava observando o seu rosto. Seus olhos não se abriram. Mas sua mão, sem tatear ou hesitar, encontrou a minha.

"É um prazer conhecê-lo", disse ele. "Sente-se aqui, por favor." Ele indicou uma cadeira, de frente para a janela. Do lado de fora, o dia estava cinzento e frio e a luz, ou o que dela existia, caiu sobre o meu rosto. "Seus olhos, jovem, estão lhe causando problemas", disse ele.

"Sim", respondi, "e durante os últimos dois meses estão piorando. Atualmente, quase não consigo ler. Não posso datilografar. Tive que interromper o meu trabalho e. . ."

"Por favor, posso vê-los?", ele interrompeu e removeu os meus óculos. Ainda mantinha os olhos fechados. Levantou os óculos diante do seu rosto como se estivesse olhando através deles. "Oh, meu caro!", exclamou, balançando vagarosamente a cabeça. "Menos dezoito."

Ele estava totalmente correto – minhas lentes eram *menos* dezoito, mas eu não lhe havia dito nada sobre elas.

Colocou os óculos no bolso do paletó e então curvou-se para mais perto de mim, levantou os polegares e tocou os meus olhos. Mesmo nesse momento ele não abriu os olhos. Depois de mais ou menos um minuto, ele ergueu-se.

"Você foi operado de ambos os olhos quando criança. Um trabalho muito bem feito."

Fiquei aturdido. Como podia ele saber disso? Nem mesmo Pearl, minha esposa, sabia. Eu nunca havia falado sobre isso. Na realidade, nem sequer pensava nisso há muito tempo. A operação havia ocorrido há muitos anos – quando eu tinha seis anos de idade. O cirurgião que a tinha realizado, o professor Elschnick, do Sanatório Gottlieb de Praga, estava morto.

Ele curvou-se mais uma vez, tocando os meus olhos com os polegares, falando o tempo todo. A torrente de frases e termos médicos precipitava-se sobre mim: ". . . e a sua visão vem se deteriorando continuamente. . . o sistema de drenagem da linfa não está funcionando corretamente. . . diplopia. . ." As palavras eram compreendidas pela metade ". . . devido à perturbação do equilíbrio muscular dos dois olhos. . . escotoma central. . ."

Eu não sabia o que dizer, fazer ou pensar. ". . . e alguma lesão da retina e uma intumescência da conjuntiva devido à presença do fluido. . . uma mancha está turvando a sua visão. . ."

Finalmente, ele aprumou-se outra vez: "Você também tem um problema de visão dupla, não é, jovem?"

Dessa vez pude apenas assentir com a cabeça.

"Qual a sua profissão?", perguntou ele repentinamente.

"Sou escritor e jornalista", respondi.

Ele franziu os lábios e balançou a cabeça três ou quatro vezes. "Bem, na verdade, você depende um bocado dos seus olhos. Farei o melhor que puder para ajudá-lo."

"Obrigado, muitíssimo obrigado", disse-lhe. "Qualquer coisa que o senhor possa fazer será profundamente. . ."

"Tudo bem, tudo bem", disse ele, evitando que eu expressasse a minha gratidão. "Há algo mais – além dos seus olhos – que lhe está causando problemas. Vou fazer um rápido exame."

Eu esperava que ele me mandasse tirar o paletó e a camisa, mas ele não o fez. Sentado onde eu estava, ele tocou-me suavemente com as mãos. Não houve qualquer ruído na sala por um período que me pareceu ser de alguns minutos. Seus olhos permaneceram fechados durante todo o tempo. Ele não os havia aberto desde que eu entrara na sala.

"Olhe", resumiu ele finalmente, "o vírus que provocou a sua doença, e que o médico acreditava ser um tipo de poliomielite não paralisante, desapareceu. Mas você é portador de algo muito sério: um vírus da hepatite que está afetando o seu fígado. Por causa disso, ocorrem mudanças na temperatura do seu corpo, razão pela qual o equilíbrio do fígado não pode ser mantido. Esse vírus da hepatite está minando as suas forças."

Se eu havia ficado surpreso anteriormente, agora estava sem fala. Eu não havia dito nada a Chapman acerca do meu médico quando escrevi para ele, nem havia mencionado o fato de que estava doente. Mesmo assim, ali estava o médium falando sobre algo que possivelmente só era do conhecimento do meu médico e de minha esposa. E nenhum deles havia mantido qualquer contato com George Chapman. Isso era fantástico.

A tentação para aceitar totalmente tudo o que se dizia sobre o falecido cirurgião que agora estava agindo por intermédio do médium Chapman era, de repente, muito forte. Mas o instinto jornalístico predominava. Palavras como telepatia, transferência de pensamentos, clarividência e tudo o que elas significavam ecoavam em meu cérebro. Em alguma delas poderia estar contida a solução do misterioso conhecimento dos fatos sobre a minha pessoa que o médium estava citando. Porém, quanto aos termos médicos, como explicá-los? Ele certamente não os havia obtido de mim. Eu jamais ouvira falar da maioria deles.

Ele estava falando mais uma vez no modo que lhe era peculiar, como um velho, com estalidos de dentadura; uma voz fraca e cansada. "Para ajudá-lo, devo realizar uma operação nos seus olhos. Não precisa se preocupar, jovem. Você sabe que todas as pessoas possuem dois corpos — um corpo físico e um corpo espiritual. Portanto, irei operar o seu corpo *espiritual* e tentar produzir um efeito correspondente no seu corpo físico. Você poderá me ouvir conversar, citar nomes e solicitar instrumentos. Não fique alarmado. Serei assistido durante a operação pelo meu filho Basil e por diversos outros colegas que você não poderá ver porque já se transferiram para o mundo espiritual. Mas você não sentirá dores. Agora, quero que se deite naquele sofá."

Minha impressão sobre esse pequeno discurso foi, para dizer o mínimo, divertida. Aquilo estava se tornando cada vez mais um perfeito quebra-cabeça, mas pensei que deveria também continuar tentando resolvê-lo.

Quando o médium pediu que me deitasse no sofá, esperei que me mandasse tirar a roupa. Ele não o fez. Deitei-me de costas, totalmente vestido e com os olhos completamente abertos.

Ele aproximou-se da borda do sofá, ergueu as mãos e começou a agitá-las e a mover os dedos exatamente acima dos meus olhos. Os olhos dele continuavam firmemente fechados. Os dedos das suas mãos se abriam e se fechavam como se estivessem pegando e utilizando instrumentos cirúrgicos. Subitamente, senti uma vontade quase incontrolável de rir. A mímica parecia muito divertida. Tive de morder os lábios com força para reprimir a gargalhada que estava prestes a explodir. Então esforcei-me para mais uma vez prestar atenção àquela voz idosa.

"Separei ligeiramente o seu corpo espiritual do seu corpo físico e agora estou operando o seu corpo espiritual. . . Estou fazendo uma incisão através da dobra supratarsal e examinando os fluidos e as partes posteriores dos olhos. . . o cristalino, a retina e tudo o mais. . ." E assim continuou.

A vontade de rir desapareceu de repente.

". . . agora acabei de tratar do seu globo ocular e dos músculos, pois descobri que os músculos ciliares estavam totalmente contraídos. . ."

Então, por incrível que possa parecer, comecei a ter a sensação física de incisões sendo feitas. Eram indolores mas, não obstante, eu podia senti-las. Os olhos do homem não se abriram nenhuma vez nem ele tocou em mim. Mesmo assim, um pouco depois, senti como se os cortes estivessem sendo suturados. Tudo isso estava muito longe de ser divertido.

Logo após meus olhos terem sido tratados, eu o ouvi dizer aos seus assistentes invisíveis e inaudíveis que se o vírus da hepatite não fosse eliminado a operação nos olhos teria pouca eficácia.

"Agora vou realizar uma operação no seu corpo espiritual", disse-me ele, "vou tentar eliminar o vírus."

Mais uma vez observei as suas mãos suspensas sobre mim. Mais uma vez elas pareciam estar segurando instrumentos cirúrgicos invisíveis e mais uma vez tive aquelas sensações indolores, como se estivessem sendo feitas incisões na carne anestesiada. E, quando aquilo acabou, houve exatamente a mesma sensação de uma agulha sendo inserida, puxada através do ferimento e reinserida.

Quando ele me pediu para ficar sentado, senti-me tonto e entorpecido. E então um enorme e terrível medo tomou conta de mim, ao descobrir que não podia ver nada! Podia apenas distinguir muito mal entre a luz e a escuridão.

Subitamente me veio à mente que o dr. Hudson, o oftalmologista que estava cuidando de mim, havia me dito certa vez que a única possibilidade remota de melhoria da minha visão consistia numa complicada série de operações que poderiam ou não ser bem-sucedidas. Ele havia enfatizado que, se elas não obtivessem êxito, eu poderia ficar permanentemente cego. Outros médicos a quem eu havia consultado confirmaram a sua opinião e eu havia decidido não correr o risco.

Tudo isso explodiu na minha mente quando me sentei, sem nada ver, naquele sofá em Aylesbury. Havia o medo pavoroso de que a interferência desse assim chamado médium pudesse ter causado aquilo que me fora advertido pelo dr. Hudson.

Em pânico, comecei a gritar: "O que está errado agora? Não posso ver nada. Pelo amor de Deus, faça alguma coisa!"

A voz tranqüila, com o mesmo bater de dentes de antes, chegou aos meus ouvidos: "Não se preocupe, jovem. Isso é apenas passageiro. Logo desaparecerá e você notará uma melhora considerável." E acrescentou: "Não prometo que você terá uma visão normal, mas prometo que sua visão melhorará consideravelmente." Sua calma era tranqüilizadora. "Continuarei a visitá-lo quando você estiver dormindo, pois assim poderei mais facilmente separar o seu corpo espiritual do corpo físico e proporcionar-lhe o tratamento necessário. Asseguro-lhe que farei todo o possível para melhorar a sua visão."

"Espero apenas que o senhor esteja certo", eu disse em desespero.

"Não se preocupe; não se preocupe, jovem", ele repetiu. "Gostaria de vê-lo novamente, daqui a três meses. Acha que poderá vir?"

"Oh, sim. Eu virei", concordei. "Mas, no momento, não posso ver sequer onde está a porta."

"Não se preocupe, jovem", disse ele mais uma vez. Ouvi então uma cigarra tocar em algum lugar fora da sala e uma porta se abriu.

"Sim?", disse uma voz de mulher.

"Ah, Margaret, por favor, acompanhe o Joseph."

"Obrigado, dr. Lang. Espero que o senhor esteja certo de que voltarei a ver."

"Oh, você voltará a ver, voltará sim, e isso não vai levar muito tempo."

A voz dele era muito confiante.

Fui conduzido para fora da sala e pedi para ser levado até a porta da frente. Foi com grande dificuldade que tateei o caminho até onde havíamos deixado o carro. Eu estava com uma dor de cabeça terrível, sentia-me tonto e todo o meu corpo tremia.

Como eu tinha sido tolo em concordar com a insistência de Pearl para vir até aqui, eu pensava. Eu podia não ser capaz de ver muito bem, mas via *alguma coisa* antes de aquela mistificação me haver cegado.

Sentei-me no carro. Pearl e as crianças haviam ido a algum lugar, caminhando, para esticar as pernas e comer alguma coisa. Remexi os bolsos à procura dos meus cigarros e do isqueiro; queimei a mão tentando acender um e fiquei blasfemando e deprimido.

E então começou a acontecer.

Eu mantinha os olhos cegos fixos à minha frente quando, muito lentamente, a forma de uma árvore começou a se materializar. De início, pensei que era imaginação. Mas, não; não era imaginação. Como um desses truques de efeitos cinematográficos, o contorno da árvore ficou nítido e entrou em foco. Então fui capaz de distinguir os galhos maiores, depois os menores e, finalmente, os pequeninos ramos desfolhados pelo inverno.

Fechei os olhos, incrédulo. Quando os abri novamente, notei que o pára-brisa estava sujo, necessitando de uma limpeza. *O pára-brisa estava sujo e eu podia vê-lo*! Quase gritei essas palavras. Olhei para fora através do vidro traseiro e, à distância, pude ver algumas pessoas se aproximando. E então, com uma vaga de emoção, reconheci as pessoas. Eram minha esposa, Pearl, e meus próprios filhos; e mesmo de longe pude divisar-lhes as feições.

Então chorei, livre e copiosamente, enquanto permanecia sentado sozinho no carro esperando por eles.

Capítulo 1

O MILAGRE

Sentado no assento dianteiro ao lado de Pearl enquanto ela dirigia de volta para Worthing, descobri, para minha grande satisfação, que eu era capaz de ver muito mais longe do que jamais o fizera antes. E quando as primeiras sombras começaram a encobrir a luz do dia e as lâmpadas das ruas e os faróis dos automóveis foram acesos, descobri também que eles não mais me ofuscavam nem feriam meus olhos como o faziam há bem pouco tempo.

Minha mente e meu coração estavam cheios de felicidade. Eu falava de modo ininterrupto e em longas explosões. Depois fiquei calado. Pearl compreendeu e deixou-me com os meus pensamentos. Tinha sido um dia cheio de acontecimentos e de rápidas mudanças emocionais, e Pearl sabia quando ficar calada.

Na manhã seguinte, uma terça-feira, estávamos sentados calmamente tomando o desjejum, tendo como fundo musical a voz familiar de Jack De Manio no seu programa de serviços domésticos *Today*. Eu estava lendo o jornal da manhã. Subitamente, senti uma mão que pousava gentilmente em meu braço. Levantei a vista e vi Pearl de pé, ao meu lado, sorrindo serenamente para mim.

Depois de um momento, ela disse: "Veja o que está fazendo. Você está realmente lendo o jornal. Não é maravilhoso? E você o está mantendo a vinte ou vinte e cinco centímetros dos olhos."

Pearl tinha razão. Eu não havia notado quão rapidamente a normalidade se restabelece por si mesma e se torna aceita sem se pensar. Nenhum de nós falou sobre isso. Não havia necessidade.

No dia seguinte, acordei sentindo-me estranhamente diferente. Levou apenas um instante para compreender o porquê. A cruel dor de cabeça e a tontura que tinham sido minhas companheiras ao despertar durante tantas semanas haviam desaparecido. Sumira também do meu corpo o doloroso cansaço que eu sentia há tanto tempo, e eu estava invadido por uma sensação de crescente bem-estar. Nesse momento, decidi ir passar o dia em Londres e mostrar aos meus colegas e amigos o extraordinário homem novo em que Joe Hutton havia se transformado.

Agora que todas as dores e todos os sofrimentos associados com a condição do meu fígado haviam desaparecido, uma certa conclusão me era, por si mesma, sugerida. Mas, conscientemente, muitas e muitas vezes afastei-a do meu pensamento. Eu estava cauteloso. Queria provas. Não queria embarcar numa metamorfose imaginária.

Meus amigos de Londres, quando lhes contei as coisas notáveis que me tinham acontecido, não se mostraram, de início, inclinados a revelar muito entusiasmo, embora, obviamente, estivessem satisfeitos pelo fato de eu me encontrar em tão boa forma. Eles também, eu sentia, desejavam uma prova. Até então, eles me haviam conhecido como um homem patético e com uma visão deficiente. Assim, decidi deixar que eles julgassem por si mesmos.

Sentei-me a uma máquina de escrever e comecei a datilografar, e eles viram imediatamente que eu não mais necessitava baixar o nariz até o teclado. Nem tampouco tinha de me curvar para ler o que havia escrito. Eu era capaz de sentar-me tão corretamente como o homem ao meu lado. Eles reuniram-se à minha volta excitados, suas congratulações explodindo em meus ouvidos. Então, tive certeza.

Nessa noite, quando me despia para dormir, notei uma marca alongada, uma linha grossa, com cerca de doze centímetros de comprimento, no meu corpo. Aproximei-me do espelho para ver o que era aquilo. De cor rosada, havia uma série de pontos acima e abaixo da linha. Parecia exatamente uma cicatriz de uma incisão cirúrgica. Passei os dedos sobre ela, mas notei que não havia qualquer relevo. E mesmo assim era evidentemente visível, exatamente como se eu tivesse sofrido uma operação no fígado!

No dia 22 de janeiro voltei a Aylesbury, dessa vez com alguém que necessitava de ajuda e queria ser atendido pelo médico espiritual. Também fui atendido e depois de um exame realizado no sofá, ele me disse: "A operação foi um sucesso, jovem."

Não era preciso que me dissesse. Eu sabia.

Foi um milagre. E ele aconteceu em Aylesbury num frio dia de janeiro de 1964.

Capítulo 2

O MÉDICO ESPIRITUAL E O SEU MÉDIUM

Pode alguém negar que o que me aconteceu foi um milagre? Não sei como essa afirmação pode ser refutada e, sem querer ser impertinente, não me incomodo com isso. Estou convencido de que foi um milagre.

A princípio, eu fora a Aylesbury como um homem cético, disposto à zombaria — cheio de menosprezo e desconfiança.

Fui até lá como um homem que estava gravemente doente. Gravemente doente e à margem da cegueira.

De lá voltei com a visão recuperada e a saúde renovada.

Esses são os fatos.

Para mim, a prova do milagre é mais do que conclusiva. Estou certo também de que o falecido William Lang colaborou na realização da minha cura. Eu nunca tinha ouvido falar nele. O nome George Chapman nada significava para mim. Mas estou convencido de que quando George Chapman entra em transe como um médium fica sob o controle do espírito de William Lang.

Não exijo que vocês venham a se tornar crentes como eu, nem é meu propósito convertê-los ao meu modo de pensar. Quero que compreendam isso desde logo.

Tudo o que estou fazendo é registrar, neste livro, as coisas que descobri durante um ano de viagens e pesquisas. Entrei em contato com todas as pessoas cujas provas pretendo apresentar. E as palavras aqui transcritas são delas e não minhas.

Não estou oferecendo a vocês uma história acabada. Ela não tem qualquer enredo formal. E, embora essa história tenha um começo e um meio, não tem um epílogo, pois ainda continua. É justamente assim que eu acho que essas coisas devem ser narradas, e agora é hora de fazê-lo.

Um outro ponto que eu gostaria de mencionar é que decidi, por ser mais conveniente e *não* para tentar influenciar nenhum leitor, me referir a George Chapman quando em transe como dr. Lang.

Em março de 1964, voltei a me encontrar com o dr. Lang para um *check-up* e, posteriormente, conversei com ele durante muito tempo. Nossa conversa envolveu diversos assuntos e descobri que ele era um interlocutor encantador e inteligente. Finalmente, conduzi a conversa para a possibilidade de escrever algo sobre ele e seu médium, George Chapman.

Quando falei desse meu desejo, ele me pareceu ligeiramente acanhado. Deu um sorriso tímido e baixou a cabeça como se estivesse pensando. Então disse:

"Bem, suponho que algum dia esse livro certamente terá que ser escrito, Joseph. E se isso tem de ser feito, gostaria que você o fizesse. Vá em frente, jovem; escreva-o, mas há uma coisa que eu desejo que você tenha sempre em mente – que George e eu somos apenas instrumentos de Deus. É através da Sua ajuda e apenas Dela que sou capaz de usar a minha habilidade como médico espiritual para aliviar o sofrimento."

No entanto, eu sabia que o projeto só poderia ser concretizado se o dr. Lang concordasse em falar ampla e francamente sobre a sua vida na Terra e no mundo espiritual, bem como sobre a sua associação com o seu médium George Chapman. Aludi que esses encontros iriam tomar boa parte do seu tempo.

"Oh, quanto a isso, não se preocupe, jovem", replicou ele. "Venha a qualquer hora. Gosto de ver você e a sua querida esposa. É bom encontrar pessoas com quem podemos falar despreocupadamente."

Agradeci e disse que havia muitas perguntas que eu desejava fazer a George Chapman. "Eu nunca o encontrei em estado de vigília", esclareci.

"Não haverá problemas. George é um homem encantador e estou certo de que você gostará dele. Sugiro que lhe escreva a fim de que ele marque um encontro com você."

"Haverá alguma objeção a que eu use um gravador?", perguntei. "É mais fácil para mim do que fazer muitas anotações."

"Naturalmente, não", disse ele. "Estou certo de que tudo decorrerá satisfatoriamente."

Essa foi a conclusão de nossa conversa e quando retornei a Worthing escrevi imediatamente a George Chapman. Foi muito mais tarde (e quase totalmente por acaso) que eu soube que muitas solicitações de escritores famosos, jornalistas, televisões e autores de enredos cinematográficos haviam sido feitas anteriormente. E todas haviam sido recusadas.

Quando eu e minha esposa finalmente nos encontramos com George Chapman em sua casa, em Aylesbury, nos vimos diante de um jovem extremamente atraente, que aparentava cerca de quarenta anos. Na realidade, ele estava então com quarenta e três anos.

Durante as minhas três visitas ao médico espiritual, eu havia tido a oportunidade de examiná-lo de perto. Ele tinha uma maneira característica de manter a cabeça ligeiramente erguida, como faria um homem muito mais velho para escutar. Uma outra indicação do aparente peso dos anos era uma tendência a curvar o corpo. Essas eram as características de Chapman como médium, mas agora elas não estavam presentes. À nossa frente estava uma pessoa que caminhava ereta e com facilidade. Seu rosto era agradável e ele era obviamente uma pessoa muito tímida.

O contraste no modo de falar era igualmente impressionante. A voz de Chapman, com um inconfundível sotaque de Merseyside, era de um homem jovem e ele falava baixo por causa da sua timidez, ao passo que a de Lang era educada e firme, com forte sotaque sulista, naturalmente mesclada por termos médicos e alta como a das pessoas idosas.

Havia, entretanto, certos atributos que eram compartilhados por ambos: excepcionais qualidades de amabilidade e bondade, absoluta magnanimidade e uma grande devoção no sentido de ajudar as pessoas que, em termos médicos, eram consideradas incuráveis. Logo no meu primeiro encontro com Chapman, tive a sensação de que o conhecia há muito tempo.

Capítulo 3

MUITO ANTES DOS BEATLES

A neblina cobria os arredores de Merseyside no dia 4 de fevereiro de 1921. Ela vinha do mar, trazida por um vento tempestuoso que açoitava a região e atingia os ossos de quem estivesse nas ruas. Rio abaixo ouvia-se a triste cacofonia das sirenes dos navios. Ao longo das docas, as pequenas máquinas auxiliares gemiam sobre o chão úmido e escorregadio, fardos balançando precariamente na ponta dos rangentes cabos de aço e homens com as mãos doloridas amaldiçoavam o inverno.

No alto da massa cinzenta e suja dos edifícios que dominam a Pier Head e todo o rio à frente, o Liver Bird, elegante e esquelético, olha para baixo, para a encharcada e triste cidade de Liverpool. Mais ao longe do rio, na cidade-sede do condado de Bootle, uma mulher se contorcia nas dores do parto, e quando suas dores e sofrimentos cessaram, havia ao seu lado o rosto avermelhado de um bebê que seria batizado com o nome de George William Chapman.

Não eram tempos fáceis. Na Irlanda, havia agitação e a negra sombra de uma guerra civil. Na Inglaterra, existiam muitos jovens que haviam envelhecido pelo que uma guerra mundial lhes tinha feito, e muitos homens de meia-idade que pareciam cadáveres ambulantes. Os mutilados e desiludidos povoavam as ruas, e os pobres, como sempre, eram freqüente e duramente espancados.

Mas George Chapman era muito jovem para tomar conhecimento dessas coisas. Assim, ele foi amamentado, robusteceu-se, aprendeu a engatinhar, a andar e a falar. E, de repente, não era mais um bebê e sim um menino de seis anos que via e sentia muitas coisas.

Nas ruas sujas, ele via violência e pobreza, animais vagando a toda hora e em todos os lugares. Ouvia o sotaque irlandês nas brigas entre católicos e protestantes, e estava permanentemente chocado com as coisas que as pessoas faziam com os animais, fosse para se divertirem ou por simples maldade.

Sempre que via um menino se aproximando de um cão ou de um gato que estivesse farejando comida numa lata de lixo, ele gritava para assustar o inocente animal, numa tentativa de salvá-lo de uma pedrada certeira. Havia ocasiões em que ele era espancado como um desmancha-prazer. Seria mentira dizer que ele não se importava com isso. Ele se preocupava e tinha tanto medo quanto qualquer criança que perambulava pelos becos pudesse ter, mas parecia não aprender a lição.

À medida que se tornava maior e mais forte, o instinto de sobrevivência tornou-se cada vez mais predominante e, cheio de confiança, aprendeu a usar habilmente as mãos e os pés, de modo a tornar-se respeitado. Mas ele só brigava quando era necessário, e mais freqüentemente quando a vida de um gato estava em perigo. Ou de um cão. Era assim que ele era.

Entretanto, havia mais gatos e cães vadios e feridos em Bootle e nos arredores do que os que George jamais poderia ter esperanças de salvar. E o espaço onde viviam os Chapman era demasiado limitado para acolher até um pequeno número dos animais que George queria proteger.

Ele precisava de um lugar para abrigar os animais desamparados. Mas ele não dispunha de qualquer acomodação como também não tinha dinheiro bastante para comprar comida para os animais que amava. Então, um dia, teve uma idéia. Por que não ir de porta em porta perguntando se as pessoas queriam que ele levasse algum recado?

As primeiras cinco ou seis portas foram batidas na sua cara. Já tinham muitas bocas para alimentar para se preocupar em deixar alguns níqueis para dar a um moleque vagabundo de nariz sujo para levar recados. Mas George Chapman não era uma pessoa que desistisse facilmente e, quando chegou às casas de mulheres mais velhas, que tinham familiares adultos que passavam o dia todo fora de casa, no trabalho, encontrou algumas pessoas que precisavam dos seus serviços.

Ele não gastava um níquel consigo mesmo. Tudo o que ganhava era destinado à alimentação dos animais. Então, num dia maravilhoso, uma senhora pôs à sua disposição o seu celeiro para ser utilizado como abrigo para os seus animais de estimação. Como pagamento, ela exigia que ele fizesse todas as compras da casa e boa parte da limpeza doméstica. Para George era um excelente negócio.

O abrigo de animais do jovem George logo ficou famoso no bairro. As pessoas começaram a falar sobre o garoto que aceitava qualquer incumbência ou trabalho com o propósito de ganhar alguns níqueis para comprar comida para cães e gatos vadios, e que punha talas nas pernas quebradas dos animais e tratava deles quando estavam feridos. Ele também fazia tudo o que podia para curar os animais de estimação dos vizinhos quando estes os levavam para o "menino veterinário". A partir de então, algumas pessoas de Bootle começaram a falar do bondoso menino que cuidava dos animais com tanta ternura.

George deixou a escola aos quatorze anos. Foi atirado ao frio e rude mundo do desemprego e, enquanto lhe foi possível, permaneceu vagando pelas esquinas ouvindo as conversas dos seus companheiros de sarjeta. O futuro, tal como se apresentava, parecia sombrio e sem esperanças. Ele não sabia de nada nem queria saber. Por que deveria? O que o mundo havia feito em seu benefício? Ele era apenas uma pessoa sem qualquer objetivo que começava a ser levado ao sabor das correntes, que diabo!

Mas um dia ele ouviu falar de uma vaga para um emprego e, quase sem sequer arrumar os cabelos, correu para a garagem onde precisavam de um encarregado do compressor e para serviços gerais. Chegou antes que qualquer outro pretendente e deram-lhe o emprego. O salário não era grande coisa, mas era melhor do que ficar perambulando pelas esquinas. E, o que era mais importante, gostava do trabalho, o que fez com que sentisse que tinha um lugar no mundo. Até o dia em que estava deitado embaixo de um carro, tentando afrouxar um apertado parafuso do cárter. A ponta da chave de fenda estava gasta e a rosca do parafuso remoída, e não era possível movê-lo. Quando conseguiu fixar a chave na fenda do parafuso, George, apoiando-se firmemente, tentou girá-la com toda a força. No instante seguinte, a pesada chave de fenda escorregou e abateu-se sobre o rosto do rapaz, impulsionada pela força que ele empregava.

O gosto do sangue que escorria pela garganta provocou náuseas no jovem e ele foi retirado de onde se encontrava com o nariz bastante ferido. Mas o proprietário da garagem não teve a mínima consideração pelo jovem, que foi despedido sem qualquer indenização. "Um tolo acidente causado por incompetência", foi tudo o que disse o proprietário, e George Chapman estava mais uma vez na rua.

Algumas semanas mais tarde ele teve a sorte de conseguir trabalho como ajudante de açougueiro e, embora trabalhasse quase sempre das 6 da manhã às 11 da noite, gostava do trabalho. No entanto, logo após, começou-se a falar sobre uma nova guerra e, quando esta se transformou em realidade, ele comunicou ao seu patrão que pretendia se alistar nas forças armadas. George queria ingressar no batalhão dos Guardas Irlandeses e, tão logo recebeu seus salários, tomou um ônibus para o Posto de Recrutamento em Renshaw Hall. Ele viu os sentinelas altos, eretos e firmes, com seus bonés de pala cobrindo a testa e imaginou-se usando o mesmo uniforme.

Mas a frustração o aguardava. Quando Chapman ficou de pé em frente de uma mesa, o oficial encarregado do recrutamento passou os olhos pelo seu pedido de alistamento e olhou para o rapaz.

"Você é muito jovem, garoto. Só daqui a um ano é que pode entrar no exército."

George estava prestes a pedir que lhe fosse concedida uma oportunidade, quando o oficial disse: "Além do mais, você tem apenas 1 metro e oitenta e três, e a altura mínima exigida pelos Guardas Irlandeses é de 1 metro e oitenta e cinco. Desculpe."

Mas a fama de George como pugilista, de uma maneira inesperada, salvou-o nesse instante. Do outro lado da sala, um dos suboficiais encarregado do trabalho burocrático o reconheceu e disse ao oficial: "Esse é George Chapman, não é, senhor? Ele é um hábil pugilista e seria bom que o rapaz ficasse conosco."

O oficial olhou para Chapman. "Então você é mesmo um pugilista, rapaz?"

"Sim, senhor. Já fiz algumas lutas", disse George.

"Hum." O oficial olhou mais uma vez para o requerimento. "Vejamos; fique de pé junto daquela parede."

George correu para a parede atrás da mesa do oficial que mediu a sua altura.

"Parece que alguém cometeu um pequeno erro com relação à sua altura", disse ele. "De acordo com a medida que tomei agora, você tem exatamente 1 metro e oitenta e cinco. E o que me diz quanto ao fato de sua data de nascimento estar errada? Você disse que nasceu em 1920 e não em 1921, não foi?"

"Sim, senhor; exatamente, senhor", disse George confirmando firmemente a insinuação. Então George recebeu algum dinheiro, foi enviado para o armazém de suprimentos do quartel e estava na Guarda Irlandesa. Mandaram-no imediatamente para Caterham, recebeu um corte de cabelo de acordo com o regulamento, uma refeição de fígado e bacon e ingressou no esquadrão de treinamento.

"Mas na primeira vez que participei de um desfile", relembrou ele, "e fiquei de pé no meio de um grupo de soldados com 1 metro e oitenta e cinco, compreendi como eu era baixo. Senti-me como um pigmeu na companhia de gigantes."

"Alguns dias depois de ali chegar, encontrava-me juntamente com outros colegas no alojamento quando alguém entrou. Todo mundo pulou de pé, mas eu estava distraído com alguma coisa e permaneci sentado. A próxima coisa de que tomei conhecimento foi que um jovem oficial estava de pé na minha frente olhando para baixo. 'Você está doente, cansado ou sentindo alguma coisa?', perguntou ele. E eu respondi: 'Não.' Bem, ele quase bateu no teto. Perguntou-me se eu sabia que estava falando com um oficial e continuou a falar ameaçadoramente; depois deu meia-volta e saiu enfurecido. O sargento aproximou-se de mim e falou numa linguagem que eu não poderia jamais repetir, devido à sua absoluta obscenidade.

"De qualquer modo, alguns dias mais tarde eu estava sendo transferido para os Fuzileiros Reais Irlandeses e fui mandado ao quartel-general para receber meus papéis. O oficial que me atendeu não era o mesmo que havia vociferado comigo, mas me examinou dos pés à cabeça e disse: 'Vejamos, você é. . . seu nome é George William Chapman?' Respondi: 'Sim, senhor'. Ele prosseguiu: 'Sua data de nascimento, Chapman?' E sem pensar, respondi: '4 de fevereiro de 1921, senhor'. Ele começou a rir. 'Ah!', disse ele. 'Logo vi. Desculpe, Chapman, você ainda não tem idade. Nós poderíamos aceitar um jovem com o seu vigor, mas os regulamentos têm de ser cumpridos, você compreende. Desculpe.' E eu estava desligado."

De volta a Merseyside mais uma vez, Chapman conseguiu um emprego nas docas, mas seu coração ainda lhe dizia para se alistar e, depois de refletir bastante durante algumas semanas, solicitou alistamento na R.A.F. Até que as formalidades fossem completadas, chegou o dia do seu aniversário e o civil George William Chapman tornou-se o cabo da aeronáutica Chapman.

A vida na R.A.F. foi muito movimentada para o rapaz de Bootle. Sua primeira designação foi para Blackpool, onde ele se tornou instrutor de recrutas. Seguiram-se então transferências para Tangmere e Merston. Ele travou conhecimento com o lutador peso-pesado Tony Mancelli, com o pugilista de Birkenhead, Jack Parnell, e com muitos outros que eram hábeis no ringue e, juntos, organizaram uma equipe para fazer exibições de boxe nos acampamentos militares da costa sul.

Depois, foi transferido para Portsmouth, a fim de receber treinamento de artilharia no *H. M. S. Excellent*. Dedicou-se bastante aos testes práticos e estudou com decisão a teoria e, finalmente, foi promovido a instrutor de artilharia.

Um dia, quando um grupo de trabalho de Worthing chegou para preparar uma pista de aterrissagem para os aviões Spitfires, um dos engenheiros, aparentemente em busca de assunto para conversar, perguntou casualmente ao cabo Chapman se ele já havia pensado na possibilidade de existência de vida após a morte.

Antes que pudesse responder, a mente de George foi invadida por recordações, muitas delas ligadas à sua infância. Lembrou-se, por exemplo, de como um dos seus tios, um homem sisudo, falava bastante da vida após a morte e do espiritismo. Mas o sobrinho evitava se preocupar com assuntos que estivessem além da sua compreensão.

"Na verdade", disse ele ao engenheiro, preparando-se para se retirar, "não estou interessado nessas coisas."

O outro homem disse: "Sabe, você deveria se preocupar."

Chapman retrucou rapidamente: "Não me venha com essas bobagens, amigo. Já acontecem muitas coisas aqui e agora sem que eu tenha de me preocupar com o que me vai acontecer quando eu for sepultado. Compreende? Então desista, certo?"

O engenheiro afastou-se.

Em 1943, George Chapman foi transferido para a base Halton em Buckinghamshire, onde foi promovido a sargento. E foi quando estava aquartelado ali que ele conheceu a moça que veio a se tornar sua esposa. Um ano após o casamento, Margaret presenteou o marido com uma menina que foi batizada com o nome de Vivian Margaret Chapman. O acontecimento proporcionou o costumeiro orgulho no coração dos recém-casados. Mas sua alegria foi rapidamente desfeita pela tragédia, pois o médico chamou George Chapman à parte e o advertiu que, provavelmente, o bebê não viveria mais que um mês.

"Recordo as lágrimas que derramei nos bosques ao redor do hospital em Ashbridge no dia em que o médico me deu essa notícia", lembrou Chapman. "Eu não era um sujeito religioso ou um verdadeiro crente nos ensinamentos da religião, mas estou certo de que ninguém poderia jamais orar a Deus com tanto fervor quanto o fiz nessa ocasião. Mas, quando não me foi mais possível ter esperanças, comecei a pensar exatamente que não poderia existir um Deus que permitisse que um inocente bebê morresse daquela maneira. Sabe o que quero dizer? Eu estava louco.

"Mas ela morreu. Você sabe que se diz que uma tragédia sempre modifica o nosso modo de agir. Descobri que isso é verdade. Ambos o fizemos, Margaret e eu. De uma maneira ou de outra, a morte do nosso bebê nos aproximou mais ainda um do outro. E quando nos resignamos com a nossa perda, isso como que nos fortaleceu espiritualmente."

À medida que a guerra aproximava-se do seu triste final, o sargento Chapman tomou conhecimento mais uma vez do problema do desemprego com o qual iria se defrontar quando saísse da força aérea. Ele não possuía qualificações especiais que o capacitassem para um emprego civil e, particularmente, não desejava prosseguir na carreira militar. Estava ansioso para montar um lar permanente para si e Margaret, bem como para os filhos que esperavam ter.

As minas de carvão estavam precisando de trabalhadores, mas ele não desejava passar o resto da sua vida embaixo da terra escavando os negros filões e respirando a negra poeira. As únicas duas opções que o atraíam, embora de modo vago, eram a polícia e o corpo de bombeiros. Além disso, não havia qualquer outra esperança de emprego. Mais uma vez, sua estatura lhe foi contrária, pois a convocação para o alistamento na polícia de Aylesbury estipulava a altura mínima de 1 metro e noventa para os pretensos recrutas. Havia apenas um caminho a seguir.

No dia 2 de maio de 1946, o sargento da R.A.F. George William Chapman foi desmobilizado. Poucos dias depois, ele trocou de uniforme e tornou-se o bombeiro Chapman do Corpo de Bombeiros de Aylesbury.

Capítulo 4

A SORTE ESTÁ LANÇADA

Quando finalmente chegou a hora do meu encontro com o dr. Lang, comuniquei a Chapman e ele me disse que seria melhor deixar o gravador ligado, pois não levaria senão alguns minutos para entrar em transe. Assim o fiz e mantive os olhos fixos em George Chapman.

Ele pôs-se à vontade na poltrona em que estivera sentado durante a nossa entrevista, fechou os olhos e recostou a cabeça no espaldar da cadeira como se estivesse dormindo. Minha esposa e eu observávamos atentamente. Vimos a expressão facial mudando para a aparência de um homem idoso. A boca retorceu-se gradativamente para uma nova forma e novas rugas apareceram ao redor dos olhos. Uma das mãos assumiu lentamente uma posição que eu havia notado como característica do dr. Lang. Quanto mais profundamente o médium entrava em transe, mais ele se transformava até parecer exatamente a mesma pessoa que me havia cumprimentado naquela primeira tarde de janeiro. Então ele se levantou e dirigiu-se a Pearl.

"Olá, jovem senhora. Estou encantado em vê-la novamente", começou ele. Apertou as mãos dela e voltou-se para mim. "E você, jovem, é bom vê-lo também."

"Estou grato pelo fato do senhor haver permitido que viéssemos vê-lo", disse eu, e apertei-lhe a mão estendida.

"Sim, sim. . ." ele disse, no seu modo de falar agradavelmente distraído. "Então, vejamos, vocês são de Worthing, não é? Sim. Sabem? Certa vez, aluguei uma casa para passar ali um fim de semana, creio que nos primeiros anos da década de 20. Muito agradável, muito agradável. Mas não devo desperdiçar o seu tempo, jovem. Vocês fizeram uma longa viagem para conversar comigo. Tentarei responder a todas as suas perguntas."

No dia 28 de dezembro de 1852, Isaac Lang – um próspero e conceituado comerciante de Exeter – sentava-se à espera em sua bem mobiliada sala de visitas, enquanto sua esposa estava em trabalho de parto num quarto do andar superior. Ele não estava preocupado e disse, mais tarde, que de alguma forma *sabia* que não haveria complicações e que também sabia que o bebê seria um menino. Quando o médico da família finalmente apareceu para anunciar: "Sua esposa o premiou com um saudável bebê. . ." Isaac Lang o interrompeu dizendo calmamente: "Sim, eu sei, com um saudável menino."

"Como *você* sabe?", exclamou o médico. "*Eu* tinha absoluta certeza de que seria uma menina, e disse isso a você e a sua esposa em muitas ocasiões. Geralmente não costumo me enganar nesses casos."

"Eu sempre disse que seria um menino. Mas você não me quis dar ouvidos", lembrou o orgulhoso pai.

"Sim, mas *como*?", insistiu o médico.

"Não posso explicá-lo – eu apenas sabia."

O médico foi embora, embaraçado.

O bebê recebeu o nome de William, e no dia do batizado Isaac Lang fez outra predição para o seu quarto filho: William irá quebrar a tradição da família e vai se tornar um médico bem-sucedido – um especialista famoso. Os parentes e amigos recusaram-se a acreditar nele. Há gerações os Lang vinham sendo prósperos comerciantes, e era inconcebível que um deles pudesse seguir outra profissão. Riram de Isaac e disseram que ele estava perdido em devaneios. Mas Isaac falou com tanta convicção sobre o futuro do filho que fez com que muitos deles pensassem outra vez.

"Minha vida foi plena de alegrias", disse-me William Lang, enquanto falávamos sobre a sua venturosa infância. O gravador estava ligado e eu estava sentado diante dele em seu consultório em Aylesbury. "Naturalmente não viajamos muito, porque as viagens eram principalmente muito vagarosas naquela época. Se íamos para Plymouth, por exemplo, ou para qualquer outra parte em Devon, demorava bastante para chegar ao nosso destino.

"Passamos a maior parte da juventude em nossa ampla casa em Exeter. Jamais freqüentamos uma escola. Não; tínhamos um professor particular muito competente que vinha nos dar aulas em casa. Ele era muito severo mas, embora gostássemos dele e o respeitássemos, costumávamos pregar-lhe muitas peças, porque éramos tão travessos quanto a maioria das crianças. Quando íamos longe demais, o pai era chamado, pois não era permitido que o professor nos surrasse. Papai geralmente nos punia muito mais severamente do que o professor poderia ter feito."

Aos doze anos, William foi enviado à famosa Moravian School, em Lausanne, para receber uma educação mais aprimorada. Embora seu professor particular o tivesse preparado perfeitamente, o que foi comprovado pela sua aceitação por parte desse internato da Suíça, não obstante, o menino de Exeter encontrou certa dificuldade inicial ao se defrontar com o latim e com algumas outras matérias que lhe eram desconhecidas. Mas, desde o princípio, o professor-chefe, Pirie, afeiçoou-se do rapazinho do interior da Inglaterra e o ajudou a superar essas dificuldades. O menino revelou-se um estudante sagaz e logo tornou-se o primeiro da classe. Ele se sobressaía em química, que era uma das suas matérias favoritas.

"Você deve saber que os internatos suíços são muito rígidos", recordou o dr. Lang, "mas nos divertíamos muito naquela escola. O padrão de educação era elevado e tínhamos de estudar muito; mas era permitido visitar a cidade e as aldeias da vizinhança e fomos também à Alemanha em muitas ocasiões. Meus colegas de escola vinham de diferentes países e, assim, aprendemos muitas coisas sobre os hábitos e a vida em nossos respectivos países."

Enquanto estudava em Lausanne, William decidiu tornar-se médico. Sabendo da tradição familiar como comerciantes, ele ficou temeroso da oposição do pai. Quando, finalmente, sentiu-se com coragem bastante para comunicar ao pai seu desejo de estudar medicina, ficou surpreso com a resposta do velho senhor.

"A vida é sua, William, e quero que você se dedique a uma profissão da qual realmente goste. Está certo, seja um médico."

Em 1870, aos dezoito anos de idade, William Lang ingressou no London Hospital, em Whitechapel, como estudante de medicina, e desde o início de sua carreira estudou com enorme afinco e entusiasmo.

"Quando fui morar no East End em Londres", relembrou ele, "conheci muitas pessoas amáveis. Em Stepney e nas cercanias moravam pessoas de diversas religiões e raças. Muitas delas eram extremamente pobres – e, de certa maneira, fiz mais amizade com estas do que com as demais."

O ano de 1874 foi muito importante para o então estudante de medicina de vinte e dois anos de idade. Ele foi indicado para se tornar M. R. C. S. – Membro do Real Colégio de Cirurgiões – e casou-se com sua prima em segundo grau, Susan. Ambos estavam apaixonados um pelo outro e o casamento foi o começo de uma união muito feliz que só chegou ao fim quando Susan morreu, em 1892.

O jovem cirurgião era tão dedicado à medicina que poderia passar muitas horas com seus pacientes, falando com os parentes e fazendo tudo o que podia para descobrir mais sobre a verdadeira causa da doença; e quando decidia que era preciso operar, providenciava para que os pacientes fossem levados ao hospital com bastante antecedência, visitava-os diariamente, ganhava a sua confiança e aprendia muito sobre eles como indivíduos.

"Sempre tentei atingir a alma de uma pessoa para que ele ou ela tivesse o *desejo* de recuperar a saúde", explicou-me o dr. Lang. "Meus colegas cirurgiões costumavam pensar que eu estava perdendo meu tempo. Alguns deles até expressaram a opinião de que 'William Lang gasta muito tempo conversando com seus pacientes'. Bem, talvez o tenha feito mas, graças a Deus, isso parecia fazer um grande bem aos meus pacientes. E fui. . . ah. . . totalmente bem-sucedido – espero que isso não soe como uma presunção. Não quero ser presunçoso.

"Lembro-me de que certo dia minha esposa Susan me disse: 'Sabe, William, você na verdade deve ter o maior número de senhoras como pacientes do que qualquer outro cirurgião em Londres!' Respondi que devia ser por causa dos meus bons modos!"

Na vida de cada cirurgião existem casos em que, a despeito de todos os seus incansáveis esforços, ele se sente frustrado. Perguntei ao dr. Lang o que ele sentia quanto a esse aspecto da sua profissão.

"Sim, você tem toda a razão", ele respondeu. "Às vezes, quando eu examinava um paciente, sabia imediatamente que ele iria morrer; que não importava quem o operasse, ele não iria sobreviver. Mas, como cirurgião, não se pode abandonar a esperança até que haja cessado a última batida do coração.

"Então, quando acontecia de eu perder um caso, ficava profundamente deprimido. Essa é uma experiência comum a todos os médicos. Você tem a sensação de haver falhado. Falhado como ser humano. Sente-se responsável. Sua mente racional dirá que você *não* foi responsável, que fez tudo o que estava ao seu alcance, mas ainda fica com a sensação de haver falhado. E observa a tragédia dos parentes que têm de enfrentar a vida sem a presença da pessoa que morreu, e de alguma maneira o sofrimento deles toma-se também sua responsabilidade. Oh, lembro-me disso muito claramente. Era muito triste, muito triste."

Durante boa parte do seu tempo, ele falou do aspecto sociológico do seu trabalho. Uma coisa que sempre o preocupava era ouvir falar que uma pessoa idosa estava prestes a ser mandada para um asilo. Isso fazia com que ele saísse do hospital ou do consultório na primeira oportunidade para rogar e apelar aos parentes dessa pessoa para que *não* mandassem aquela velha senhora ou aquele velho senhor para longe. E quando obtinha êxito (como ocorreu em muitas ocasiões), ele ia embora muito feliz pelo fato de a pessoa idosa ser capaz de viver seus últimos anos no ambiente que lhe era familiar e confortador, em vez de ir morar numa instituição de assistência aos pobres, onde a dignidade humana era totalmente desprezada.

William Lang trabalhou como médico interno e cirurgião no London Hospital, de Whitechapel, durante nove anos. No final de sua estada nesse hospital, foi professor-assistente de fisiologia e anatomia na faculdade de medicina. Foi então que conheceu James Edward Adams, um famoso cirurgião oftalmologista, que o influenciou bastante. A dedicação e a força da personalidade de Adams eram tais que Lang viu-se atraído pela oftalmologia e começou a estudá-la. Adam o encorajava a todo instante e, quando Lang obteve uma bolsa de estudos para pesquisas do Real Colégio de Cirurgiões e foi-lhe oferecido um cargo no Hospital Oftalmológico Central de Londres, ele o aceitou.

Seus anos em Whitechapel foram muito felizes e, quando chegou a hora de deixar esse hospital, ele sentiu um peso no coração e temeroso de haver tomado uma decisão errada.

Capítulo 5

UMA BRILHANTE CARREIRA

William Lang, F.R.C.S. (Membro do Real Colégio de Cirurgiões), foi nomeado cirurgião oftalmologista do Middlesex Hospital, de Londres, em 1880. Quatro anos mais tarde, quando por ironia do destino seu amigo James Edward Adams foi forçado a demitir-se do Hospital Oftalmológico Central de Londres (posteriormente Hospital de Olhos Moorfields) devido a uma cegueira progressiva, ele substituiu Adams em seu cargo no hospital e encarregou-se também da sua clínica particular.

Sendo um dedicado cirurgião oftalmologista, o dr. Lang verificou que havia uma necessidade vital de uma sociedade de especialistas em doenças dos olhos e, em companhia de colegas e amigos profissionais, fundou a Sociedade de Oftalmologia, em 1881. A despeito do seu denodado trabalho em sua clínica particular e no Hospital Middlesex, ele sempre encontrava tempo para desempenhar um papel importante nas atividades da Sociedade. Em 1903, se tornou seu vice-presidente sênior; posteriormente, ocupou um cargo adicional – presidente da Secção de Oftalmologia da Real Sociedade de Medicina.

"Não fui um escritor prolífico – de fato, achava muito difícil escrever ou falar em público", disse-me o dr. Lang. "Sabe, eu costumava ficar mentalmente aflito se tivesse de escrever uma tese médica, fazer um discurso ou participar de uma cerimônia pública."

Não obstante, sua produção literária foi considerável e suas publicações mais importantes tiveram grande significação. Os muitos casos que ele apresentou nas reuniões da Sociedade de Oftalmologia foram, geralmente, objeto de prolongadas e frutíferas discussões.

Em 1882 – quando estava com trinta anos de idade –, o dr. Lang publicou, com o dr. W. A. Fitz-Gerald, um estudo sobre o movimento das pálpebras associado aos movimentos dos olhos. Essa foi a sua primeira contribuição importante, na qual pôde precisar as funções do músculo *rectus* inferior nos movimentos para baixo da pálpebra inferior.

Essa publicação provocou grande controvérsia. Ele foi acusado de "utilizar-se de métodos não-convencionais", uma vez que *Sir* William Gowers havia afirmado anteriormente que a pálpebra inferior era comprimida pela pressão do limbo superior sobre a borda da mesma. Provou-se finalmente que *Sir* William estava errado e a teoria do dr. Lang foi aceita desde então por oftalmologistas de todo o mundo.

Ele foi, durante muitos anos, editor do *The Royal London Ophthalmic Hospital Reports* e nele publicou, com a colaboração de *Sir* James Barrett, alguns estudos muito importantes.

Entre outras notáveis contribuições à oftalmologia, está a intitulada *The Retractive Condition of the Eyes and Mamalia*, publicada em 1886. Esse estudo foi a conclusão de demorados exames realizados numa grande variedade de animais – 185 pares de olhos ao todo – que determinou que a maioria deles sofria de hipermetropia. Nessa época, o dr. Lang era membro da comissão que analisava 211 casos de oftalmite congênita, e ele publicou um cuidadoso estudo sob o título *The Action of the Myotics on the Accommodation*.

Vivamente impressionado com a sugestão do dr. Adams Frost de uma então revolucionária operação – a inserção de um globo artificial na cavidade de Tennon depois da extirpação do olho – o dr. Lang investigou essa possibilidade integralmente e escreveu suas próprias conclusões em 1887. No mesmo ano, publicou também, em colaboração com *Sir* James Barrett, *The Action of Miotics and Mydriatics on the Accommodation* – um trabalho que teve considerável importância prática e levou finalmente ao uso de ciclopégicos no trabalho de refração.

Esse estudo se constituiu no relatório sobre um paciente, apoiado por cuidadosa investigação, e foi apresentado como uma pesquisa sobre a ação de uma mistura de homotropina e cocaína – comumente conhecida como "Gotas de Lang" – e uma solução oleosa cuidadosamente bem preparada desses alcalóides. Ele demonstrou em seu trabalho como a ação dessas drogas poderia ser fácil e seguramente controlada pelo uso subseqüente de eserina.

Os trabalhos aqui citados são apenas alguns dos publicados por Lang.

O dr. Lang estava sempre preocupado com o lado prático da oftalmologia, e nisso ele foi um mestre. Aperfeiçoou muitos dos instrumentos comumente usados.

O medidor do poder visual de McHardy, por exemplo, foi aperfeiçoado em muitos pontos, e essas modificações foram largamente utilizadas em todo o mundo até que o instrumento foi substituído por modelos mais modernos. Seu espéculo com lâminas sólidas ainda é utilizado e suas lâminas gêmeas para separar a sinequia marcaram época no aperfeiçoamento da extração de cataratas porque, com a sua utilização, ele chamou a atenção para a importância de se evitar a colocação de lentes gelatinosas no ferimento.

Como observador clínico, sobretudo na oftalmologia, o dr. Lang revelou-se da melhor competência. Sua técnica operatória e sua habilidade em casos difíceis eram admiradas e lembradas por todos que fizeram parte do corpo cirúrgico. A delicadeza, a segurança e a rapidez com que trabalhava fizeram dele um cirurgião inesquecível. Seus alunos (ele chamava cada um deles de "caro jovem") sempre relutaram em deixá-lo, pois ele tinha muito o que ensinar e fazia isso com brilhante fluência. E isso eu descobri por mim mesmo, ao fazer o trabalho preparatório para este livro. O dr. Lang, disseram eles, era extremamente paciente, a essência da cortesia, e raramente mostrava-se irritado. Na verdade, quando levado aos limites da paciência, a mais violenta imprecação usada por ele era "Com a breca!"

Lang casou-se outra vez e, com sua segunda esposa, Isabel, e seu filho Basil, descobriu novamente a alegria que ele pensava tê-lo abandonado quando da morte da sua primeira esposa. Ele teve uma profunda satisfação quando Basil, ainda jovem escolar, demonstrou interesse pela medicina. Foi um interesse que se transformou em vocação, pois Basil Lang veio a se tornar também um competente cirurgião.

Durante uma de nossas sessões de entrevistas gravadas em Aylesbury, o dr. Lang interrompeu subitamente sua seqüência de pensamentos e disse: "Você fuma, jovem, não fuma?"

Respondi: "Fumo, sim, mas me pediram para não fumar enquanto estivesse com o senhor."

Ele não fez nenhum comentário a respeito e continuou:

"Hoje em dia, dizem que fumar provoca câncer nos pulmões. Na minha época, costumava dizer que o escotoma central – a área cega no campo de visão – era causado pelo fumo. Embora eu mesmo jamais tenha fumado, não podia acreditar que o fumo provocasse o escotoma central e, sendo o tipo de pessoa que deseja ir ao fundo de qualquer problema, decidi testar a teoria dos meus ilustres colegas.

"Escolhi um jovem médico, que era um dos meus pacientes, como minha primeira 'cobaia'. Ele era ideal para a minha pesquisa pelo fato de ser portador de escotoma central há muitos anos e porque também fumava muito. Resumi para ele a teoria dos meus colegas sobre a relação entre o fumo e o escotoma, e disse: 'Vamos tentar algo, certo? Quero que você deixe de fumar imediatamente.' Ele concordou em colaborar e deixou de fumar completamente. Continuou a receber o mesmo tratamento de antes mas seus olhos não melhoraram, na verdade, pioraram.

"Para mim, isso era suficiente, mas compreendi que teria de oferecer provas mais concludentes se quisesse substanciar minha descoberta e converter os meus teimosos oponentes. Fiz muitos outros testes com diferentes pacientes que apresentavam o problema do escotoma central e, finalmente, reuni evidências suficientes para demonstrar de forma conclusiva que o fumo não causava o escotoma central. Escrevi muitas laudas sobre a extensiva pesquisa que havia realizado. E meus escritos deram início a uma controvérsia sobre o assunto.

"Meus eruditos oponentes tentaram contrapor-se às minhas descobertas e disseram: 'Lang não pode estar certo; não pode ser como ele diz'. Isso porque acreditavam na sua teoria há tanto tempo que não gostariam que alguém provasse que estavam enganados, especialmente por um 'sabe-tudo', como diziam. Entretanto, alguns deles decidiram realizar suas próprias pesquisas com diversos pacientes e, como se sabe, admitiram finalmente que o escotoma central *não* era provocado pelo fumo.

"Naturalmente, fiquei feliz por ter sido evidenciado que eu estava certo, pois sempre afirmei que podem haver *muitas* causas para *qualquer* doença. Se uma pessoa é portadora de escotoma central, este pode ser causado por diversos fatores. Se alguém tiver uma irritação no olho, naturalmente o fumo poderá agravá-la, mas *não pode colocar* a doença ali – da mesma forma que *não pode colocar* o câncer em seus pulmões –, a doença deve *existir* ali, e então o fumo pode agravá-la. . ."

O pai de Lang, Isaac, estivera no centro de muitos acontecimentos estranhos em sua casa em Exeter. A palavra "psíquico" não tinha nenhum significado para os filhos. Ela nunca foi usada. O que os impressionava eram os incontáveis ruídos e visões num quarto que sabiam desabitado. E era sempre o pai quem procurava tranqüilizá-los explicando os fenômenos.

"São espíritos", dizia ele, "e não há por que temê-los. Os espíritos não farão mal a vocês. Eles vêm apenas para nos visitar, para estar conosco e nos ajudar."

Foi assim que, logo cedo na sua vida, William tomou conhecimento de um mundo invisível. A vida após a morte foi um tema que ele ouviu ser discutido muitas vezes. À medida que se aproximava da idade adulta, certas crenças se tornaram mais fortes para ele mas, naturalmente, como um eminente homem da medicina, compreendia que não seria sensato propagar em demasia o que era, acima de tudo, uma coisa muito pessoal. De qualquer modo, suas crenças eram então impopulares, da mesma forma que hoje em dia, e ele não desejava ficar desnecessariamente exposto a zombarias.

Três homens que com ele tiveram uma aproximação maior proporcionaram-lhe os meios de que ele necessitava para discutir esses assuntos. Eram médicos ilustres, todos eles nobres – *Sir* John Bland-Sutton, *Sir* Arnold Lawson e *Sir* William Lister.

"Eram pessoas maravilhosas", disse-me o dr. Lang em Aylesbury. "Podíamos conversar entre nós sobre tudo – tudo o que você possa imaginar – mas o nosso assunto favorito era a vida após a morte. Lembro que costumava dizer a eles: 'Saber que existe uma vida após a morte é muito consolador, pois sabemos que, mesmo se fizermos o que for possível em favor de um paciente quando o operamos e, não obstante, não conseguirmos salvá-lo, ele continuará a viver.' Eles concordavam, mas sempre que qualquer um de nós se defrontava com um caso na sala de operações, quando o pêndulo balançava apenas para um dos lados, esquecíamos essa linha de pensamento e fazíamos tudo o que fosse humanamente possível para salvar, ou pelo menos prolongar, a vida do paciente. . ."

Uma das maiores alegrias da vida do dr. Lang era o prazer originado pela carreira do seu filho Basil, que havia seguido seus passos e se tornara cirurgião. Pai e filho quase sempre operavam juntos, e nada dava mais prazer ou satisfação ao dr. Lang do que ver Basil envolvido numa cirurgia muito difícil e complicada, levando muitas operações "impossíveis" a uma bem-sucedida conclusão.

Então a felicidade do dr. Lang foi atingida por um golpe cruel. Basil caiu doente com pneumonia e, embora os médicos mais capazes tivessem feito tudo o que lhes era possível, não puderam salvá-lo.

"Todas as minhas esperanças se foram, todas as minhas esperanças", disse o dr. Lang rememorando a tragédia. "Meu mundo desmoronou e, com ele, todos os meus sonhos sobre o brilhante futuro de Basil. Ele era o meu filho. Era também um cirurgião extraordinário, muito competente, e eu não podia suportar a idéia de não vê-lo mais na sala de cirurgia. Perdi o interesse por tudo e fui para Crowborough, em Sussex, pois queria me afastar por algum tempo da minha casa em Cavendish Square – onde havia lembranças muito dolorosas para mim. . ."

Muitos dos seus famosos colegas e amigos foram visitá-lo e se ofereceram para ajudá-lo, mas na verdade não havia muito que pudessem fazer. O dr. Lang estava então com oitenta anos.

Um dos médicos que foram visitá-lo era um certo dr. Alexander Cannon – um clínico muito competente que, entretanto, não era muito benquisto pelos colegas por causa das suas teorias sobre a vida depois da morte. O dr. Cannon acreditava na projeção do corpo astral e falou longamente ao dr. Lang sobre isso, bem como sobre muitos outros aspectos psíquicos.

"Nós nos entendíamos muito bem", contou-me o dr. Lang, "embora eu não aceitasse *tudo* o que o dr. Cannon dizia e, às vezes, pensava que ele tinha idéias totalmente loucas. Mas, antes de tudo, gostava do modo como ele defendia a unhas e dentes qualquer coisa em que acreditasse; e ele nunca desistia do que estava fazendo, embora isso, às vezes, lhe causasse problemas.

"Certo dia, quando o dr. Cannon veio me visitar, me disse: 'Eu poderia curá-lo separando, por alguns momentos, o seu corpo espiritual, ministrando-lhe o tratamento necessário.' Ele era muito bondoso e tentou me ajudar. Mas, suponho, eu estava muito doente e não tinha mais vontade de ficar curado. Assim, ele não pôde fazer muito em meu favor."

Numa segunda-feira, 13 de julho de 1937, o coração de William Lang parou de bater. Ele tinha nas mãos o livro *A vida de Jesus*.*

* De autoria de Ernest Renan, membro da Academia Francesa.

Capítulo 6

O MOMENTO DA MORTE

Vezes sem conta, durante as nossas sessões de entrevista, sentava-me e ficava observando atentamente a figura que ocupava a cadeira à minha frente. Meus pensamentos, de vez em quando, se desviavam, surpresos com o que eu estava fazendo. Mas não era uma fantasia que eu estava vivendo. O constante ruído em surdina do motor do gravador mantinha-me consciente do local onde eu me encontrava. Era uma realidade e eu estava fazendo o trabalho verdadeiro de realizar uma difícil entrevista, para o que eu esperava que se tornasse uma reportagem realmente interessante.

Havia uma pergunta que eu queria fazer, mas não tinha certeza de possuir coragem para tanto. Subitamente, senti que tinha de saber a resposta.

"O senhor pode lembrar-se exatamente de como foi que morreu?"

"Oh, sim, sim. Isso está perfeitamente claro na minha mente. Olhe, naquele dia – 13 de julho de 1937 – eu sabia que o meu tempo de vida na Terra havia chegado ao fim. Disse aos meus queridos amigos que estavam sentados ao redor de minha cama que eu estava morrendo. Um deles disse: 'Bem, William, nós todos nos reencontraremos um dia no mundo espiritual. E quando isso acontecer, teremos o prazer de vê-lo operar novamente.' Assenti com a cabeça. Era incapaz de falar porque, de repente, senti-me muito, muito cansado e comecei a penetrar num sono profundo.

"Eu sabia bastante sobre a vida após a morte; que, de um modo ou de outro, iria continuar a existir. Mas não sabia o que esperar quando saísse do sono profundo e me tornasse um espírito. Não estava consciente do fato de o meu coração ter parado de bater. Sentia-me um tanto contente, livre de problemas e preocupações, e pensei que subitamente houvesse melhorado.

"Então vi minhas duas queridas esposas, Susan e Isabel, o meu querido filho Basil e alguns dos meus melhores amigos de pé ao meu redor. Não ficou claro para mim, nesse instante, que os habitantes do mundo espiritual soubessem quando uma pessoa terminou o seu tempo sobre a Terra e assim se reunissem à sua volta para estar perto dela, para ajudá-la. Pensei que era apenas um sonho. E ao perguntar a mim mesmo: 'Onde estou? Com quem estou sonhando?', vi-me deitado sem vida em minha cama, com meus amigos médicos e cirurgiões sentados ao redor do meu corpo. Podia distinguir sons estranhos, mas não vozes. Obviamente, tampouco eles podiam me ouvir ou ver. Tudo isso era angustiante e eu caí em outro sono profundo, sem sonhos, e a angústia desapareceu.

"Não sei quanto tempo durou esse período – teriam sido segundos, horas ou mesmo dias? Nunca tentei descobrir, porque isso não era verdadeiramente importante para mim; porém descobri que, durante esse tempo de inconsciência, médicos espirituais e auxiliares cuidaram de mim; eles me livraram dessa indisposição e também das preocupações que tinham ocupado a minha mente.

"De repente, tudo mudou e pude ver nitidamente minhas duas esposas, Susan e Isabel, ali, de pé, com os braços estendidos. O querido Basil, naturalmente, estava com elas, bem como alguns dos meus amigos mais íntimos e o resto dos meus familiares. Nós podíamos falar uns com os outros e não tive mais dúvidas de que havia deixado a Terra e que aquilo não era um sonho estranho, pois um dos meus amigos médicos disse: 'William, você está conosco no mundo espiritual.' Então, vi muitos dos meus pacientes que eu havia conhecido na Terra e que, lamento, haviam morrido antes de mim. Eles vieram me agradecer e me senti feliz, muito feliz.

"Minhas esposas e meus amigos disseram que iriam me mostrar os atrativos desse novo mundo, proporcionar-me uma festa, por assim dizer. Tudo era muito bonito, com flores maravilhosas e uma paisagem encantadora, e senti uma profunda paz pelo fato de me ser possível falar novamente com meus queridos familiares e amigos.

"Quando criança, eu costumava perguntar: 'O que é Deus? Quem é Deus?' Fui educado na fé da igreja anglicana mas, durante toda a minha vida, me dei bem com a maioria das pessoas – anglicanos, católicos, judeus e de outras religiões. Não fui aquilo que se poderia chamar de um homem muito religioso, pois não passava muito tempo rezando na igreja, mas costumava dedicar muitos dos meus pensamentos a Deus. Quando ia ver meus pacientes antes de uma operação, sempre orava por eles.

"Quando caí doente, e soube que o meu tempo sobre a Terra estava chegando ao fim, pensei que, no momento em que passasse para o mundo dos espíritos, seria levado à presença de Deus para prestar contas da minha vida. Nada disso aconteceu. Quando somos transportados para cá, naturalmente vemos Deus todos os dias, mas ninguém é levado à Sua presença. Ele não é uma figura imaginária e lendária. Deus é o que vejo em você; Deus é o que vejo em tudo o que é bom, e quando estou realizando curas, estou fazendo o trabalho de Deus. Deus é simplesmente um Grande Amor, uma grande sensação de estar fazendo o bem. Entenda, Deus é muito bom, um Deus maravilhoso – isso quando nós conhecemos Deus; e *eu* sinto que O conheço. Nós estamos aqui para realizar o trabalho de Deus – você, George, eu e todas as demais pessoas; e assim fazendo nos aproximamos de Deus e recebemos as Suas bênçãos.

"Quando alguém se transfere para cá, mantém a mesma personalidade da vida terrena. Algumas pessoas que vieram me ver disseram: 'Você é uma pessoa espiritual maravilhosa, dr. Lang', e eu disse a elas: 'Olhe aqui; jovem senhora ou jovem senhor, quando eu vivia na Terra gostava de viver a vida de um modo total. Tentei fazer o bem e não ferir intencionalmente nenhuma pessoa, mas *jamais* fui um ser *perfeito*. E agora que me transferi para o mundo espiritual ainda sou a *mesma* pessoa.' Compreenda, as pessoas acreditam que quando alguém se transfere para cá toma-se muito maravilhoso, mas isso não ocorre. A pessoa continua a mesma.

"Bem, tendo me transformado em espírito, logo tive vontade de, mais uma vez, fazer algo construtivo. Disse isso aos amigos que estavam comigo. Falei: 'A medicina foi tudo para mim na vida. Pouco sabia sobre outras coisas e gostaria de usar meus conhecimentos e minha experiência para ajudar as pessoas. Vocês poderiam me auxiliar?' Foi então que eles me levaram para conhecer os hospitais daqui, que são exatamente iguais a qualquer outro hospital que eu havia conhecido. Pude ver como pacientes que tinham falecido em estado imperfeito recebiam tratamento de médicos e enfermeiras espirituais. Notei de imediato que tratar pacientes no mundo espiritual é muito diferente do modo que empregamos na Terra e fiquei ansioso para aprender essa técnica especializada, tão cedo quanto possível.

" 'Você não encontrará dificuldades para aprender a operar o corpo espiritual, William', esclareceu o meu querido amigo Bland-Sutton, que havia chegado aqui um ano antes da minha vinda. 'Temos de voltar aos tempos de estudante para aprender esse novo método, que é muito diferente daquele empregado no corpo físico, mas essa é a única maneira de um médico espiritual ajudar os pacientes daqui de cima.'

"Eu estava muito interessado e entusiasmado para voltar a fazer algum trabalho e, imediatamente, comecei a estudar o método de cirurgia espiritual. Embora o corpo espiritual seja mais ou menos idêntico ao corpo físico, é, não obstante, muito difícil explicar a quem quer que viva na Terra *de que modo*, exatamente, um médico espiritual opera um corpo espiritual ou faz qualquer outra forma de tratamento pois, de modo algum, seria totalmente compreendido.

"Junto com muitos outros amigos médicos, operei diversas pessoas que haviam morrido em estado imperfeito e ajudei-as a se livrarem dos seus problemas. Era um trabalho muito recompensador, mas de vez em quando eu pensava: 'Não sou *realmente* necessário aqui como médico. Existem neste lugar muitos cirurgiões e clínicos altamente capacitados, capazes de cuidar dos seres espirituais. Talvez eu pudesse ajudar as pessoas que sofrem de doenças graves na Terra.' Conversei sobre isso com meus amigos e, tendo considerado minha idéia cuidadosamente, eles disseram: 'O único modo pelo qual seu desejo pode ser concretizado é descobrir um médium através do qual você possa reaparecer no plano terreno. É muito difícil encontrar o médium *certo*, mas é possível.'

" 'Bem, vamos tentar encontrar um', sugeri.

" 'Você deve estar absolutamente certo de que voltar ao plano terreno e proporcionar ajuda médica aos que ali vivem é realmente o que você quer fazer, *antes* que o médium *certo* seja encontrado e treinado para você', eles continuaram. 'Isso porque, quando você encontrar o seu médium, deverá ficar com ele, realizar o seu trabalho e, então, quando o período de vida sobre a Terra desse médium terminar, o seu trabalho como médico espiritual também estará terminado.'

" 'Bem, decidi que quero voltar à Terra como médico espiritual e estou totalmente de acordo quanto a exercer a profissão por tanto tempo quanto me for possível', afirmei. 'Então, vocês me ajudarão a encontrar o médium *certo*?'

“ ‘Pode ter a certeza, William, que faremos tudo para ajudá-lo’, prometeram meus amigos. ‘Naturalmente, deve ter paciência porque, como dissemos antes, é difícil encontrar o médium *certo*. Não se esqueça que existem muitos médicos aqui que têm, do mesmo modo que você, a mesma aspiração e que querem voltar ao plano terreno para trabalhar como médicos espirituais através de médiuns; pois poucos deles encontraram um médium. No entanto, você deve ter mais sorte que os outros. Há um jovem que vive no plano terreno que poderá ser treinado para ser o seu médium. Mas essa é uma tarefa complicada e cheia de imprevistos. Por enquanto, você deve continuar seu trabalho nos hospitais daqui. Aperfeiçoe suas habilidades como médico espiritual. *Nós* faremos o possível para realizar algumas experiências com esse jovem a fim de que possa ser treinado para você’. ”

Capítulo 7

UMA TRANSFORMAÇÃO

Não muito tempo depois de George Chapman ter se alistado no Corpo de Bombeiros de Aylesbury, um dos oficiais estava se queixando de dores nas costas.

"O que o senhor precisa é de alguns exercícios de ioga", disse-lhe Chapman, acreditando que poderia ajudá-lo.

Seu colega o olhou com surpresa e disse: "Não sabia que você se interessava pelo espiritismo."

Chapman retrucou: "O que o espiritismo tem a ver com isso?"

O outro homem deu início a uma explanação que foi quase uma pequena conferência e cujo ponto essencial era a possibilidade de recebimento de mensagens dos espíritos se algumas pessoas se sentassem em volta de uma mesa, colocassem os dedos ligeiramente sobre um copo emborcado e aguardassem que ele soletrasse as palavras. Chapman ficou bastante interessado naquilo que o seu colega oficial dizia e decidiu tentar fazer isso um dia para ver o que aconteceria.

Pouco tempo depois, no quartel, ele fez amizade com outro homem que dizia saber tudo sobre a recepção de mensagens dos espíritos através do método do copo emborcado. Acontece que esse homem já havia tomado parte em sessões espíritas quando servira no exército durante a guerra e sabia como conduzi-las. Chapman propôs a alguns de seus colegas realizar uma sessão. A princípio, houve uma relutância divertida mas, alguns dias depois, eles se reuniram em um grupo e levaram a efeito uma sessão bem-sucedida. O copo emborcado moveu-se de uma letra para outra sobre uma folha de papel na qual o alfabeto estava escrito em círculo e soletrou mensagens indeterminadas para todos os que se sentavam ao redor da mesa.

Daí por diante, o desejo de fazer experiências com o espiritismo tornou-se mais forte na mente de Chapman e o instigou a comparecer a reuniões sobre o espiritismo e a fazer sessões com o copo. Muitas e muitas vezes, recebeu mensagens dos espíritos. A mais comum era que ele iria fazer curas.

"Achei que não estava conseguindo nada com aquelas sessões e que estava apenas gastando o meu tempo, no que se referia ao meu desenvolvimento espiritual", disse-me ele. "Por isso, cheguei à conclusão de que a única maneira de descobrir realmente alguma coisa, seria tentar me concentrar por mim mesmo. Pensei: bem, nada me poderá acontecer, pois sei que controlo a minha mente, sei o que quero e se algum espírito vier, ele não me causará medo. Poderá talvez até me ajudar a descobrir mais sobre o espiritismo.

"Assim, comecei a me concentrar em meu quarto de dormir – todos os dias, inclusive aos sábados e domingos – e a meditar durante horas seguidas. Senti meu desenvolvimento mediúnico evoluir rapidamente e um dia decidi tentar algo novo. A essa altura, eu já sabia o que era uma viagem astral. Bastava que eu me deitasse e ela acontecia imediatamente – parecia que eu conhecia que passos deveria tomar e ninguém precisava me dizer 'você deve fazer isso ou aquilo ou estudar livros sobre tal assunto'.

"A princípio, costumava observar a mim mesmo me deslocando por diferentes partes da casa, enquanto meu corpo permanecia deitado na cama – costumava inspecionar os diferentes aposentos no andar inferior. Então, decidi tentar enviar a mim mesmo para mais longe, fora de casa.

"Um outro estágio em meu desenvolvimento era que eu costumava ir dormir e, ao acordar, sabia conscientemente onde havia estado. À medida que eu me desenvolvia ainda mais, me surpreendi caindo num sono ainda mais profundo; mas quando acordava não sabia nada do que tinha acontecido. Esse foi o começo da minha capacidade de entrar em transe profundo."

A maioria das pessoas sem as faculdades mediúnicas estão interessadas em saber o que sente um médium quando entra em transe; por isso, interrompi Chapman para perguntar-lhe.

"Bem", disse ele, "eu me concentro e, logo após, sinto um peso sobre a cabeça. Uma forte sensação de opressão parece tomar conta da base do meu crânio. Logo sinto-me muito cansado e adormeço – ou assim me parece. Nesse estado, tenho todos os tipos de sonho – alguns muito absurdos e fantásticos, outros instrutivos e interessantes. No entanto, não me lembro do que o meu guia espiritual faz quando se incorpora em mim."

Aproveitei a oportunidade para perguntar se *sempre* era fácil para ele entrar em transe, onde e quando necessário, ou se havia ocasiões nas quais ele encontrava algum tipo de dificuldade.

"Jamais tive qualquer espécie de dificuldade para conseguir entrar em transe", respondeu-me. "Não faz a mínima diferença o lugar ou as circunstâncias em que me encontro e em que tenha de fazê-lo. Apenas me concentro, fico à vontade e o resto você já sabe.

"Houve apenas uma ocasião em que tive alguma dificuldade e não consegui entrar em transe com a costumeira facilidade. Isso aconteceu no centro-oeste da Inglatrra, no outono de 1954.

"Uma senhora ali residente estava recebendo um tratamento à distância para um problema interno e um dia me escreveu pedindo para que eu fosse visitá-la a fim de propiciar-lhe um tratamento por contato. Nessa época, eu podia visitar pacientes com uma necessidade urgente de tratamento por contato. Assim, marquei a consulta e dirigi-me para o local onde ela vivia.

"Quando cheguei, ela perguntou se eu poderia esperar até que o seu marido chegasse, pois ele também necessitava de ajuda mas recusava-se a se submeter a qualquer coisa que tivesse a ver com o espiritismo ou com a cura espiritual. Ela esperava que, ao observar William Lang fazendo o seu tratamento, o marido pudesse ficar convencido e, talvez, concordasse em se submeter ao tratamento. Eu já havia recebido pedidos semelhantes anteriormente e, como me fosse assegurado que o esposo chegaria logo à sua casa, concordei em esperá-lo.

"Quando ele chegou e sua esposa lhe disse que eu o estava esperando, o homem se mostrou totalmente inflexível e determinado a não se submeter a qualquer coisa que se relacionasse com o espiritismo. Era um homem muito inteligente, mas de uma determinação obstinada. Lembro-me de haver tentado saber qual a sua ocupação, mas ele não me disse nem me senti inclinado a perguntar-lhe. De qualquer modo, finalmente, ele rendeu-se à persuasão da esposa – provavelmente para ser cortês para com ela e pela curiosidade sobre o que poderia acontecer

– e levou-me para a sala de estar. Disse-me que 'primeiro faria uma experiência'. O homem tinha um defeito na espinha e notei que caminhava com bastante dificuldade.

"Quando nos retiramos para a sala de estar, esforcei-me para entrar em transe mas, pela primeira vez durante a minha parceria com William Lang, senti dificuldades. Tão logo me sentia próximo a incorporá-lo, faces desconhecidas se materializavam e um estranho odor – que me fazia lembrar a morte – invadia o aposento.

"Mencionei essa dificuldade ao meu paciente, que não tinha tido oportunidade de tomar o seu costumeiro banho e de mudar a roupa ao voltar do trabalho. Ele sorriu e levantou-se. Dirigiu-se para a porta e, ao sair, disse: 'Volto logo.'

"Quando finalmente voltou à sala de estar, mais uma vez preparei-me para entrar em transe. Dessa vez obtive êxito sem qualquer dificuldade e imediatamente William Lang foi capaz de assumir o controle total do meu corpo. Examinou o paciente, realizou uma cirurgia no seu corpo espiritual e conseguiu curar o homem quase instantaneamente. Em seguida, a esposa foi operada e o seu problema interno desapareceu.

"Um pouco depois, quando estávamos tomando uma xícara de chá, o marido mencionou a minha dificuldade para entrar em transe. 'Como lhe disse', falei, 'eu estava sentindo um odor muito peculiar e todas aquelas faces estavam se materializando. Era um odor – espero que me desculpem –, um cheiro de morte.'

"O marido inclinou a cabeça ligeiramente e sorriu: 'Penso ser capaz de explicar por quê', ele disse. 'Sabe? Eu sou cirurgião e hoje estive fazendo necrópsias.' As condições que captei no primeiro instante foram, sem dúvida, as dos corpos mortos que o cirurgião havia examinado naquele dia."

Mas isso nos leva adiante do desenvolvimento de George Chapman como médium.

O processo era vagaroso e, a princípio, muito longe de ser espetacular. Havia pouco de sensacional associado com ele e que pudesse convencer as pessoas facilmente impressionáveis para uma aceitação imediata do extraordinário.

Porém, um dia, em 1946, Chapman estava caminhando apressadamente por uma rua em direção ao quartel. Ao dobrar uma esquina, se deparou com um velho homem, cujas roupas maltrapilhas revelavam que ele já havia conhecido melhores dias. Aparentemente, o velho já estava de pé na beirada da calçada há algum tempo, tentando atravessar o fluxo de tráfego. A rua estava apinhada e ali estava ele de pé, sozinho e desamparado.

George Chapman parou ao vê-lo e disse: "O senhor quer atravessar a rua, vovô?"

O homem voltou para ele os olhos reumosos e assentiu, murmurando imprecações contra o tráfego e a sua dificuldade para caminhar.

"Vamos, eu o ajudo a atravessar", disse Chapman tomando o velho pelo braço.

Moveram-se vagarosamente para frente e Chapman, uma ou duas vezes, estendeu a mão para moderar a velocidade dos veículos.

Ao segurar o braço do estranho, Chapman notou que o ancião não podia fazer uso daquele membro, pelo fato de estar paralisado numa posição torta. Não fez qualquer comentário em relação a isso, mas colocou a sua mão sobre a junta defeituosa. Ao atingirem o outro lado da rua, o velho subitamente gritou:

"Posso movimentá-lo! Posso movimentá-lo!"

Chapman não disse nada. Deixou o estranho e afastou-se rapidamente. Quando havia caminhado um pouco, olhou para trás e viu o homem, ainda de pé, na beira da calçada, movendo o braço para cima e para baixo e chorando emocionado:

"Ele fez com que meu braço se movesse! Posso movê-lo! Estou curado!"

Com o passar do tempo, houve outras pessoas no distrito de Aylesbury que foram ajudadas pelo bombeiro que tinha a voz suave e o sotaque de Merseyside. E, como nessas ocasiões ele estava totalmente consciente, também estava assombrado com as coisas que aconteciam.

Estava chovendo lá fora nas ruas de Aylesbury e um vento frio atirava as gotas geladas contra as janelas. Era um daqueles dias traiçoeiros, quando dirigir demandava grande cuidado e concentração. Durante todo o percurso desde Worthing, Pearl, minha esposa, tinha escutado enquanto eu falava, mas não havia dito nada. Ela mantinha os olhos na estrada. Foi apenas quando finalmente entramos em Aylesbury que ela relaxou. Ambos esperávamos que o tempo estivesse desanuviado ao término da nossa estrevista com o dr. Lang.

Ele estava sentado em sua costumeira cadeira, de costas para a janela sobre a qual uma persiana havia sido baixada. O reflexo avermelhado das lâmpadas sobre as paredes provocava um agradável e cálido brilho na sala. Os carretéis do gravador giravam vagarosamente na velocidade de 15/16. Lang estava falando e suas palavras estavam sendo gravadas sobre a estreita fita marrom.

". . . e assim, Joseph, meus amigos no mundo espiritual se aproximaram e me disseram que haviam obtido êxito na tarefa de encontrar o médium certo para mim. Eles o haviam preparado e testado e confiavam que nós dois poderíamos perfeitamente trabalhar juntos."

"Quanto tempo durou esse período de preparação e de testes?", perguntei.

"Oh, penso que mais ou menos cinco anos. Mas você pode confirmá-lo. Sim, meus amigos me disseram que o médium era um jovem chamado George Chapman que morava em Aylesbury. Era membro do corpo de bombeiros local. Bem, naturalmente descobri que George era um sujeito extraordinariamente agradável."

"Pode me dizer como foi a primeira vez que o senhor atuou através de George Chapman?"

"Sim, naturalmente que sim. A propósito, você deve saber que durante o seu período de preparação, George foi instrumento de diversas curas.* Elas foram realizadas por alguns dos meus colegas do mundo espiritual, principalmente por dois escoceses. Um deles era o dr. McPherson que, segundo sei, assistiu à mãe de George em Bootle, no ano de 1920. O outro era o meu amigo cirurgião nascido na Escócia, McEwen. Penso que já lhe disse anteriormente que ele fora um notável ortopedista.

"Então, com referência à primeira vez, recordo-me muito bem. Tão logo me disseram: 'Você completou o seu treinamento e o seu médium está pronto', fui assumir o controle de George. Apenas ele entrava em transe (isso sempre tem sido fácil para ele; pode concentrar-se e entrar em transe em qualquer lugar, como se fosse dormir), eu era capaz de controlá-lo imediatamente. Meus colegas, os outros médicos espirituais, haviam feito um trabalho excelente e possibilitaram tanto a mim

* Investiguei isso e descobri que, naquela época, George Chapman ficara famoso nos arredores de Aylesbury. Sabia-se que ele freqüentemente viajava às suas próprias custas para tratar de pacientes que não podiam ir até ele, ou que não dispunham de meios para pagar as passagens. Assim, ainda como bombeiro da ativa, estava ganhando renome como um médium que curava.

quanto a George estabelecer uma associação de trabalho que tem sido sempre ideal."

"George Chapman é o seu único médium, ou o senhor também opera através de outras pessoas?", perguntei.

"Apenas através de George", disse o dr. Lang decisivamente. "Não posso trabalhar por intermédio de nenhum outro médium. Por que me fez essa pergunta?"

"Porque alguns curadores e médiuns têm dito que o senhor está operando também por intermédio deles, quando não o está fazendo através de George."

"Isso é uma bobagem!", exclamou o médico espiritual enfaticamente. "Eu *nunca* trabalhei através de qualquer outro médium que não fosse George. E, na verdade, não posso fazê-lo. Eu lhe disse há pouco que George e eu fomos treinados um para o outro e que, antes de o treinamento de George como médium começar, tive de decidir de uma vez por todas se queria ficar com ele durante todo o seu período de existência sobre a Terra. Decidi fazer assim. Então, veja, mesmo que eu quisesse deixá-lo e trabalhar através de alguém mais, não poderia. E, naturalmente, não quero deixá-lo jamais. Estou muito satisfeito com ele, como já lhe disse, e a nossa associação é ideal.

"Não posso entender como certas pessoas ousam afirmar o fato de que o senhor está trabalhando através delas, se isso não é verdade."

"Bem, você sabe como é", disse Lang. "George e eu somos atualmente muito famosos; assim, outras pessoas tentam aumentar a sua própria credibilidade fingindo que eu estou trabalhando com elas – que estão em boas mãos, por assim dizer. Mas isso não me preocupa. É suficientemente sabido que George é o meu *único* médium, e isso é tudo o que importa."

Também perguntei a George Chapman como foi que o médico espiritual assumiu o controle total sobre ele da primeira vez.

"Bem, ele me comunicou que tinha sido um homem chamado William Lang", contou-me George. "Disse que havia sido um cirurgião que trabalhou em Londres durante os últimos anos do século passado e até alguns anos antes da II Guerra Mundial."

Perguntei: "Qual foi a sua reação a isso?"

"Não entenda mal o que eu vou dizer", retrucou ele, "não é que eu não tivesse acreditado nele, sabe? Mas queria, bem, comprová-lo.

Assim, na próxima vez que entrei em transe, pedi a um dos meus colegas do corpo de bombeiros para ficar comigo e anotar todos os detalhes. Não posso me lembrar de nada que acontece ou do que é dito quando estou em transe e queria ter alguns detalhes para conferir."

Capítulo 8

"NÃO HÁ DÚVIDA QUANTO A ISSO"

Desde o dia do ano de 1951 em que o dr. William Lang voltou como médico espiritual, ele tentou deixar claro que era *o* William Lang que havia nascido em Exeter a 28 de dezembro de 1852 e falecido a 13 de julho de 1937. A fim de convencer o seu médium da sua verdadeira identidade, revelou muitos episódios da sua vida na Terra – coisas que só eram conhecidas por um círculo de amigos íntimos – e pediu que essas informações fossem confirmadas.

Quando George Chapman analisou as informações que seus colegas haviam registrado enquanto ele (Chapman) estava em transe profundo, ficou satisfeito pelo fato de o médico espiritual, seu guia, haver fornecido algo que podia ser verificado. Como um leigo comum, ele não tinha ouvido falar de um cirurgião chamado William Lang. Isso não era de surpreender porque, durante sua vida, o dr. Lang não fora o que se poderia chamar de "famoso" ou "da moda" e, conseqüentemente, seu nome não fora citado nas colunas da imprensa popular. Embora houvesse se distinguido de muitas maneiras como um cirurgião oftalmologista de projeção, estivera longe de ser uma figura aparatosa e suas habilidades eram mais conhecidas no meio profissional.

Chapman estava convencido de que o seu guia era altamente capacitado, pois disso já tivera ampla evidência. Muitos pacientes que tinham ido à casa de Chapman para serem tratados pelo dr. Lang haviam sido considerados "incuráveis" por seus próprios médicos e especialistas. Lang, trabalhando por intermédio de Chapman, curou esses "incuráveis". Mas Chapman estava ávido para conhecer tanto quanto possível da vida passada do homem que controlava o seu corpo quando se encontrava em transe profundo. Para corroborar o que lhe tinha sido dito por seu guia, Chapman pediu a seus amigos que procurassem detalhes sobre o dr. William Lang – Membro do Real Colégio de Cirurgiões – nas bibliotecas públicas. Isso foi feito com o maior cuidado, mas os pesquisadores nada encontraram.

Sem ter conhecimento de que os detalhes sobre o dr. Lang não poderiam ser encontrados dessa maneira, eles chegaram à conclusão de que não havia meios de comprová-los. Seria isso alguma evidência de fraude? Um dos que ajudaram Chapman nessa busca disse-lhe: "Parece que o seu médico espiritual nos forneceu informações falsas sobre si mesmo, pois não conseguimos encontrar um único livro ou panfleto que contivesse qualquer referência a um cirurgião chamado Lang na época em que ele alega ter vivido."

O dr. Lang ficou desapontado com as "estéreis" tentativas que haviam sido feitas para validar suas afirmações. Ele disse a Chapman: "Naturalmente vocês não vão encontrar nada a meu respeito em livros publicados para o leitor comum; procurem na literatura que foi publicada para os membros da profissão médica e verão que tudo o que eu disse está correto."

Foi então feito um pedido à Associação Médica Britânica para que informasse se existia naquela organização algum dado sobre o dr. William Lang, F. R. C. S., nascido a 28 de dezembro de 1852 e falecido a 13 de julho de 1937. Não foram fornecidos quaisquer outros detalhes. No devido tempo chegou a resposta da Associação confirmando tudo o que o médico espiritual havia dito sobre a sua carreira médica. Chapman e seus amigos aceitaram então o fato de que o médico espiritual era o mesmo William Lang que havia iniciado sua carreira médica no London Hospital e que tinha se projetado como cirurgião oftalmologista em Middlesex e Moorfields.

Algum tempo mais tarde, outras provas impressionantes foram fornecidas sobre o médico espiritual que era o guia de George Chapman, durante o seu estado de transe, quanto a ele ser, na verdade, *o* brilhante William Lang, F. R. C. S. Essas provas espontâneas foram proporcionadas por diversas pessoas que haviam conhecido o dr. Lang, seja nos hospitais ou em sua clínica particular. Eram pessoas que se lembravam do alegre e bondoso cirurgião oftalmologista.

Quando iam ao santuário de George Chapman em busca da ajuda do médico espiritual, os ex-pacientes do dr. William Lang, bem como os seus amigos, esperavam apenas serem atendidos por *um certo* dr. Lang. Tão logo o viam e falavam com ele, ficavam pasmados com o modo de falar e agir que lhes era familiar. Ali estava alguém que eles não viam há anos; alguém que havia morrido antes da II Guerra Mundial! E, ainda, ele era capaz de relembrar casos ocorridos em antigos encontros, casos conhecidos apenas por eles mesmos, e ficavam mais certos do que nunca de que não havia possibilidade de se enganarem quanto à identidade.

Uma das personalidades a identificar o médico espiritual como o dr. William Lang, F. R. C. S., em 1961, foi o dr. Kildare Lawrence Singer, M. R. C. S. (da Inglaterra), L. R. C. P. de Londres em 1917, capitão-médico do exército, que se lembrava muito bem de Lang. Ele conhecera Lang pela primeira vez quando estudante no Middlesex Hospital, onde recebera aulas de oftalmologia ministradas por Lang. Mais tarde, já como médico, estabeleceu-se uma amizade entre ele e o seu eminente mestre, e o afeto mútuo entre ambos continuou até a morte de Lang.

O reconhecimento do seu velho amigo por parte do dr. Singer foi totalmente inesperado. Singer sofria de câncer e, quando soube que um médico espiritual chamado Lang havia curado alguns pacientes também afetados pelo mal, decidiu consultá-lo. Nunca ocorrera ao dr. Singer que pudesse haver qualquer ligação entre esse *dr.* Lang e aquele dr. Lang, seu velho professor e amigo. Mas, quando entrou no santuário de George Chapman e o médico espiritual o saudou com o familiar "Alô, meu caro jovem, eu *estou* feliz em vê-lo novamente", Singer soube imediatamente que estava diante do dr. William Lang.

O dr. Lang conversou com o seu "jovem" amigo durante muito tempo e, às vezes, sobre acontecimentos de há muito esquecidos e ocorridos no passado.

"Ele me deu provas mais do que suficientes de ser, sem dúvida nenhuma, o dr. Lang que eu conheci pela primeira vez no Middlesex Hospital em 1914", disse o dr. Singer logo após o encontro. As visitas que se seguiram fortaleceram essa convicção.

A sra. Katherine Pickering, de Aylesbury, identificou, em 1952, o "dr." Lang como o cirurgião William Lang com tanta certeza quanto o dr. Singer o faria nove anos mais tarde. Ela havia encontrado o dr.

Lang há quase sessenta e um anos, estivera sob os seus cuidados durante quinze anos e, por isso, podia dizer que o conhecia muito bem.

"Eu tinha quatro anos e nove meses quando adoeci gravemente de sarampo, o que afetou a minha visão e, segundo suspeitou-se, contribuiu para a minha alarmante miopia", disse-me a sra. Pickering quando a visitei em sua casa em Aylesbury no dia 26 de agosto de 1964. "Fui levada ao departamento de oftalmologia do Middlesex Hospital e me tornei paciente do dr. Lang.

"Eu era uma criança muito tímida e geralmente tinha medo de estranhos, especialmente de médicos. Mas, tão logo o dr. Lang me colocou numa cadeira e começou a falar comigo, antes mesmo de examinar os meus olhos, toda a minha timidez e todos os meus temores desapareceram e senti-me como se estivesse conversando com um tio ou um parente.

"Ele não era alto, como alguns dos outros médicos de lá, e falava de uma maneira tão gentil que, desde logo, comecei a gostar dele."

"É extraordinário que a senhora possa lembrar-se de todos esses detalhes", disse eu. "Já se passaram sessenta anos!"

"Bem, não de todo", esclareceu a sra. Pickering. "Eu *fui* paciente do dr. Lang *durante quase quinze anos* – até estar com quase vinte anos. Você ficaria surpreso de como alguém pode se lembrar tão claramente das coisas que em sua vida, na época em que aconteceram, causaram uma grande impressão em sua mente. O dr. Lang me impressionou bastante. Eu era tímida e medrosa, como já lhe disse, e essa é, sem dúvida, a razão pela qual uma lembrança da infância de um homem que era tão bondoso e gentil está tão profundamente gravada na minha mente."

"O que a faz tão segura de que o médico espiritual é o mesmo dr. Lang sob cujos cuidados a senhora esteve no Middlesex Hospital?"

"Bem, assim que entrei no santuário do sr. Chapman, o dr. Lang saudou-me com as seguintes palavras: 'É bom vê-la novamente após tanto tempo, Topsy. Lembro-me de você quando era deste tamanho' e ele estendeu a mão. Ora, ele sempre me chamou 'Topsy' quando eu era uma criança, e a maneira como ele disse isso e colocou a mão em meu ombro – bem, quero dizer, quem poderia saber disso a meu respeito, após sessenta anos? Eu não conhecia o sr. Chapman. Estou convencida de que ele é o dr. Lang.

"Ele examinou os meus olhos e o modo como disse: 'Oh, minha querida, eles ainda estão muito bem', fez-me lembrar que ele quase sempre usava exatamente essa mesma frase quando eu ia vê-lo ainda adolescente. Senti-me realmente de volta ao Middlesex Hospital. Encontrar o dr. Lang depois de todos esses anos foi absolutamente extraordinário."

A sra. Pickering contou-me que o dr. Lang havia feito uma cirurgia espiritual nos seus olhos e que, como resultado disso, a sua visão melhorou a tal ponto que agora ela podia ler sem óculos – algo de que não era capaz antes de sua visita ao santuário de George Chapman. Disse ainda que não tinha falado a Chapman e ao dr. Lang sobre as dores causadas por problemas internos, em virtude dos quais ela havia ido procurá-los para receber assistência. Não obstante, o dr. Lang havia diagnosticado precisamente a sua enfermidade, sem nada indagar acerca dos seus sintomas. Ele havia realizado outras operações espirituais, aplicando algumas injeções espirituais, livrando-a assim da sua doença e dos seus sofrimentos.

"Sou descendente da antiga linhagem dos quacres – minha família viveu em Buckinghamshire por trezentos anos – e meu pai sempre me ensinou a dizer apenas a solene verdade", prosseguiu a senhora Pickering. "Estou dizendo isso para deixar perfeitamente claro que jamais disse algo em público sem ter a certeza absoluta dos fatos. Quando digo que acredito que o médico espiritual e o dr. Lang são a mesma pessoa, estou absolutamente convencida disso."

Na realidade, a sra. Pickering se preocupa muito em comprovar tudo antes de fazer qualquer afirmação. Desde a infância, ela mantém diários, relatos concisos porém detalhados de pessoas que ela conheceu e de coisas e acontecimentos que lhe causaram impressão. Antes de responder a qualquer das minhas perguntas, ela consultava suas anotações. Disse-me que não confiava na memória, pois podia falhar.

Na época do tratamento da sra. Pickering, George Chapman não tinha idéia da aparência de William Lang. Não pudera descobrir qualquer fotografia, e tudo o que tinha era a descrição feita pela sra. Pickering. Então, um dia, ouviu uma referência sobre um sr. McDonald que se intitulava um pintor mediúnico. Foi algo que intrigou George Chapman.

Parece que o sr. McDonald alegava ser capaz de pintar retratos de pessoas já falecidas, bastando para isso a assinatura da pessoa que solicitasse o retrato. No intuito de saber o que receberia em resposta, George Chapman escreveu uma simples carta que dizia: "Gostaria de ter um retrato do meu guia espiritual." Além do endereço e da sua própria assinatura, nada mais havia sobre a folha de papel de carta.

No tempo devido, um pacote oblongo foi entregue na casa de Chapman. Quando ele o abriu, encontrou um retrato colorido de um homem de idade avançada usando colarinho de pontas viradas e gravata. Uma nota acompanhava a pintura, explicando que o nome do guia era William Lang e que ele tinha sido um médico.

Chapman nunca tinha se encontrado com esse sr. McDonald. Nunca havia falado com ele nem lhe havia escrito qualquer outra coisa além do pedido do retrato. No entanto, aqui estava a nota de McDonald identificando prontamente o guia espiritual como William Lang. George Chapman pela enésima vez em sua vida estava perplexo. Não obstante, ainda não estava satisfeito com o que conseguira. Ele desejava saber se o retrato feito pelo pintor mediúnico tinha alguma semelhança com o dr. Lang.

Alguns dias após a chegada do retrato, Chapman encontrou a sra. Pickering. Assim que pôde interromper respeitosamente a sua conversa, ele disse: "Oh, por acaso outro dia alguém me enviou um retrato. É de um homem idoso. Um retrato muito bom. É um original. A senhora gostaria de ir até a minha casa para vê-lo?"

A sra. Pickering ficou espantada com esse estranho convite, mas foi à casa de Chapman para ver aquela obra de arte. Assim que a viu, ela levou a mão à boca num gesto involuntário de surpresa e disse: "Oh, mas é o dr. Lang! O senhor não sabia?"

"O dr. Lang, a senhora diz?", falou Chapman em resposta.

"Sim, sim. Naturalmente que é ele."

"Olhe, sra. Pickering, a senhora está absolutamente certa de que este é realmente o dr. Lang?", insistiu Chapman.

"Meu caro sr. Chapman, como poderia eu estar enganada? *Conheci* esse homem, fui atendida por ele durante quinze anos, exatamente na minha infância e adolescência até os vinte anos! O senhor não entende? Ninguém esquece um rosto que conheceu durante todo esse tempo, sabe?" Ela deu as costas a Chapman para olhar mais uma vez o retrato. "Ora, lembro-me até dessa gravata que ele está usando. É espantoso. Uma semelhança absolutamente extraordinária." Ela permaneceu ali de pé por alguns minutos, olhando para o retrato. Ao sair, lançou um estranho olhar zombeteiro a George Chapman.

Alguns meses mais tarde, depois de persuadir os amigos a buscarem todas as fontes prováveis e improváveis, Chapman conseguiu obter uma antiga publicação médica que estampava uma fotografia de William Lang no apogeu da sua carreira.

Ele levou o livro consigo, encontrou a página com a fotografia de Lang e então comparou-a com o retrato.

A semelhança entre a pintura e a fotografia era notável.

O sucesso obtido por George Chapman como médium de um médico espiritual rapidamente se espalhou e maravilhou não apenas Aylesbury e todo o condado de Hertfordshire como também todo o país. Muitas pessoas que sofriam de doenças incuráveis o procuraram e, ao deixarem a sua casa, transmitiam as notícias de curas milagrosas efetuadas pelo médico "morto" – o médico espiritual chamado William Lang. Dentro em breve, o número de pacientes que procuravam George Chapman para serem tratados pelo dr. Lang tornou-se imenso.

Capítulo 9

A PALAVRA DE UMA AUTORIDADE

Percy Wilson, licenciado em letras (Oxon) – editor técnico do periódico *The Gramophone*, antigo vice-presidente da Sociedade de Ciências Psíquicas, uma das maiores autoridades mundiais em pesquisas sobre fenômenos psíquicos e presidente da Psychic Press Ltd. – é um dos poucos que não apenas conheceu George Chapman nos primeiros dias de sua mediunidade como também continuou a visitá-lo e ao médico espiritual a intervalos freqüentes. Mas, ao contrário dos demais, o sr. Wilson, a princípio, não procurou o médium com o propósito de ser curado. Como um pesquisador criterioso mas imparcial, seu objetivo era determinar se a alegação de George Chapman de ter como guia um médico espiritual era verdadeira, ou se o jovem era uma vítima da auto-ilusão.

"Encontrei George pela primeira vez há mais ou menos doze anos em Londres e fomos como que atraídos um pelo outro", contou-me o sr. Wilson quando o entrevistei no dia 11 de dezembro de 1964. "Ele era uma dessas pessoas que eu queria conhecer, porque estava ansioso para determinar, por intermédio de uma pesquisa séria, se esse jovem era ou não controlado por um médico espiritual e, se assim fosse, se estava suficientemente desenvolvido para possibilitar que o seu guia espiritual trabalhasse eficazmente por seu intermédio.

"Na verdade, eu não suspeitava que o jovem tivesse qualquer intenção conscientemente fraudulenta, mas existem muitas pessoas que desejam muitíssimo ser médiuns de transe e que, freqüentemente, são capazes de se tornarem vítimas involuntárias da auto-ilusão; elas se enganam a si mesmas acreditando que o que lhes vai na imaginação é um fato. Embora possa haver imposturas não planejadas, elas são, não obstante, tão perigosas como as fraudes deliberadas, porque enganam e quase sempre frustram extremamente os que as buscam de boa fé. Dessa forma, elas lançam um estigma sobre a cura espiritual e sobre o espiritismo como um todo. Por isso, deve-se ser muito cauteloso quando se investiga a mediunidade de transe.

"Ora, no caso de George Chapman, eu tinha de ser particularmente rigoroso pelo fato de ele não apenas alegar ser um médium de transe que tinha como guia um médico espiritual, mas também por afirmar que seu guia era um certo dr. William Lang, membro do Real Colégio de Cirurgiões, que havia falecido em 1937 e que, durante a sua existência, tinha sido cirurgião e clínico especialista em alguns dos mais renomados hospitais de Londres. Bem, se o resultado da minha investigação comprovasse que o alegado era verdadeiro, isso poderia ser uma maravilhosa e significativa contribuição para a cura espiritual e para o espiritismo em geral, e eu faria o que estivesse ao meu alcance para ajudar de todas as maneiras o jovem e o seu guia espiritual. Entretanto, se a minha pesquisa me convencesse de que a alegação era infundada, naturalmente teria de divulgar a minha opinião de que aquele não era um caso legítimo de cura espiritual. Medidas como essa, na verdade, têm sido de minha obrigação porque, principalmente quando se trata de cura espiritual, toda a precaução possível deve ser tomada para que sejam aceitas como capazes de curar apenas as pessoas cuja autenticidade seja comprovada e posta acima de qualquer dúvida possível."

"Tendo sido um espírita assíduo por mais de meio século e tendo se ocupado extensivamente de pesquisas psíquicas, o senhor tem certeza de que não pode ser enganado de alguma forma por um impostor muito hábil e esperto?", perguntei.

"Bem, creio estar qualificado para levar a efeito essas investigações adequadamente. Durante os últimos quinze anos, mais ou menos, estudei as fases do transe mediúnico através de muitos expoentes notáveis", replicou o sr. Wilson. "Acho que devo lhe dizer que tenho mais experiência direta com a mediunidade de transe e mais conhecimento de seus diferentes aspectos do que qualquer outra pessoa viva hoje em dia. Isso pode parecer um tanto estranho pelo fato de existirem muitos médiuns de transe que possuem mais experiência direta por *estarem em transe*. Mas uma pessoa que entra em transe não conhece necessariamente a complexidade da mediunidade de transe e a sua variedade, ou as suas peculiaridades ou mesmo as suas técnicas. Quando investigo uma forma de transe – ou de suposto transe –, posso dizer, quase de imediato, se ela é genuína ou se é apenas auto-ilusão, ou talvez até uma fraude deliberada. Muitos dos assim chamados transes são auto-ilusão."

"O senhor investigou a alegação de George Chapman quando o encontrou pela primeira vez?"

"Bem, não. Eu o encontrei em Londres, como já disse, e naquela ocasião ele estava no seu estado normal de consciência. Para que eu pudesse investigar as suas alegações, precisava vê-lo em transe. Assim, tudo o que pude fazer quando do nosso primeiro encontro foi combinar para encontrá-lo quando ele estivesse sob controle espiritual.

"Naturalmente, conversei com ele sobre a sua mediunidade e o seu trabalho, e não tive dúvidas de que ele era um jovem sincero que estava imbuído do desejo de servir à humanidade sofredora. Infelizmente, isso não servia como garantia de que ele era, na verdade, um médium de transe genuíno – o seu desejo de ajudar as pessoas sofredoras poderia muito bem ser a raiz de uma auto-ilusão involuntária e totalmente inocente. Mas, naturalmente, não me decidi de imediato, pois se eu queria fazer uma pesquisa séria, não poderia me permitir chegar a qualquer conclusão antes de haver descoberto todos os fatos relevantes através de uma cuidadosa investigação."

O sr. Wilson compareceu ao seu encontro com George Chapman e, quando entrou na sala de consultas do dr. Lang, encontrou o médium já em transe.

"Quando fui pela primeira vez a Aylesbury e vi o dr. Lang, tive uma impressão muito favorável", disse o sr. Wilson. "Pude dizer, de imediato – e quem quer que seja versado em mediunidade de transe pode fazê-lo –, que esse não era apenas um transe verdadeiro mas também um transe do mais alto nível.

"Aquilo foi um impacto definitivo que me deu a certeza de estar diante de uma personalidade totalmente diferente – totalmente diferente da de George Chapman –, um homem de idade avançada, um homem idoso e instruído como aquele, cujos conhecimentos médicos podiam ser notados a uma distância, por assim dizer, de quilômetros. Veja você, eu poderia tomá-lo imediatamente por um especialista de Harley Street, tanto pela sua atitude em geral quanto pelo modo fluente e informal como ele falava sobre temas médicos.

"Depois que realizei uma investigação muito rigorosa que me forneceu provas conclusivas de que aquele era definitivamente um caso de transe mediúnico de alto grau, encontrei-me mais uma vez com George Chapman, tão logo ele retornou ao seu estado normal de consciência. Embora já houvesse reunido minhas evidências de que ali estava realmente um notável médium que tinha como guia um cirurgião que poderia ser identificado, voltei a interrogá-lo mais uma vez, muito minuciosamente, em seu estado normal de consciência. Havia muitas coisas que eu queria saber a respeito dele.

"Naqueles primeiros dias de sua associação mediúnica com o dr. Lang, estava claro que o conhecimento médico de George Chapman era muito menor que o meu e que, além de tudo, ele era uma pessoa muito simples, sincera e honesta. Contudo, o dr. Lang era inquestionavelmente um especialista. A diferença era marcante.

"Além do mais, naquele tempo, George Chapman não era o que poderíamos chamar de um homem do tipo intelectual; ele era totalmente ingênuo em alguns aspectos e, talvez, inclinado a ser um pouco *desajeitado*; mas, à medida que a sua mediunidade de cura se desenvolveu e ele ficou mais e mais sob a influência do dr. Lang, se tornou cada vez mais culto e intelectualizado. Ele aprendeu muito através do dr. Lang. Mas, mesmo agora, depois de longos treze anos de associação com o seu guia espiritual, ele ainda é totalmente diferente, em personalidade, do dr. Lang, do mesmo modo que era quando o encontrei pela primeira vez em seu estado normal de consciência.

"Ao deixar Aylesbury naquela singular tarde de 1952 o meu veredito foi: essa é uma das mais interessantes e perfeitas formas de mediunidade de transe que eu já vi. E quanto mais me encontrava com George Chapman e com o dr. Lang nestes últimos anos, mais confirmava o veredito a que tinha chegado há treze anos."

O sr. Wilson também foi atendido pelo dr. Lang como paciente, quando foi consultá-lo há dez anos para receber ajuda do médico espiritual, ajuda que não conseguira através do tratamento médico ortodoxo. A cura completa da sua enfermidade foi tão rápida e impressionante que, a partir daí, sempre que sentia necessidade de conselhos médicos, ele ia consultar o dr. Lang, da mesma forma que o seu próprio médico ou especialista. E ele estava tão impressionado com as habilidades e os feitos do dr. Lang, que levou um considerável número de parentes e amigos a Aylesbury para curas e operações espirituais.

"Uma das pessoas que levei ao dr. Lang foi minha sobrinha, que tinha um problema médico desde o seu nascimento", disse o sr. Wilson. "Quando ela estava com dezesseis semanas de vida, começou a sofrer problemas estomacais e não podia reter nenhum alimento. Os médicos do hospital a operaram três vezes para tentar descobrir o que a incomodava. Eles não chegaram a nenhuma conclusão definitiva, mas felizmente as operações pareciam ter surtido o efeito desejado e durante alguns anos ela ficou livre do problema.

"Então, há cinco anos, subitamente houve uma recaída. Seus pais a levaram para o hospital. O mesmo especialista que havia realizado as operações ainda estava lá e, depois de examiná-la mais uma vez, disse que o problema era o mesmo de antigamente e que teria de operá-la novamente para tentar detectar a causa.

"Nessa ocasião, entretanto, levei minha sobrinha ao dr. Lang. Logo depois de examiná-la, ele disse: 'Oh, isso é uma inflamação do estômago muito singular, muito singular. É uma inflamação das paredes internas. Eu a operarei e a deixarei curada.' Ele realizou uma operação no corpo espiritual da garota e desde então não houve mais qualquer recaída.

"Isso ocorreu há cinco anos. O especialista do hospital que a mantivera sob observação durante anos ficou – e ainda está – perplexo com a miraculosa recuperação que ocorreu antes que ele tivesse a oportunidade de operar. Bem, aí está ela. É uma criança sumamente inteligente que está indo muito bem na escola. Há apenas um mês, perguntei se ela tinha tido algum outro problema, e ela me respondeu: 'Não, nada, nem a mais leve dor.' Bem, levei algumas outras pessoas como essa ao dr. Lang. Nenhuma delas deixou de sentir um considerável alívio causado pelos tratamentos e pelas operações desse médico espiritual."

O sr. Wilson lembrou também o seguinte caso de uma senhora que ele levou ao dr. Lang, mas que já não podia mais ser socorrida, nem mesmo através do tratamento espiritual:

"Quando a examinou, o dr. Lang disse-me francamente que achava não ser possível salvar a sua vida terrena, pois havia sido consultado muito tarde. Essa é uma das qualidades raras do dr. Lang. Quando sabe que não pode prestar ajuda, ele nunca ilude ninguém, animando-o com falsas esperanças, embora, naturalmente, diga a verdade de uma maneira diplomática para não perturbar ou atemorizar o paciente. Essa franqueza é muito importante porque, por outro lado, sabemos que, quando ele diz que pode ajudar um doente, isso não se constitui apenas numa afirmação leviana.

"Ora, de acordo com o prognóstico do médico da família, a senhora viveria ainda por duas ou três semanas. Quando falei com ela, um dia após ter sido atendida pelo dr. Lang, a mulher me disse: 'Tomarei o desjejum com o dr. Lang na próxima segunda ou terça-feira.' Perguntei: 'Por que a senhora pensa dessa maneira?' Ela fitou-me com um olhar perspicaz e disse: 'O dr. Lang é muito sagaz.'

"Na noite de segunda-feira ela morreu calma e pacificamente."

Durante suas muitas visitas a Aylesbury nos últimos doze anos, o sr. Wilson tem tido amplas oportunidades de estudar o comportamento do dr. Lang e suas técnicas de cura. Ele resumiu suas conclusões da seguinte forma:

"Sempre fiquei impressionado com o fato de o dr. Lang esforçar-se para explicar o que está acontecendo aos pacientes – principalmente aos pacientes novos – e com o modo pelo qual ele ganha, quase que de imediato, a confiança de todos. Estou igualmente impressionado pela sua explicação do modo pelo qual ele separa o corpo espiritual, de maneira a possibilitar a realização das operações ou das outras formas de tratamento nesse corpo, bem como, particularmente, com as palavras precisas que ele utiliza para fazer com que todos compreendam que existe uma diferença entre o corpo espiritual e o espírito em si mesmo.

"Uma outra coisa que também me impressiona no dr. Lang é a maneira segura como ele se refere a *tudo*, sua maneira segura em cada caso. Lembre-se, tenho boas razões para saber que, quando ele está fazendo um diagnóstico e explicando o que está acontecendo a um paciente, ele o faz com todo o tato. Uma das suas grandes sutilezas é nunca deixar escapar impulsivamente palavras que possam causar no paciente um choque ou uma impressão errada de qualquer espécie. E ele só diz que é possível curar uma enfermidade quando está absolutamente seguro de si. Mesmo então, ele costuma dizer: 'Penso que somos capazes de ajudá-lo', e isso é, falando de modo geral, tudo o que ele diz.

"Além das curas, acho que o que mais impressiona é o seu poder de diagnose – seus olhos de raio X, como os chamo. Sua descrição dos sintomas de um paciente e até o seu histórico médico são sempre precisos, bem como o prognóstico sobre os efeitos que as suas operações e os seus tratamentos no corpo espiritual terão sobre o corpo físico.

"Ninguém tem dúvidas, quando ouve o dr. Lang, que ali está um velho e experimentado homem dedicado à medicina. E essa não é apenas a minha opinião, mas também a de diversos membros da profissão médica, alguns dos quais, na verdade, foram seus amigos e alunos quando ele estava no Middlesex Hospital durante sua vida terrena."

O testemunho do sr. Wilson sobre a autenticidade da mediunidade de George Chapman traz consigo uma imensa soma de crédito. As pessoas envolvidas com as pesquisas psíquicas estão mais que profundamente conscientes dos rigorosos testes que devem ser feitos para comprovar a veracidade das alegações daqueles que se julgam dotados de poderes mediúnicos. Na área da ciência e das pesquisas psíquicas, o nome de Percy Wilson é, com certeza, bastante conceituado.

Capítulo 10

A SORTE DE UM POLICIAL

Reginald Abbiss, de Aylesbury – um inspetor de polícia aposentado que passou trinta anos na corporação –, era uma das pessoas que foram ao santuário de George Chapman durante os primeiros estágios da sua parceria com o dr. Lang.

Eu queria saber como veio a acontecer de um oficial superior da polícia, com uma mente cética, em vez de consultar o seu médico clínico, ter ido procurar a ajuda de um médico espiritual.

"Bem, eu lhe direi", disse o sr. Abbiss, quando o visitei em sua casa em Aylesbury, no dia 16 de setembro de 1964. "Um dos meus amigos, que havia servido comigo na força policial desde 1929 e que sabia que a minha esposa tinha uma saúde deficiente, falou-me sobre o tratamento maravilhoso que o dr. Lang havia proporcionado a um amigo seu que estivera doente e desenganado. Ele achava que o médico espiritual podia ser capaz de fazer muito mais pela minha esposa do que o tratamento médico ortodoxo que, honestamente, não vinha produzindo resultados muito convincentes. Realmente, descobri mais tarde que aquele meu amigo havia pensado muito sobre o assunto antes de me abordar. Ele temia que eu ficasse irritado com a simples menção de coisas sobrenaturais. Ao mesmo tempo, não desejava que a minha esposa se visse privada de algo que poderia provocar a sua cura. Assim, ele me falou primeiro das coisas notáveis que o dr. Lang estava fazendo.

"Eu nunca tivera um contato anterior com alguma pessoa ou coisa ligada ao espiritismo ou à cura espiritual, mas fiquei interessado, ao saber do meu amigo, que o dr. Lang trabalhava por intermédio do seu médium, George Chapman, e como o médico espiritual realmente agia e ajudava os seus pacientes. Fiquei tão intrigado com o que o meu amigo me contou que decidi visitar o dr. Lang e descobrir por mim mesmo como seria entrar em contato com o espírito de um morto.

"Meu amigo marcou uma consulta para que minha esposa fosse atendida pelo dr. Lang no santuário de George Chapman e eu fui junto com ela. Do que eu havia aprendido até então, tinha alguma idéia de como eram as coisas mas, na verdade, eu não sabia exatamente o que esperar.

"Quando minha esposa e eu entramos na sala de consultas do dr. Lang, um cavalheiro idoso e gentil, ou assim ele me pareceu, com os olhos fechados, nos deu as boas-vindas e nos saudou estendendo a mão. Ele conversou conosco por alguns instantes abordando diversos assuntos. Ao saber que eu era um inspetor de polícia aposentado, disse que eu era o seu primeiro paciente dessa espécie e comentou como era muito mais fácil o trabalho da polícia naquela época.

"Era uma experiência inusitada, de certo modo opressiva. Aquela era a primeira vez em minha vida que eu via uma pessoa em transe. De fato, quando falei com o espírito de um morto, através do médium, de um modo tão aberto como o faria com qualquer pessoa viva, pensei: 'Não compreendo por que não tentei fazer isso antes'."

O dr. Lang pediu que a sra. Abbiss se deitasse no sofá e, quando as suas mãos tocaram de leve o seu corpo totalmente vestido, diagnosticou a sua enfermidade detalhadamente. Explicou então a ambos que todas as pessoas possuem um corpo físico e um corpo espiritual, que ele tratava apenas o corpo espiritual, tentando conseguir um efeito correspondente no corpo físico.

Depois, o dr. Lang realizou uma cirurgia espiritual na sra. Abbiss, enquanto, durante todo o tempo, o seu marido observava e via o que estava acontecendo.

"Fiquei surpreso quando ele quis examinar *a mim*, pois eu não havia marcado uma consulta para mim mesmo – estava ali apenas para acompanhar a minha esposa", prosseguiu o sr. Abbiss. "Na realidade, há algum tempo eu vinha sentindo um pequeno incômodo interno, mas não havia me preocupado e, com certeza, não havia falado nada sobre isso com quem quer que fosse. Fiquei curioso para saber de que modo o dr. Lang havia tomado conhecimento do meu incômodo.

"Naturalmente fiz o que ele mandou e, tão logo me deitei no sofá e o dr. Lang – com os olhos ainda fechados – tocou suas mãos ligeiramente em meu corpo totalmente vestido, me disse exatamente qual era o problema: que eu estava sofrendo de algo relacionado com o meu piloro e que necessitava de cuidados por causa da prisão de ventre e do desconforto que isso causava. Explicou então que iria fazer uma operação espiritual que me livraria do problema.

"Devo dizer que senti uma sensação agradabilíssima enquanto ele realizava o seu trabalho.

"O dr. Lang estava totalmente correto em tudo o que disse. No dia seguinte ao que ele me operou, senti uma leve melhora. Não pense que isso foi causado por um condicionamento ou pela força de vontade. De qualquer forma, em cerca de duas semanas, não sentia mais nada, prova suficiente de que o dr. Lang me havia curado."

"O senhor está me dizendo que aceitou tudo como correto desde o princípio?", perguntei.

"Bem, eu já lhe disse que, quando entrei pela primeira vez no consultório do dr. Lang, não sabia exatamente o que esperar. Devo confessar que estava de sobreaviso para verificar se tudo aquilo era honesto", replicou o ex-inspetor. "O senhor compreende; é natural que, durante os meus trinta anos na força policial, eu tenha me acostumado a ver as coisas com desconfiança, procurando diferenciar entre o genuíno e o fraudulento. Observei atentamente todos os movimentos feitos pelo dr. Lang.

"Todas as suspeitas de qualquer tipo que eu poderia ter nutrido foram rapidamente dissipadas e, de certo modo, senti-me envergonhado por ter sido desconfiado. Toda a atmosfera daquele ambiente era de sinceridade e plena do desejo de ajudar as pessoas necessitadas.

"Sim, fiquei convencido de que estava diante de um verdadeiro médico espiritual, que falava e agia através do seu médium. E, além disso, eu estava – e ainda estou – impressionado com o dr. Lang. Senti que estava falando com um velho médico cujas maneiras e comportamento evidenciavam a sua profissão, e não tive dúvida em afirmar que acreditava plenamente nele. Minha rápida recuperação confirmou a fé que nele depositei."

O ex-inspetor Abbiss acompanhou a sua esposa durante todo o seu tratamento no santuário de Chapman. Em certa ocasião, ele encontrou George Chapman quando o médium não estava em transe.

"Que contraste marcante havia entre o sr. Chapman e o dr. Lang!", disse-me o sr. Abbiss. "Fisicamente, o sr. Chapman era um homem muito mais moço, e seu modo de falar era totalmente diferente. O médico, mais idoso, sempre falava como um clínico de idade avançada, enquanto o sr. Chapman falava com um nítido sotaque nortista. As suas maneiras eram muito diferentes e não tive dúvida de que, realmente, eu estava me encontrando com duas pessoas completamente distintas. Por acaso, naquela época, o sr. Chapman ainda era um oficial do corpo de bombeiros de Aylesbury."

O sr. Abbiss acompanhou regularmente a sua esposa quando ela ia receber tratamento. Numa ocasião, muito tempo depois da primeira visita, o dr. Lang, inesperadamente, pediu que ele se deitasse no sofá.

" 'Não há nada de errado comigo, dr. Lang', disse eu. 'O senhor me curou completamente do meu mal'. O dr. Lang replicou: 'Gostaria de examinar os seus olhos, jovem'. Bem, fiz o que ele pedia e o médico espiritual realizou uma operação nos meus olhos. Ele me disse que havia corrigido um defeito e, para dizer a verdade, logo notei uma considerável melhora na minha visão. Eu costumava usar óculos quando dirigia, mas desde a operação feita pelo dr. Lang, não mais precisei usá-los.

"Não sou, de maneira nenhuma, um caso excepcional – conheço muitas outras pessoas que foram beneficiadas por operações e tratamentos do dr. Lang, de um modo tão surpreendente quanto o fui.

"Não seria correto dizer que todos os pacientes do dr. Lang são espíritas convictos dispostos a aceitar tudo sem questionamentos. Antes pelo contrário. Os pacientes na sala de espera do sr. Chapman são pessoas que têm diversas filosofias de vida. Lembro-me de ter ouvido uma mulher perguntar a outra se ela era espírita e a última respondeu imediatamente: 'Não, não sou. Mas que diabo isso tem a ver com a cura? Estou recebendo uma assistência maravilhosa e não preciso saber ou acreditar em nada mais do que isso'."

Capítulo 11

ESCAPANDO DO BISTURI

No início da sua parceria com o dr. Lang, George Chapman concordava em visitar os pacientes que necessitavam de ajuda, sempre que encontrava tempo para tanto. Às vezes isso significava fazer longas viagens às suas próprias custas. Uma dessas visitas teve lugar em 1954, quando ele foi atender a sra. Winifred Holmes em sua casa em Chester.

A sra. Holmes vinha sofrendo de cálculos biliares há muito tempo. Não tendo conseguido obter resultados perceptíveis com o tratamento médico ortodoxo e pelo fato de relutar em consentir ser operada (como muitas outras pessoas, tinha um medo excessivo do bisturi do cirurgião), decidiu tentar a cura espiritual. Ela ouvira falar de alguns feitos do dr. Lang e escreveu a George Chapman para combinar uma cura à distância pelo médico espiritual. Assim foi acertado, mas não produziu qualquer alívio visível. Então a sra. Holmes pediu para se submeter a um tratamento por contato e perguntou se era possível o sr. Chapman ir até Chester. Ele concordou e marcou a visita para o dia 3 de setembro de 1954.

Quando chegou à casa da sra. Holmes, esta pediu que ele esperasse até que o seu marido voltasse do trabalho.

"Ele também está precisando de tratamento", explicou ela. "Não acredita na cura espiritual – na verdade, ele não tem tempo para dedicar ao espiritismo ou para qualquer outra coisa desse tipo – mas tenho esperanças de que, se ele testemunhar o meu tratamento, possa se convencer da sua eficácia e concordar em receber o mesmo tratamento." Ela acrescentou que o seu marido estava sob cuidados médicos no hospital, mas que isso parecia não estar dando resultado.

Enquanto aguardavam, a sra. Holmes falou a George Chapman sobre o problema do seu marido.

"Ele sofreu um acidente há algum tempo e desde então vem sofrendo muito – quase sempre com dores intensas. O raio X revelou que ele tem um deslocamento de disco da coluna, um mal do qual ele já padeceu em três outras ocasiões, sem que tenha conseguido ficar definitivamente curado. Ele é empregado de uma fundição e o senhor pode imaginar como é incômodo para ele usar um colete de aço. Agora, os médicos decidiram que uma jaqueta de gesso poderia ser mais conveniente. Espero que o dr. Lang possa aliviá-lo dos seus sofrimentos e curá-lo. . ."

"Tenho a certeza de que ele fará tudo o que puder", respondeu Chapman.

Quando John Holmes chegou, foi apresentado a George Chapman e, de imediato, demonstrou uma forte aversão a tudo que estivesse ligado à cura espiritual. Disse que não queria saber de nada que estivesse relacionado com isso. Mas a sra. Holmes era uma esposa persuasiva e quebrou a resistência do marido. Com relutância, ele concordou em se submeter ao tratamento com o médico espiritual. Não obstante permanecesse muito cético, embora um tanto curioso, ele quis deixar claro que havia concordado apenas para satisfazer a sua esposa.

Os dois homens retiraram-se para outro aposento, onde o médium entrou em transe com a costumeira facilidade. Pouco tempo depois, o dr. Lang pôde assumir o controle total sobre ele.

"Tenho prazer em conhecê-lo, jovem", o dr. Lang saudou o sr. Holmes. Enquanto tocava com as mãos o corpo totalmente vestido do paciente, ele acrescentou: "Estou muito contente pelo fato de sua querida esposa haver conseguido que você viesse me ver, porque penso que poderei colocar o disco deslocado no seu devido lugar e em definitivo. Depois disso, não haverá mais necessidade de você usar um colete de aço ou uma jaqueta de gesso – você estará perfeitamente curado, jovem, e poderá trabalhar com a mesma facilidade de antes do seu acidente. E quando for ao hospital para o seu próximo exame, o médico confirmará o que estou dizendo."

Holmes ficou surpreso pelo fato de o médico espiritual não ter achado necessário fazer algumas perguntas e saber, de imediato, a natureza da sua enfermidade. Começou a sentir-se muito menos seguro de que nada adviria dessa estranha experiência.

O dr. Lang realizou uma operação espiritual e, enquanto ele agitava os dedos e dava ordens ao seu filho Basil e a outros assistentes invisíveis, John Holmes sentiu uma dor súbita e penetrante.

"Foi extraordinário", afirmou o sr. Holmes posteriormente. "O dr. Lang não tocou realmente no meu corpo – suas mãos ficaram todo o tempo suspensas acima dele. Quando senti a pontada de dor durante a 'operação', notei que as suas mãos estavam a uma distância de três a cinco centímetros afastadas de mim."

A princípio, a assim chamada operação espiritual parecia ter fracassado. Longe de se sentir melhor, o sr. Holmes estava convencido de que a sua situação havia piorado. Ele se julgou um tolo por haver permitido ser persuadido em relação a uma coisa que ele não acreditava desde o início. Por que não se tinha aferrado às suas próprias convicções? Mulheres – elas estão sempre se intrometendo! Veja agora em que condições me encontro!

Holmes estava prestes a dar vazão aos seus sentimentos quando lhe disseram: "Muito bem, jovem; se quiser, já pode tentar andar e se movimentar."

Ele reprimiu a sua raiva e levantou-se do sofá. Surpreendentemente, foi muito mais fácil do que esperava. Escorregou as pernas lateralmente para baixo e ergueu-se para uma posição de pé sobre o chão. Nenhuma dor. Experimentou dar um passo. Não sentiu dores. Então, caminhou através do assoalho até o outro lado da sala e, mais uma vez, de volta, sentindo que começava a sorrir, completamente aliviado.

Mas havia ainda uma outra coisa que ele queria tentar. A lembrança das dores passadas o inibia. Porém sabia que, se não tentasse fazer aquilo, jamais saberia se o que ele pensava ter realmente acontecido, *de fato*, ocorrera. Reuniu coragem e, vagarosamente, esperando a todo momento ficar paralisado pela dor, começou a se curvar para a frente tanto quanto possível. Fez isso sem que aparecesse a menor pontada de dor e, então, com o mesmo êxito, voltou à posição normal. Ele o fizera! Não tinha havido dor! Estava curado!

John Holmes ficou de pé fitando a figura arqueada que o observava. "Bem, eis aí, jovem. Sente-se melhor agora?"

Holmes não podia falar. Assentiu com a cabeça.

"Agora quero ver a sua boa senhora. Poderia pedir-lhe que viesse até aqui?"

Holmes saiu e chamou a esposa. Quando ela viu o seu rosto, havia muitas coisas que ela queria lhe perguntar – particularmente sobre o sorriso idiota que lhe cobria a face. Mas agora não tinha tempo para isso: o dr. Lang estava esperando.

John Holmes permaneceu de pé e observou enquanto as operações espirituais eram realizadas em sua esposa. Quando tudo terminou, ele viu a esposa sentar-se com um sorriso no rosto, os sinais de dor já desaparecendo. Ela caminhou em sua direção, depois de agradecer ao médico espiritual, e segurou-lhe as mãos. "John", disse ela, "sinto-me muito melhor. Não há mais dores e não vou precisar ser operada. Não é maravilhoso?" Ela deu as costas ao marido. "Oh, dr. Lang, muitíssimo obrigada. Obrigada, obrigada", disse ela.

John Holmes nunca mais usou um colete de aço.

Quando foi ao hospital, alguns dias após a cura efetuada pelo dr. Lang, disseram que o disco deslocado havia retornado ao seu lugar. O médico que o examinou ficou surpreso e também confirmou o que o dr. Lang havia dito: que não havia mais necessidade do colete de aço ou da jaqueta de gesso. O sr. Holmes nada disse sobre o médico espiritual.

Em janeiro de 1965, localizei os Holmes. Eles não haviam mantido contato com o George Chapman ou com o dr. Lang desde aquela singular ocasião há cerca de dez anos.

"Não houve necessidade de procurá-los", disse-me o sr. Holmes. "Tenho trabalhado no meu antigo emprego na fundição desde então, sem haver faltado um dia sequer por motivo de doença. Há muitos anos que venho me sentindo muito bem."

A sra. Holmes também ficou com a saúde perfeita desde aquele dia de setembro de 1954.

Capítulo 12

A MOÇA DO MILAGRE

De todos os casos que investiguei, o daquela dona-de-casa de Amersham, a sra. Dorothy James, foi o mais surpreendente e comovedor. Sem falar no tempo da guerra, nunca havia me deparado com alguém tão terrivelmente ferido: crânio fraturado, membros quebrados, perda de visão, perda de memória – suas condições físicas pareciam tão precárias que um padre fora chamado para administrar-lhe a extrema-unção.

Mas, num dia de junho de 1964, encontrei-me com a sra. James e ouvi dela e do seu esposo o que havia acontecido no dia 12 de novembro de 1954. Ela era uma pessoa alegre e encantadora.

"Lembro-me de haver descido do ônibus quando me encaminhava para o trabalho", relembrou ela. "Como de costume, esperei que ele se afastasse do ponto de parada para que eu pudesse olhar em ambas as direções. Sempre fui muito cuidadosa para atravessar ruas – de fato, as minhas irmãs faziam piadas sobre isso. Elas diziam sempre que eu jamais morreria atropelada por um carro, porque era 'muito mais cuidadosa que uma velha!' De qualquer forma, como estava dizendo, esperei que o ônibus se afastasse e estava totalmente certa de que nada estava se aproximando, antes de dar um passo à frente. E isso é tudo de que me recordo."

O marido da sra. James deu seqüência ao relato:

"Dorothy foi atingida por um carro Aston Martin cujo motorista o estava testando pela primeira vez. Tinha sido um presente que ele havia recebido no dia em que completara vinte e cinco anos e admitiu para a polícia que estava a uma velocidade de cento e cinqüenta quilômetros por hora. Disse que, por um instante, admirou a magnífica paisagem outonal dos campos pelos quais estava passando e, quando voltou os olhos para a estrada, Dorothy estava justamente à sua frente. Apertou os freios mas a atingiu. Ela foi arremessada para cima do capô e sua cabeça atravessou o pára-brisa, antes de ser atirada, por cima do carro, para a estrada. Ela ficou ali, toda quebrada e coberta de sangue.

"Quando a ambulância chegou, um aldeão que havia coberto o corpo com um cobertor disse à equipe médica: 'Vocês chegaram muito tarde. Ela deve ser levada para o necrotério, não para o hospital.' Mas o motorista da ambulância afastou o cobertor e, depois de um rápido olhar, respondeu: 'Não, ela ainda está com vida. Vamos levá-la imediatamente ao hospital.' Isso me foi contado posteriormente.

"Quando Dorothy chegou ao hospital, os médicos verificaram que ela estava com o crânio fraturado e que ambas as pernas estavam quebradas. Estava bastante ferida e suas condições eram tão críticas que nem esperavam que ela sobrevivesse por mais do que algumas horas. Enfaixaram-lhe a cabeça, engessaram-lhe as pernas e chamaram o padre.

"Eu estava quase louco nessa ocasião", disse-me o sr. James. "Quero dizer, quase não conseguia pensar direito. Tudo o que eu sabia era que a minha esposa havia sido atropelada e estava morrendo. E então ouvi uma mulher falando sobre um médico espiritual que poderia salvar-lhe a vida. Não posso me lembrar se antes eu já havia pensado sobre espiritismo. Mas disse a mim mesmo: 'Qualquer coisa, qualquer coisa que, de alguma maneira, possa ajudar.' E disse à mulher: 'Não, não tenho objeções. Mas se ele puder fazer alguma coisa, pelo amor de Deus, traga-o depressa.' "

George Chapman foi contatado. Informado sobre a situação da sra. James, ele pediu ao dr. Lang que iniciasse um tratamento à distância tão logo fosse possível. Entrementes, no hospital de Buckinghamshire, a sra. James estava morrendo.

"As enfermeiras", disse-me ela, "contaram-me mais tarde que havia um assistente hospitalar que trabalhava em outra ala e que vinha regularmente uma vez durante o dia, às vezes duas, e novamente à noite, olhava o gráfico na cabeceira da cama e fazia perguntas às enfermeiras." A sra. James prosseguiu: "Quando pediram para que ele explicasse o seu interesse por mim, ele respondeu: 'Está tudo bem. Faço isso para o bem da sra. James. Tenho de informar a um amigo meu exatamente como ela está.' Mais tarde, muito tempo mais tarde, o sr. Chapman me disse que um amigo seu que trabalhava em outra ala do hospital lhe fornecia um relato diário do meu estado de saúde. Isso possibilitava ao dr. Lang proporcionar-me um tratamento de cura à distância mais eficaz. Mas, naturalmente, eu não sabia nada sobre isso, naquela ocasião. Na realidade, havia muito tempo que eu não sabia de nada.

"Os médicos do hospital, naturalmente, não sabiam que me estava sendo ministrado um tratamento de cura à distância e não podiam entender como é que eu estava viva. Primeiro, disseram que eu não iria viver. Quando viram que eu não morri, disseram que eu não poderia jamais ver, falar ou andar outra vez, que eu teria de enfrentar o futuro num asilo para doentes mentais. Ora, os especialistas haviam diagnosticado que o meu cérebro estava avariado, todo o meu sistema nervoso afetado, e que essa avaria poderia resultar em deficiência mental e cegueira permanentes; além disso, minha perna direita e o tornozelo estavam esmagados."

"Dorothy ficou semiconsciente por quase seis semanas", disse o sr. James. "Às vezes, ela voltava a si, mas não tinha idéia de onde estava ou do que havia acontecido.

"Os médicos e as enfermeiras costumavam se referir a ela como a Moça do Milagre. Muitas vezes ela foi levada à sala de operações onde seus ferimentos eram suturados e se pensava em amputar a perna direita esmagada. E se o cirurgião não tivesse recusado operá-la por temer que ela morresse na mesa de operações (ele considerava os danos em seu cérebro demasiado graves para sujeitá-la a essa provação), ela poderia ter perdido a perna."

O sr. James foi repetidamente avisado pelo corpo médico do hospital de que devia estar preparado para o pior, que podia acontecer a qualquer momento. Quando se passaram algumas semanas e o sr. James readquirira vagarosamente as forças, a opinião dos médicos era a de que, se a sra. James sobrevivesse, ficaria cega e, provavelmente, com a mente gravemente afetada, tendo de ser internada num hospital para doentes mentais.

O tratamento de cura à distância estava sendo ministrado ininterruptamente pelo dr. Lang e, embora permanecesse ainda em estado de semiconsciência e na relação dos doentes em risco de vida, a sra. James ia, lentamente, se recuperando. Cinco semanas após o acidente, recuperou totalmente a consciência, pela primeira vez. Vamos conhecer a história da sra. James, novamente por suas próprias palavras:

"Assim que acordei totalmente, pedi à senhora da cama ao lado para me dizer onde eu estava. Mas, em vez de me responder, ela chamou a enfermeira-chefe da ala, que me explicou que eu havia sofrido um grave acidente e que estava naquele hospital há quase seis semanas. Ela me chamou de 'sra. James', mas eu lhe disse que o meu nome era Dorothy Danielson* e que não era casada. Então, ela dirigiu-se até o armário ao lado da minha cama e mostrou-me uma fotografia de um menino dizendo que aquele era o meu filho Martin. Colocou a fotografia em minhas mãos e ajudou-me a segurá-la, porque o meu lado direito estava completamente paralisado. Olhei para a fotografia e pensei: 'A mãe desses dois encantadores meninos deve ser uma pessoa muito feliz.' Lembro-me de haver dito que aqueles dois gêmeos eram encantadores. A enfermeira me disse que havia apenas um menino na fotografia e eu disse a ela que estava vendo dois.

"Então ela chamou a enfermeira-assistente e outra jovem auxiliar para ficarem comigo, enquanto ia telefonar. Perguntei à assistente se ela podia me dar um espelho a fim de que eu pudesse ver se era Dorothy Danielson, mas a moça respondeu que não; o médico havia dito que eu ainda não podia ver o meu rosto (pois ele estava muito feio, com todas aquelas costuras e feridas). Disse também que eu não devia tocar no rosto; do contrário, os meus punhos teriam de ser amarrados nos lados da cama. Meu marido me contou mais tarde que, durante as primeiras semanas, minha cama parecia um berço – tinham sido colocadas grades laterais, para evitar que eu tentasse sair, e que os meus pulsos haviam sido amarrados, porque eu ficava tentando arrancar os pontos do meu rosto.

"A enfermeira-chefe voltou acompanhada por alguns médicos e um deles me disse que estava muito contente pelo fato de eu estar consciente e poder ver. Pediu-me para olhar para o relógio na parede e dizer as horas. Fiz o que ele pedia e lembro-me também de haver dito que era uma tolice colocar dois relógios tão perto um do outro, e ele disse: 'Graças a Deus, enfermeira, ela nos disse a hora corretamente.' Então se retiraram, dizendo que a metade da batalha havia sido ganha.

"Depois que eles saíram de perto da minha cama, tentei veementemente pensar nas coisas passadas mas não conseguia me lembrar de nada. Lembro-me que o meu pai beijou a minha testa e disse: 'Deus a

* Nome de solteira da sra. James.

abençoe, querida; existem pessoas que precisam mais de você do que eu', e quando ele saiu perguntei à paciente da cama ao lado o que ele queria dizer com isso. Ela me respondeu que *ninguém havia estado ao lado da minha cama* desde que os médicos tinham saído. Como vim a compreender muito mais tarde, meu pai havia morrido alguns anos antes.

"Minha colega de quarto disse-me também que Jeff praticamente passara a morar no hospital aproximadamente durante quatro semanas – ele havia permanecido ao meu lado noite e dia e me alimentado – e que o menino da fotografia era realmente o meu filho Martin. Contou que minhas irmãs e minha mãe vinham me visitar freqüentemente, bem como muitos outros parentes. Perguntei quais eram os dias de visita e ela respondeu: 'Não precisa se preocupar. Seus familiares e parentes podem visitá-la quando quiserem.' Não compreendi o que ela queria dizer. Quis saber por que *eu* era tão especial para poder receber visitas a qualquer hora. Ela me disse então que eu estivera na relação dos doentes em risco de vida.

"Depois a enfermeira-chefe voltou. Com ela estava uma pessoa que ela disse ser um padre. Não sei o nome dele. A enfermeira falou: 'Aqui está um amigo que a senhora gostará de ver, sra. James', mas eu não o conhecia. Por alguma razão desconhecida, tive medo dele, e assim que começou a falar não quis que ele se aproximasse de mim. Acho que, no subconsciente, eu sabia que ele era o padre que me havia ministrado a extrema-unção; não sei. De qualquer modo, todas as vezes que ele voltava e eu ouvia a sua voz, fingia estar dormindo.

"Mas no dia em que eu estava indo para casa, ele e a enfermeira-chefe me prepararam uma surpresa. A enfermeira mandou fazer um jantar especial – frango etc. e um pudim de Natal – e colocou em meu prato um "ossinho dos desejos" – eu ainda o guardo em casa como lembrança. Pela primeira vez me era permitido erguer-me na cama e me alimentar por mim mesma. Estávamos prontas para começar quando entraram duas enfermeiras empurrando um carrinho sobre rodas para perto de minha cama. O carrinho estava arrumado como um altar, com velas e um crucifixo no centro. Acenderam as velas e o capelão entrou com a enfermeira-chefe, dizendo: 'Oh, até que enfim eu a encontro acordada!' Toda a enfermaria riu com essa brincadeira. Então ele conduziu um breve serviço religioso e tudo foi realmente encantador.

"São poucas as coisas das quais posso me lembrar enquanto estava no hospital.

"Uma delas era que um homem muito gentil costumava estar sempre ao meu lado – ele me alimentava e tinha um olhar muito afetuoso. Descobri mais tarde que era Jeff, o meu marido.

"Em outra ocasião, lembro-me, o cirurgião estava dizendo a outros médicos que aquele caso era *seu* e que ele *não* pretendia amputar a minha perna – iria restaurá-la e, se ela ficasse mais curta que a outra, eu poderia usar um sapato feito especialmente para igualá-las. O médico da enfermaria me disse que eu havia sido levada totalmente inconsciente para a sala de operações.

"Depois, em outra ocasião, lembro-me de ter estado em cima de uma maca e parecia que a minha perna direita havia sido colocada dentro de um forno na parede. O médico da enfermaria estava ao meu lado e eu podia ouvir a sua voz dizendo: 'Ela está voltando a si. Posso aplicar-lhe a injeção agora?' Em seguida, eu estava na enfermaria e todos os biombos tinham sido colocados ao redor da minha cama, ao lado da qual estavam a enfermeira-chefe e o médico da enfermaria. Eu sentia dores terríveis e o médico disse alguma coisa à enfermeira sobre retirar o gesso e colocar um outro novo. Não me lembro de mais nada depois disso. Mais tarde, as enfermeiras me contaram que o médico-residente havia permanecido ao meu lado durante toda aquela noite.

"Também me lembro de ter visto, uma vez, a minha cunhada, mas me disseram mais tarde que ela vinha todos os dias. Veja, eu não tinha consciência do que estava acontecendo à minha volta.

"Um incidente que eu recordo perfeitamente foi quando uma senhora idosa, numa cama do lado oposto à minha, chorava porque as enfermeiras disseram para ela se levantar e sentar-se numa cadeira. Isso para o seu próprio bem, do contrário nunca iria ficar boa. Pedi à enfermeira-chefe que me deixasse levantar em lugar da velhinha para não aborrecê-la. Mas a enfermeira gritou do outro lado da sala que eu deixasse de ser tola, pois ainda levaria muitos meses antes que eu pudesse me levantar. Tentei, então, afastar as cobertas, mas descobri que não podia mover o braço direito. Retirei algumas cobertas com a mão esquerda, mas não pude mover as pernas.

"A enfermeira-chefe veio até a minha cama e mostrou o gesso em volta das minhas pernas. Sentou-se na cama e disse que havia uma grande possibilidade de eu nunca mais voltar a andar. Mas eu apenas sorri e disse: 'Sim, eu voltarei a andar, mesmo que os médicos venham a amputar ambas as minhas pernas. Eu usarei pernas artificiais.' Então a enfermeira disse: 'Sim, minha querida, se chegar a esse ponto, e praza Deus que isso não aconteça, tenho absoluta certeza de que você o fará.' Contou-me que em toda a sua carreira de enfermeira jamais havia encontrado alguém com tamanha vontade de viver e que estivesse determinada a fazer exatamente o oposto daquilo que era esperado.

"Só depois de haver passado seis semanas no hospital é que comecei a compreender onde estava e que Jeff era meu marido. Ansiava ir para casa a fim de descobrir se eu podia me lembrar do meu filho. O Natal estava próximo e perguntei ao cirurgião se havia possibilidade de passar os feriados em casa. Os médicos discutiram o assunto e, na tarde seguinte, Jeff chegou e fui levada para casa numa ambulância, pelos mesmos homens que me haviam transportado para o hospital. Só que eles não podiam acreditar no fato de eu ainda estar viva."

A sra. Dorothy James saiu do hospital de Buckinghamshire exatamente no Natal de 1954. Ficou acertado que ela deveria retornar após o dia de Ano-Novo.

Ao chegar em casa, para sua tristeza, ela descobriu que não podia reconhecer nada. Não estava convencida de que Martin era seu filho e nem mesmo segura de ser ou não a sra. James.

George Chapman foi ver a sra. James logo após a festa do "amigo secreto", durante a sua folga no corpo de bombeiros de Aylesbury. Ele conversou com ela por alguns minutos sobre o acidente e o hospital mas, enquanto ele ainda estava falando, ela caiu num sono profundo. Somente quando acordou, depois de um sono reparador, ela soube, por intermédio de sua mãe que estava no seu quarto, que George Chapman tinha entrado em transe e que o dr. Lang havia realizado algumas operações espirituais e, depois, ordenado que a paciente não fosse acordada e que a deixassem dormir.

"Quando acordei, perguntei a minha mãe: 'Para onde foi aquele cavalheiro?' " A sra. James prosseguiu: "Em vez de me responder, minha mãe disse: 'Não tente se erguer na cama por si mesma. Você pode se magoar!' Eu respondi: 'Não, não me toque. Posso fazer isso por mim mesma.' Lembro-me que abaixei o meu braço direito – o braço que eu não podia sentir ou utilizar anteriormente – e gritei: 'Posso dobrar o meu braço.' E, oh! Só podia haver uma explicação – o cavalheiro devia ter feito isso. Por que ele não está mais aqui? Onde está ele? Ele deve pensar que eu sou muito mal-educada por haver adormecido no meio de uma conversa. Compreenda; eu não sabia quem ele era ou o que podia ser, ou qualquer outra coisa mais. Não me haviam dito nada – minha mãe apenas o apresentara como um cavalheiro que queria me interrogar sobre o meu estado de saúde. Foi então que ela me contou sobre o médico espiritual, o dr. Lang, que havia realizado em mim operações espirituais enquanto eu estava adormecida.

"Na manhã seguinte, o sr. Chapman veio mais uma vez diretamente do seu trabalho e usando ainda o uniforme. Nem sequer havia passado em casa para tomar o desjejum. Ele desejava ver que progresso, se tivesse havido, eu tinha feito desde o dia anterior. Eu disse a ele: 'Desculpe-me por eu ter caído no sono ontem – na verdade não sou tão mal-educada.' Ele se limitou a rir e falou: 'A senhora não caiu no sono. O dr. Lang a pôs para dormir.' Explicou então que era o médium do dr. Lang e me assegurou que ele e o seu guia fariam tudo o que pudessem para me ajudar.

"Nesse instante, vi o sr. Chapman entrar em transe. Ele retirou o seu relógio de pulso e o colocou sobre a mesa de cabeceira. Depois, foi até um canto e murmurou uma prece. Eu o observava e notei que o seu corpo diminuía um pouco de tamanho. Pensei que meus olhos estavam novamente me pregando uma peça e fiquei preocupada porque, desde a sua visita no dia anterior, eu não havia tido mais qualquer problema com a visão.

"Quando ele falou comigo, alguns momentos depois, sua voz havia mudado completamente. Não era a voz calma do sr. Chapman, mas uma voz profundamente rouca e me parecia que as palavras eram um tanto indistintas. Ele estendeu os braços acima do meu corpo, movendo as mãos e movimentando os dedos, e tive a impressão de que ele falava com médicos e enfermeiras, pedindo instrumentos e outras coisas. Ele não tocava no meu corpo, mas, obviamente, estava trabalhando em minha cabeça e senti uma estranha sensação. Depois começou a trabalhar nos meus ombros. Meus braços haviam sido deslocados dos ombros no acidente e o direito não fora recolocado corretamente. Mais uma vez ele realmente não me tocou, mas eu podia sentir os ossos se movendo para dentro da cavidade. Aquilo não doía, eu estava como que entorpecida.

"Ele falava o tempo todo, movendo as mãos por sobre todo o meu corpo. Quando chegou na altura dos joelhos – você deve se lembrar que as minhas pernas estavam engessadas –, ele disse subitamente: 'Vou me despedir por hoje, minha jovem senhora, mas voltarei a vê-la dentro de dois dias.' Não me recordo de mais nada – de repente caí num sono profundo. Quando acordei, minha mãe estava ao lado da minha cama, tricotando, e disse que o sr. Chapman tinha ido embora há duas horas e meia.

"Naquela tarde e no dia seguinte, melhorei rapidamente. Sentia-me muito melhor – minha fala estava mais clara, podia mover o meu braço muito mais facilmente e minha visão estava muito mais nítida. Pela primeira vez desde o acidente, comecei realmente a me sentir feliz.

"Quando o sr. Chapman voltou mais uma vez – no dia anterior ao que eu devia voltar para o hospital –, eu o vi entrar em transe pela segunda vez, exatamente do mesmo modo como o fizera na outra ocasião. E quando o dr. Lang estava operando, observei uma coisa muito interessante: quando ele era o sr. Chapman, usava a mão direita; mas quando era o dr. Lang, usava a esquerda. Na verdade, quando notei isso pela primeira vez, perguntei: 'O senhor machucou a mão direita, sr. Chapman?' E ele respondeu: 'A senhora está falando com o dr. Lang – tenho a honra de o sr. Chapman haver permitido que eu viesse ajudá-la por intermédio dele.'

"Conversamos por alguns momentos e, inesperadamente, ele disse: 'A senhora acredita realmente que irei curá-la?' Afirmei que sim, mas que teria de voltar para o hospital no dia seguinte. 'Não tenho a intenção de ficar lá', eu disse. Ele replicou: 'Não, você não ficará lá, jovem senhora. Eu a verei novamente na próxima semana – aqui nesta casa.' Depois continuou a fazer outras operações e, de repente, disse: 'Acho que hoje a senhora não poderá se despedir de mim pois vou adormecê-la.'

"Depois disso, não me recordo de mais nada. Não posso lhe dizer que operações ele realizou nessa ocasião. Dormi mais do que nunca nesse dia e, quando acordei, já era de tarde. E mais uma vez me sentia muito melhor."

A sra. James foi levada de volta para o hospital no dia seguinte, mas estava convencida de que não seria necessário permanecer ali. Quando os médicos a examinaram, descobriram uma melhora considerável em seu estado de saúde, o que estava além de sua capacidade explicar. Concordaram com o pedido dela para voltar para casa, pois, diziam eles, acreditavam que o ambiente do lar lhe poderia ser benéfico.

Daí em diante, a sra. James ia ao hospital de Buckinghamshire duas, às vezes três vezes por semana. Os médicos de lá invariavelmente a saudavam: "Ah, a Moça do Milagre" ou "Como está hoje a Moça do Milagre?" O dr. Lang continuava a atendê-la em sua casa.

"Quando retiraram o gesso no hospital, minha perna direita estava quase dois centímetros mais curta que a esquerda e os médicos disseram que eu devia providenciar um sapato ortopédico especial", disse-me a sra. James. "Bem, eu não queria usar aquilo e esperava fervorosamente que o dr. Lang pudesse fazer alguma coisa nesse sentido. Assim, quando ele apareceu mais uma vez através do sr. Chapman, falei-lhe sobre isso e sobre o meu receio. Pude ver que ele compreendia o que eu sentia. Quando ele estava me operando nesse dia, tive, subitamente, a estranha impressão de que alguém estava levantando a minha perna e colocando pesos na extremidade dela.

"A próxima coisa de que me lembro foi que alguém estava dando tapinhas em minha face. Era o sr. Chapman dizendo: 'Vamos, vamos, o dr. Lang não quer que a senhora fique dormindo o dia todo. Acorde. Já coloquei a chaleira no fogo para tomarmos uma xícara de chá. Está se sentindo bem? O que aconteceu?' Evidentemente, ele não sabia o que tinha acontecido; portanto contei-lhe tudo o que eu podia lembrar. Quando terminei, ele disse: 'Muito bem, então vamos ver como estão as suas pernas.' Ele as mediu. A direita ainda estava um pouquinho mais curta que a esquerda, porém não tanto, de quando foram medidas no hospital. Assim, quando retornei três dias depois ao hospital, os médicos ficaram perplexos quando mediram as minhas pernas e viram que ambas tinham o mesmo comprimento!

"Aconteceu outra coisa impressionante. Quando reconstituíram o meu tornozelo e colocaram pinos para fixá-lo, deixaram o osso do tarso muito saliente. Ao tirarem o gesso, descobriram o defeito e prepararam-se para me operar novamente, em abril de 1955, para tentar corrigi-lo. Quando da sua próxima visita, falei ao sr. Chapman sobre isso e disse: 'Sabe, sr. Chapman, sinto que não posso suportar nenhuma operação mais.' Ele disse: 'Bem, não sei nada sobre essas operações – espero que eles façam o que for melhor para a senhora nessas condições tão desagradáveis.'

"Enquanto conversávamos, ele entrou em transe e o dr. Lang reapareceu. Quase de imediato, começou a operar meu tornozelo, movendo as mãos e os dedos e, na verdade, eu podia sentir as coisas sendo feitas. Tão logo terminou, pude notar que o osso do tarso havia sido colocado no seu devido lugar. Antes de ir embora, ele disse a Jeff para 'telefonar ao hospital daí a quatro dias' comunicando que a operação não seria mais necessária. Jeff fez o que o dr. Lang recomendou, mas os médicos não deram muita atenção ao que ele disse. Insistiram para que eu fosse internada para ser submetida à operação. Mas, quando examinaram meu tornozelo, ficaram sem fala. Confessaram apenas que não podiam entender como o osso havia se deslocado para a posição correta sem uma operação e o devido tratamento. E disseram que eu não precisava ser internada, uma vez que não era necessário fazer absolutamente nada com relação ao meu tornozelo."

Quando o carro precipitou-se sobre o corpo da sra. James provocando aqueles terríveis ferimentos, o rosto dela também foi atingido. Sua face ficou dilacerada e entrecortada por cicatrizes. Quando havia readquirido forças suficientes, ela foi enviada ao famoso Stoke Mandeville Hospital para se submeter a uma cirurgia plástica. Eis o que ela me contou sobre esse episódio:

"Tendo me submetido a todas aquelas operações no hospital de Buckinghamshire, eu estava com medo do que, mais uma vez, esperava por mim. Assim, da próxima vez que o sr. Chapman veio, falei-lhe sobre isso. Para abreviar uma longa história, o dr. Lang realizou uma operação plástica no meu rosto. Quando terminou, ele quis saber exatamente quando eu deveria ir para o hospital e eu lhe disse que seria dentro de quinze dias. Então ele falou: 'Ah, nessa ocasião já estará tudo em ordem. Não se esqueça de comunicar isso ao médico e de pedir para retirarem o seu nome da lista das pessoas que deverão ser operadas.' Bem, assim fiz, porque meu rosto ficou como está agora – com um pouco de maquilagem, ninguém nota nada –, e quando a médica do Stoke Mandeville Hospital me examinou, ficou pasmada. Ela não compreendia o que tinha acontecido. Disse-me que não havia mais necessidade de uma cirurgia plástica. Mais uma vez, o dr. Lang havia realizado um milagre."

Foi preciso muito tempo para que a sra. James se recuperasse totalmente dos ferimentos que havia sofrido no acidente. Embora o dr. Lang e seus colegas especialistas do mundo espiritual tivessem restaurado o seu cérebro e seu sistema nervoso, não houve resultados *imediatos* – ela só readquiriu sua identidade mental passo a passo. Assim, só após seis meses do terrível acidente ela foi capaz de sair de casa. Havia aprendido a usar muletas, mas recuperava lentamente as forças e a coordenação. Teve de assimilar, mais uma vez, os hábitos da vida social. Os médicos do hospital a mantiveram sob contínua observação e, então, ao completar um ano após o acidente, a consideraram "quase normal". A Moça do Milagre estava vivendo a vida em toda a sua plenitude, fazendo jus ao seu apelido.

"Quando Dorothy estava bem-disposta, costumava levá-la à casa do sr. Chapman em Aylesbury para poupá-lo de vir até aqui", disse-me o sr. James. "Eu estava presente quando o dr. Lang realizava as operações e, muitas vezes, eu observava como realmente o dr. Lang assumia o controle do sr. Chapman. Ele costumava, por assim dizer, encolher ligeiramente; as feições, todo o corpo, pareciam mudar, e a voz se modificava. A voz calma e suave do sr. Chapman tornava-se um tanto áspera e envelhecida, você sabe o que eu quero dizer. O sr. Chapman é muito tímido quando é ele mesmo, mas o dr. Lang sabe exatamente o que quer. Ele tem uma autoridade que é de se esperar em um homem que está acostumado a lidar com uma equipe de assistentes, enfermeiras e médicos.

"O que o dr. Lang realizou em favor de minha esposa é realmente maravilhoso. Sua visão melhorava após cada operação. Mudou três vezes de óculos. Agora, não precisa mais usá-los. As operações por ele realizadas trouxeram de volta o olfato à narina direita de Dorothy; ele eliminou as terríveis dores de cabeça e aliviou-a das constantes vertigens – ela costumava ficar completamente inconsciente e nem mesmo sabia quando isso iria acontecer. . . Eu poderia ficar eternamente contando-lhe todas as muitas e muitas coisas que ele fez por ela.

"Quando Dorothy voltou do hospital, estava realmente num estado terrível. Lembro-me de uma ocasião, quando ela havia feito um bolo, depois de haver reaprendido a cozinhar, e a campanhia da porta tocou. Ela jogou a bandeja com o bolo no chão, exatamente como lhe digo, e não pôde abrir a porta! Noutra ocasião, quando quis colocar carvão na lareira, foi à despensa, apanhou um punhado de *ovos* e os atirou ao fogo. Isso mostra como ela estava perturbada mentalmente – nessa época não podíamos saber o que ia acontecer.

"Olhe para ela agora – está tão bem quanto estava antes do acidente. Se não fosse o dr. Lang, e ela tivesse sobrevivido, com certeza iria passar o resto da vida numa casa para doentes mentais."

Capítulo 13

A CRIAÇÃO DO CENTRO DE TRATAMENTO DE BIRMINGHAM

As notícias dos incríveis feitos de cura espalhavam-se vagarosa mas constantemente através de pacientes que, tomados de desespero, haviam entrado em contato com o bombeiro-médium, submetendo-se aos tratamentos e operações espirituais indolores do médico "morto". O número de pacientes crescia dia a dia. As consultas com o dr. Lang eram inteiramente gratuitas para *qualquer* paciente.

A despeito do fato de dificilmente lhe restar algum tempo que pudesse dedicar a si mesmo, Chapman nunca recusava viajar qualquer distância se alguém que verdadeiramente estivesse doente solicitasse ajuda do médico espiritual. Aconteceu de ele fazer uma dessas viagens a Birmingham, nos primeiros meses de 1956, e esse foi, de fato, o primeiro passo no sentido da fundação do Centro de Tratamento de Birmingham.

Durante muito tempo, a sra. Joan Smith – atrofiada pela artrite e confinada à cama – não tivera outra alternativa senão aceitar a opinião de médicos e especialistas de que nada poderia ser feito para colocá-la novamente de pé. Então, ela ouviu algo sobre como o médico espiritual William Lang havia curado um paciente que sofria de uma enfermidade quase idêntica. E a sra. Smith teve esperanças de ser, também ela, beneficiada pelo tratamento espiritual. Escreveu a George Chapman explicando a sua situação e pedindo que ele, se pudesse, fosse vê-la em sua casa em Birmingham. Para sua surpresa e grande alegria, recebeu uma resposta comunicando que ele iria à sua casa.

Uma visitante freqüente da casa da sra. Smith, nessa época, era a sra. Hilda Carter, uma bondosa mulher que morava no bairro de King's

Heath, nessa cidade. Quando conheci a sra. Carter, em junho de 1964, ela me contou como se sentia com relação à sra. Smith. Nas suas regulares visitas das terças-feiras, tentava, exteriormente, mostrar-se alegre embora, interiormente, estivesse triste pela situação da amiga confinada à cama. E o pior de tudo era que nada podia ser feito.

"Então, um dia, ela me contou que tinha ouvido falar do sr. Chapman e do seu guia espiritual", disse a sra. Carter. "E contou que havia pedido ao sr. Chapman para ir a Birmingham a fim de tentar ajudá-la. Fiquei muito interessada por tudo isso, porque, nessa época, eu não tinha ouvido nada a respeito do sr. Chapman. Naturalmente, eu sabia que a sra. Smith havia experimentado muitos tratamentos espirituais no passado, mas que não havia obtido qualquer benefício real porque, em Birmingham, temos muito poucos médiuns para esse tipo de cura. Bem, eu tinha esperanças de que o sr. Chapman pudesse ser capaz de difundir a correta cura espiritual em nossa cidade. Por isso, perguntei à sra. Smith se ele concordaria em atender a um pequeno grupo daqui, porque eu conhecia algumas pessoas que necessitavam urgentemente de ajuda. A sra. Smith aprovou minha idéia e sugeriu: 'Bem, se você quiser, eu darei a ele o seu endereço e assim ele poderá lhe escrever para ver que providências poderão ser tomadas.'

"Logo depois, o sr. Chapman me escreveu dizendo que o dr. Lang concordara e gostaria de ajudar os doentes que moravam em Birmingham. Combinamos que, quando visitasse a sra. Smith, ele atenderia também a alguns pacientes com quem eu estaria esperando na casa dela."

Desde o momento em que George Chapman pôs os pés em Birmingham e entrou em transe, na casa da sra. Smith, o dr. Lang deparou-se com as grandes esperanças nutridas pela doente. Ele diagnosticou imediatamente que a sra. Smith sofria de artrite reumatóide e realizou algumas operações no seu corpo espiritual. Embora ele tenha deixado claro, desde o início, que não poderia produzir resultados rápidos e surpreendentes, e que a melhora poderia ser, antes, vagarosa e com tratamento essencial e regular a longo prazo, a sra. Smith, não obstante, sentiu imediatamente os primeiros sinais de alívio.

Após o dr. Lang haver concluído o tratamento da sra. Smith, atendeu a um grupo de vinte doentes que a sra. Carter organizara e que estava à sua espera. A visita obteve um êxito extraordinário, e a sra. Carter perguntou ao dr. Lang se ele concordaria em fazer uma demonstração pública do tratamento. O médico espiritual assentiu prontamente.

A exibição pública de sua rara destreza e habilidades para ajudar as pessoas gravemente enfermas fizeram do dr. Lang e de seu médium o tema das conversas de Birmingham – e não somente entre os doentes agradecidos e os crentes no espiritismo, mas também entre as pessoas que haviam testemunhado essa demonstração e passavam adiante o que tinham assistido. Na imprensa, embora alguns jornalistas manifestassem suas dúvidas quanto ao espiritismo e aos assuntos correlatos, foi noticiado que "a 'cura espiritual' que alguns doentes receberam do bombeiro-curador mediúnico, que alega ter como guia, quando está em transe, o espírito de um médico falecido, foi surpreendente e convincente."

Depois da sua primeira visita à casa da sra. Smith no começo de 1956, George Chapman voltou a visitar a cidade freqüentemente. A sra. Carter recebeu tantos pedidos de socorro solicitando tratamento espiritual, da parte de pessoas portadoras de enfermidades graves, que o dr. Lang achou por bem atender aos novos pacientes nessa mesma cidade.

Quanto mais os pacientes atendidos falavam sobre a maravilhosa assistência que haviam recebido do médico espiritual e quanto mais o dr. Lang e seu médium se tornavam conhecidos no centro-oeste do país, com mais freqüência os relatos das suas atividades – especialmente das demonstrações públicas feitas pelo médico espiritual – apareciam na imprensa. No dia 17 de setembro de 1956, por exemplo, foi publicada a seguinte reportagem:

"O último fim de semana foi muito atarefado para o sr. George Chapman, o bombeiro-médico espiritual de Aylesbury, que veio a Birmingham para demonstrar em público como o seu guia, dr. Lang, procura ajudar pessoas portadoras de diversas enfermidades através de 'operações e tratamentos espirituais'. Essas demonstrações de cura foram realizadas nos distritos de Moseley e King's Heath.

"A primeira demonstração foi realizada na recém-construída escola Queen's Bridge, em Moseley, e teve um grande comparecimento. Na platéia estavam algumas pessoas que vieram de longe, como de Leamington Spa, Stafford, Walsall e outros lugares distantes.

"O dr. Lang selecionou alguns casos e, depois de descrever o estado de saúde do paciente, iniciava o tratamento. Em cada caso o paciente confirmava que o diagnóstico que o 'médico espiritual' fazia, apenas tocando o seu corpo totalmente vestido, com as mãos do médium, estava correto e correspondia ao diagnóstico feito por médicos particulares ou de hospitais. Muitos pacientes afirmaram terem sentido uma considerável melhora após haverem recebido o tratamento.

"O dr. Lang prendeu a atenção tanto dos pacientes como da platéia durante toda a demonstração e manteve a todos numa excelente disposição de ânimo. Após a reunião, muitas pessoas permaneceram no local para falar com o médium que rapidamente voltara ao seu estado normal.

"A manhã e a tarde do domingo foram totalmente ocupadas com o tratamento das pessoas que o haviam solicitado individualmente, mas outra demonstração em público foi realizada à noite, na Igreja Espiritualista Cristã da Silver Street, em King's Heath. A igreja ficou totalmente repleta e muitas pessoas que não queriam perder a demonstração permaneceram de pé, do lado de fora do pórtico, durante toda a reunião.

"Tanto no sábado como no domingo, entrevistamos um grande número de pessoas – algumas das quais haviam recebido tratamento espiritual durante as visitas anteriores do dr. Lang e do sr. Chapman a Birmingham. Elas confirmaram os benefícios recebidos por intermédio desse tratamento.

"O sr. Chapman prometeu voltar mais uma vez a esta cidade num futuro próximo."

A promessa foi cumprida.

Uma das pessoas curadas pelo dr. Lang no outono de 1956 foi a sra. G. Fletcher, de Birmingham que, desde 1949, sofria de pedras nos rins. Raramente ela se via livre de dores, que eram acompanhadas de vômitos, acometimentos de cólicas e do desconforto causado quando as pedras eram expelidas. Injeções regulares de morfina evitavam que ela enlouquecesse de dor.

A sra. Fletcher estava sob permanente cuidado médico. Finalmente, foi decidido no hospital que possivelmente estava ocorrendo um crescimento da glândula paratireóide, o que perturbava a produção e a distribuição de cálcio pelo corpo. Isso fazia com que o cálcio se cristalizasse nos rins e formasse pedras. O cirurgião e os médicos responsáveis pelo diagnóstico acreditavam que a cirurgia era o único meio de corrigir a situação. Não obstante, não havia, de modo nenhum, certeza de um resultado positivo, a menos que o cirurgião fosse bem-sucedido no procedimento cirúrgico com a glândula paratireóide. Do contrário, o excesso de cálcio poderia afetar todo o corpo, pulmões, caixa torácica, estrutura óssea etc. e levar a um resultado fatal.

Tendo sido informada pelo cirurgião de que "se a operação proposta não produzisse o resultado baseado no diagnóstico aventado, poderiam ocorrer outras complicações", a sra. Fletcher decidiu não fazer a cirurgia. Em vez disso, ela procurou uma amiga que ministrava cura e o subseqüente tratamento. A melhora foi mínima. A dor permanecia como sua companheira de cama. Mesmo assim, em algum lugar no fundo de sua mente, havia uma convicção de que o tratamento espiritual iria curá-la.

Então, depois de sete anos de sofrimento, a sra. Fletcher ouviu falar de George Chapman e do seu guia espiritual, William Lang, e decidiu verificar se eles poderiam fazer alguma coisa por ela. Ela foi atendida pelo dr. Lang, pela primeira vez, em outubro de 1956 e ficou muito impressionada com o diagnóstico preciso de sua enfermidade. O dr. Lang deixou claro que seria necessário um longo período de tempo para livrá-la da doença, e que isso só seria possível se ela se submetesse a um tratamento regular. Quando essa senhora afirmou que estava disposta a cooperar, ele realizou a primeira de muitas operações.

Logo após esse primeiro encontro, a sra. Fletcher sentiu-se melhor. Oito anos mais tarde, li o histórico do seu caso em Aylesbury. Seu nome veio à tona por acaso, e eu queria uma confirmação por escrito do que ela dizia ter acontecido. Rascunhei o seu endereço ao lado de muitos outros que estavam anotados em minhas agendas. No dia 16 de novembro de 1964, viajei finalmente para me encontrar com a sra. Fletcher. Eis o que ela me contou:

"Desde que comecei a ser tratada pelo dr. Lang, não consultei mais os médicos, embora tivesse expelido muitas pedras após minha consulta com ele. A última foi em 1961. Foi doloroso, sim, mas não sofri tanto como durante minhas crises anteriores, quando os raios X mostravam que meus rins estavam cheios de pedras. Fui atendida pelo dr. Lang há alguns meses e ele me informou que agora não tenho mais pedras ou qualquer outra doença. Sei que isso é verdade porque, desde 1961, não sou perturbada por esse doloroso e deprimente mal."

Em março de 1957, a sra. Hilda Carter sugeriu a George Chapman que ele fosse a Birmingham todos os sábados, a intervalos de cinco ou seis semanas; Chapman concordou com um período experimental de doze meses. Em certa ocasião, quando o dr. Lang conversava com a sra. Carter antes de começar sua sessão de tratamento na Igreja Espiritualista Cristã de Silver Street, ele predisse que "uma casa vizinha à igreja vai ser desocupada e deverá se transformar no nosso Centro de Tratamento permanente".

A predição do dr. Lang transformou-se em realidade.

Numa época em que o número de pacientes tinha crescido tanto que já era difícil atendê-los na Igreja Espiritualista, a casa vizinha a ela foi desocupada. Em 1958, ela se transformou no Centro de Tratamento de Birmingham, de George Chapman. A partir desse dia, têm ocorrido ali notáveis sucessos.

Capítulo 14

A ELIMINAÇÃO DE UM CÂNCER

Em 1943, quando estava trabalhando no hospital de Guy, durante seu estágio como enfermeira, Norah Osburne, de Folkestone, enfermeira diplomada e licenciada em administração hospitalar, caiu doente. Três especialistas confirmaram o diagnóstico dos médicos do hospital de que a doença dela era causada por um problema glandular na garganta. Eles a aconselharam a não se submeter a uma operação.

"A palavra câncer não foi mencionada", disse-me a srta. Osburne quando a entrevistei em Folkestone, em setembro de 1964. "Naquela época, tornei-me cada vez mais preocupada e deprimida. Um dos especialistas me disse: 'Não sei por que está preocupada. Você vai ficar boa.' Era óbvio que os médicos pensavam que eu estava nervosa sem motivos. Mas só eu sabia a dor que sentia."

Durante dez anos, a srta. Osburne suportou o seu sofrimento. Então, em 1953, seu pai – que era médico e superintendente de uma casa de saúde para doentes mentais em Cork, no sul da Irlanda, adoeceu, e pediu à filha que voltasse para casa a fim de ajudá-lo. Ela voltou, então, para Cork.

"Logo depois, minha doença manifestou-se totalmente, pois, após a morte de meu pai, passei a trabalhar desmedidamente", prosseguiu a srta. Osburne.

"O médico que consultei em Cork fez uma aspiração na glândula do meu pescoço, mas isso só fez com que meu estado se agravasse.

"Nos dois anos seguintes, 'fiz das tripas coração'. A dor tornou-se quase insuportável e eu sabia que devia fazer algum tipo de tratamento. Ocorreu que, quando me encontrava na Inglaterra, passando umas férias de três dias, li um exemplar do jornal *Psychic News*, e me deparei com uma coluna sob o título "Médicos espirituais". Por alguma razão, anotei o nome de George Chapman e escrevi-lhe uma carta perguntando se ele poderia providenciar um tratamento à distância para o meu mal e minha preocupação nervosa. Ele me respondeu imediatamente, dizendo que o seu guia espiritual era um médico chamado William Lang e assegurando-me que o tratamento solicitado havia sido iniciado assim que ele recebeu minha carta, e que o dr. Lang faria tudo que pudesse para me ajudar. Achei isso muito interessante e gratificante.

"No começo do tratamento à distância, houve uma ligeira melhora mas, honestamente, não posso dizer que me senti realmente melhor. Fiquei satisfeita quando o sr. Chapman me escreveu informando que o dr. Lang achava necessário um tratamento por contato. Isso significava que eu deveria viajar de Cork para Aylesbury – uma viagem longa e dispendiosa –, mas decidi que, de qualquer modo, eu deveria fazê-la. Isso aconteceu em abril de 1957.

"Cheguei à casa do sr. Chapman meia hora antes do horário marcado, e o conheci, bem como à sua esposa, quando ele ainda não estava em transe. Ele me pareceu uma pessoa muito agradável, sincera e calma. Às vezes, encontramos médiuns que são muito loquazes, mas o sr. Chapman pareceu-me um tipo de homem muito comum – na verdade ele não tinha muito a dizer. E pela conversa que mantivemos, ele parecia não ter nenhum conhecimento de medicina.

"Presenciei quando ele entrou em transe, após haver me levado para o interior do santuário. Ele estava sentado e, subitamente, eu o vi olhar para cima e sorrir. Tive uma estranha sensação, um calafrio – provavelmente devido à excitação, suponho.

"Então ele se levantou e me saudou: 'Como vai, jovem?' Sua voz era muito diferente da do sr. Chapman. Surpreendi-me ao notar que era como se eu estivesse perante uma pessoa antiquada – um tipo que não se encontra hoje em dia, uma pessoa que me fazia lembrar o meu avô.

"Depois de conversarmos sobre diversos assuntos, ele disse: 'Que cicatriz horrível no seu pescoço!' Então, contei a ele que um médico de Cork havia feito uma aspiração, e ele comentou que o médico havia se confundido. Pediu para que eu me deitasse no sofá e, após me examinar, fez o seu diagnóstico. Ao ouvi-lo, percebi que possuía um vasto conhecimento médico.

"Ele realizou uma operação espiritual e parecia que estava fazendo incisões no corpo espiritual invisível com instrumentos também invisíveis. Quase podia ver a mim mesma na sala de operações, ao lado dele. Quero dizer, eu podia visualizar a operação que ele estava fazendo – ele estava drenando aquilo. Você compreende? Eu havia passado muito tempo trabalhando em salas de operações durante o meu tempo de hospital. . .

"Depois que ele terminou a cirurgia espiritual indolor, disse-me que trataria dos meus olhos, porque eles apresentavam um problema. Isso era de fato correto. Eu costumava sentir a vista turva quando procurava ver os números dos ônibus ou qualquer outra coisa que estivesse distante.

"O dr. Lang operou os meus olhos e, quando terminou, perguntei se eu teria de usar óculos. Eu os vinha usando há anos. Ele respondeu: 'Não, isso não será necessário, mas evite luzes fortes e use óculos apenas para ler ou quando for ao cinema ou ao teatro.' Ele realmente teve êxito, realizando algo extraordinário. Desde a operação em meus olhos, identificar ônibus ou qualquer outra coisa à distância não é mais problema. Nunca mais usei óculos e sou capaz de dirigir sem eles.

"Mas, voltando ao assunto, quando deixei o dr. Lang, nessa primeira ocasião, sentia-me terrivelmente mal. Voltei à Irlanda com dores como nunca tivera. Esperava que minha próxima consulta em maio pudesse dar melhores resultados. Não culpava o dr. Lang por estar me sentindo pior do que antes da consulta – pelo contrário –, por uma razão inexplicável, eu estava convencida de que ele, afinal, era capaz de me ajudar e curar.

"Eu estava tão segura da sua capacidade que falei sobre ele detalhadamente a minha mãe. Ora, ela tinha um problema grave nos olhos – queixava-se de ver pontos flutuando diante deles e um especialista diagnosticara uma catarata precoce, dando-lhe seis meses de prazo para sua visão se extinguir. totalmente. Resumindo a história, minha mãe aceitou a sugestão de ir comigo consultar o dr. Lang quando eu fosse a Aylesbury, para a próxima consulta, em maio.

"Quando o dr. Lang a examinou, disse: 'Este não é um caso de catarata. É escotoma – manchas negras interferindo na visão. Logo deixarei isso em ordem.' E, enquanto realizava a operação espiritual nos olhos de minha mãe (tendo pedido que eu me afastasse do sofá), dizia-me exatamente o que fazia. Senti-me, mais uma vez, como se estivesse na sala de operações, observando a realização de uma complicada cirurgia. Tudo era muito autêntico, tudo tão verdadeiro como se a operação estivesse sendo realizada num centro cirúrgico.

"O dr. Lang cumpriu a promessa de curar minha mãe – imediatamente. Quando saímos do santuário do sr. Chapman, de repente, minha mãe exclamou: 'Meus olhos estão perfeitos; não existem mais pontos flutuantes!' E quando retornamos a Cork e fomos ao oculista, fiquei fascinada pela expressão do rosto dele, pelo olhar. Era de total assombro, enquanto a examinava. Fez diversos testes e, finalmente, olhou para mim e disse: 'Parece que ficaram curados – extraordinário! Sua mãe agora está muito bem!' Nunca esquecerei esse olhar!

"Minha mãe achava o dr. Lang encantador – ele era da mesma geração do pai dela, que havia sido cirurgião. Venho de uma família de médicos – cinco gerações – pai, avô, bisavô, e assim por diante, foram médicos e cirurgiões, e a casa de saúde para doentes mentais de Cork era uma herança de família.

"Mas, voltando ao meu caso, quando o dr. Lang terminou de operar minha mãe, pediu que eu me sentasse no sofá e, tendo me examinado, disse: 'Oh, minha cara, isso está muito ruim. Desculpe, mas tenho de drenar mais uma vez a infecção dessa glândula.' Então ele me operou e percebi nitidamente uma leve dor – como se incisões estivessem sendo feitas. Depois ele me pediu para subir e descansar na sala de estar, em silêncio, durante dez minutos. Quando desci, ele realizou ainda outra operação espiritual.

"Ao terminar, ele disse: 'Não faça nada. Não vá, ainda, a nenhum médico. Não se submeta, por enquanto, a nenhuma operação; espere até que eu lhe diga quando poderá ser operada.' Ele explicou que a glândula atrás do meu pescoço estava muito infeccionada; que ele queria limpá-la e que estava fazendo o possível para drená-la e fazê-la parecer um antraz superficial para tratá-la mais facilmente. Não me disse nada sobre o câncer; mas, quando minha mãe veio vê-lo mais uma vez para um *check-up* nos olhos, dois dias após a operação, ele contou *a ela* que eu tinha um câncer. Entretanto, ele deixou claro que no tempo oportuno, eu poderia me curar completamente.

"Voltei para a Irlanda imediatamente, deixando a minha mãe na Inglaterra, e ainda sem saber sobre o câncer, para retomar o meu trabalho na casa de saúde. A viagem de trem de Dublin até Cork quase me liqüidou. A dor – nunca havia sentido outra igual em minha vida!

"Dentro de uma semana, a glândula do meu pescoço começou a desinflamar e ficou parecida com um antraz. Por fim, tive que enviar uma carta expressa ao sr. Chapman pedindo que me dissesse o que fazer, pois o dr. Lang havia me recomendado que não fizesse nada. O dr. Lang me respondeu, por intermédio do sr. Chapman, dizendo que eu tinha reagido muito bem às operações espirituais e que deveria consultar o meu médico para que ele desobstruísse a glândula. Mas acrescentou que ela ainda não deveria ser *removida.* Eu deveria esperar que ele dissesse quando isso poderia ser feito. Eu ainda não sabia que isso se devia ao fato de o câncer ainda não estar curado – minha mãe havia guardado segredo.

"Fui ao médico, que ficou totalmente surpreendido pela transformação. Ele disse: 'Nunca vi nada igual acontecer.' Fez uma incisão e o pus apenas vazou. A dor diminuiu.

"Durante os três meses seguintes, o progresso foi muito lento e a dor, às vezes, quase me levou à loucura. Eu recebia o tratamento à distância ministrado pelo dr. Lang e sabia que ele me visitava. Naturalmente, não podia vê-lo, mas repetidamente sentia a sua presença. Às vezes, dizia à minha irmã: 'O dr. Lang está aqui.' Ela perguntava: 'Como é que você sabe?' E eu respondia: 'Eu apenas sei que ele está aqui.' Ele havia dito à minha mãe que eu tinha faculdades psíquicas e que eu sabia quando ele estava junto a mim. Às vezes, quando eu meditava, sentia um ligeiro formigamento em meu corpo. Tudo isso me dava provas de que estava sendo mantido um contato regular entre mim e o dr. Lang.

"Uma das coisas que o dr. Lang insistia para que eu fizesse, a fim de ajudá-lo a me curar, era ir para o meu quarto de dormir, o mais tardar às oito horas da noite, e descansar durante dez minutos. Fiz como ele pediu mas, certa noite, em vez de subir para o meu quarto às oito horas, fiquei sentada na sala de visitas por mais tempo do que de costume. De repente, ouvi um alto estalar de dedos – o mesmo som que eu conhecia tão bem nas minhas visitas a Aylesbury, quando o dr. Lang estalava os dedos enquanto operava e pedia os instrumentos invisíveis. Soube imediatamente que o dr. Lang estava ali e pensei: 'Meu Deus, estou atrasada.' Voei escada acima. Minha mãe e minha irmã, com quem eu estava conversando, também ouviram o som dos estalidos, mas não pensaram nada a respeito disso naquela ocasião, porque nenhuma de nós podia ver o dr. Lang. Compreendi, no entanto, que aquilo fora uma espécie de lembrete do dr. Lang para que eu fosse para o meu quarto.

"Em agosto de 1957, encontrei novamente o dr. Lang. Houve outra operação espiritual e, quando ele terminou, disse: 'Agora está curada, você pode se submeter à operação no hospital para remoção da glândula. Não fique com raiva de mim por causa do tempo que isso levou e de todo o sofrimento que teve de suportar, mas era um tumor maligno.' Tive de fazer esforço para dizer que estava muito grata por tudo o que ele havia feito por mim. Foi nesse momento que eu soube que havia sofrido de câncer, mas que já estava completamente curada.

"Em setembro, fui internada no hospital e me submeti à operação para a remoção da glândula. Quando os médicos me operaram, ela estava putrefacta – passei por um período terrível por causa disso. Além do mais, fiquei com o braço esquerdo completamente paralisado, e o fisioterapeuta confirmou as opiniões do cirurgião e dos médicos de que a paralisia seria permanente, uma vez que não havia nada que pudesse ser feito para reverter o processo.

"Quando encontrei com o dr. Lang novamente, em outubro, ele disse que eu era uma pessoa de muita sorte, que qualquer outra em minha situação estaria agora no outro mundo. Ele me disse: 'Você deve querer saber por que *eu* não extraí a glândula. Eu lhe direi: depois do meu tratamento e das minhas operações espirituais, aquilo era apenas algo semelhante a um tumor antigo, que tinha de ser removido. E isso poderia ser feito mais fácil e rapidamente num hospital.' Ele prosseguiu, dizendo que não tinha interesse em competir com os médicos profissionais aqui da Terra – que não havia nada que ele gostasse mais do que cooperar tanto quanto possível com os seus colegas 'vivos'.

"A seguir, disse que a paralisia do meu braço esquerdo se devia ao fato de o nervo e os músculos terem sido danificados durante a operação. Realizou uma operação espiritual e depois eu perguntei se devia ir a um fisioterapeuta e fazer um tratamento à base de calor. 'Não', ele disse. 'Tratamento à base de calor não, mas massagens suaves e exercícios. E tome um banho quente diariamente.' Fui ao fisioterapeuta e fiz os exercícios.

"Depois de um mês, visitei mais uma vez o dr. Lang. Sentia-me muito melhor e ele estava muito satisfeito comigo. 'Oh, os músculos voltarão a funcionar', ele me assegurou; e estava totalmente correto. O senhor pode ver por si mesmo que o meu braço e a minha mão estão completamente normais. São perfeitos, e ficaram assim logo depois do Natal de 1957. Nunca mais tive qualquer espécie de problema desde então, embora tenha trabalhado continuamente. Posso dizer que, na verdade, vi um milagre acontecer diante dos meus olhos."

A senhorita Osborne parecia se encontrar em esplêndido estado de saúde. Ela é uma ótima diretora da casa de saúde, respeitada e admirada. Seu caso me impressionou profundamente. Não há qualquer dúvida quanto aos detalhes.

Capítulo 15

MIRABILE DICTU

O caso da sra. Barry Miron, de Saltdean, Sussex, é, em minha opinião, a mais importante contribuição a este livro. Foi, sem dúvida, um dos mais difíceis e penosos que o dr. Lang jamais encontrou – não apenas durante sua notável carreira na Terra como também na sua prática como médico espiritual.

Quando entrevistei a sra. Miron, em outubro de 1964, para obter detalhes quanto à sua doença e ao seu tratamento, tive a felicidade de encontrar-me também com o seu esposo, o dr. S. G. Miron, diplomado em odontologia e também membro do Real Colégio de Cirurgiões da Inglaterra, que concordou em me explicar, em termos médicos, os complexos aspectos desse inusitado caso. Na verdade, talvez o dr. Miron fosse a pessoa mais qualificada para fazer um relato médico completo, pelo fato de ser não apenas um dentista com larga experiência, mas também por ter estado envolvido amplamente com cirurgias orais durante sua longa carreira profissional.

Os problemas da sra. Miron começaram no final do verão de 1957, quando o seu primeiro molar superior foi extraído. A extração foi complicada e, devido ao fato de um pedaço de osso ter aderido ao dente, ocorreu uma perfuração do antro que veio a infeccionar – infecção essa considerada pela medicina como uma das mais difíceis de serem curadas. Mas deixemos que o cirurgião nos dê a sua interpretação de como esse infeliz incidente pode ter ocorrido.

"As raízes desse dente em particular estavam muito próximas da superfície do antro. Elas não se projetam diretamente para dentro da cavidade, mas o osso que envolve as raízes geralmente cresce em direção a essa superfície, como podemos ver em radiografias. Bem, quando o dente é removido, pode acontecer que uma partícula do osso venha a aderir à raiz, provocando uma perfuração do antro. Se essa perfuração for muito pequena, pode cicatrizar por si mesma.

"Entretanto, no caso da minha esposa, infelizmente não foi uma perfuração muito pequena que ocorreu, mas o que é conhecido como uma fístula antro-oral – um grande orifício que liga a boca ao antro. Isso aconteceu como conseqüência da chamada dessecação da articulação – um fato muito doloroso e que provoca uma infecção óssea. Enquanto isso estava sendo tratado, foi cometido um erro ao ser utilizado um peso que pressionou e forçou o tecido a se romper, de tal forma que se formou um orifício no qual eu podia colocar um dedo. Isso dá uma idéia de como era grande e grave o ferimento.

"Ora, quando alguém tem o antro seriamente infeccionado, qualquer médico dirá que essa é uma das coisas mais difíceis de serem curadas. Uma operação no antro é um jogo; um jogo de cara ou coroa. Nunca se sabe o resultado. Em cerca de cinco por cento dos casos, as pessoas com problemas no antro sofrerão de alguma enfermidade recorrente pelo resto da vida. Essa é uma das operações mais desagradáveis que se pode imaginar.

"Eu fazia parte da equipe médica do hospital nessa época e, devido à minha experiência em cirurgia oral, sabia que aquele era um caso de cirurgia plástica. Assim, levei minha esposa para o Churchill Hospital, em Oxford, onde ela foi examinada pela equipe maxilo-facial que sugeriu que o tecido mole das bordas fosse unido e costurado. Devido à minha experiência nesse campo – experiência que eu havia adquirido em anos de prática em hospitais, minha opinião foi a de que tentar suturar as bordas daquele tecido seria apenas uma perda de tempo, pois faltava uma boa parte do osso e não havia nada em que o tecido pudesse se apoiar. Entretanto, eu não estava encarregado do caso e não podia discutir com o cirurgião que tinha uma outra opinião. Em resumo, fizeram o que consideravam ser melhor, mas não obtiveram êxito. Era realmente impossível resolver o problema daquela maneira – a perfuração era muito grande para que fosse fechada com a junção do tecido mole devidamente costurado. Era um caso evidente para a cirurgia plástica.

"Dois dias após ter sido feita a inútil sutura, minha esposa foi liberada do hospital. Ela sentia muitas dores. Por fim, foi examinada por um ótimo cirurgião plástico que afirmou, de imediato, que um enxerto seria a única maneira de fechar o orifício no antro, e sugeriu que a operação fosse realizada assim que houvesse um leito disponível no Stoke Mandeville Hospital.

"O tipo de cirurgia realizada para o enxerto é o mesmo usado para o enxerto de pele. Tira-se um retalho do tecido interior da face, coloca-se de volta para a perfuração e sutura-se na parte interna do palato. O retalho do tecido deve ter um suprimento de sangue para permanecer vivo até que se tenha enxertado por si mesmo e, conseqüentemente, só se separa do tecido vivo quando o enxerto é bem-sucedido. Trata-se de um processo lento e demorado, mas é o único meio pelo qual pode ser fechado um orifício daquele tamanho no antro."

Tendo sido avisados de que a operação só poderia ser realizada dentro de mais ou menos três semanas, por não haver um leito disponível, o sr. e a sra. Miron decidiram, neste ínterim, consultar o dr. William Lang. Eles sabiam muitas coisas sobre ele e seus feitos como médico espiritual, e esperavam que a cirurgia e o tratamento espirituais pudessem solucionar o problema ou, pelo menos, diminuir o sofrimento da sra. Miron, até que houvesse um leito disponível no hospital.

"Eu passava por um período deplorável", disse-me a sra. Miron. "Era extremamente doloroso e eu tinha de manter o orifício fechado com grandes tampões de algodão. Quando alguém tem uma coisa dessas, tem de mantê-la fechada por um tampão pois, do contrário, se sentirá como se estivesse dentro de uma enorme caverna subterrânea — tudo ecoa e reverbera dentro da sua cabeça. Quando se engole qualquer coisa, o alimento penetra imediatamente no orifício e desce pelo nariz. Sei muito bem como é isso.

"De qualquer modo, fui consultar William Lang e, depois de me examinar, ele disse: '*Acho* que existe uma possibilidade muito grande de chegarmos a um bom resultado.' Não *prometeu* êxito, mas disse que só poderia saber se era capaz ou não de me ajudar depois de realizar a necessária operação espiritual.

"Ele realizou a operação no corpo espiritual. Depois de terminá-la, disse que ela havia sido bem-sucedida e acrescentou: 'A perfuração vai ficar curada. Peça ao seu esposo para observá-la.' Então, deixou claro que eu deveria voltar a consultá-lo freqüentemente, para observação e para outra operação espiritual.

"Aconteceu uma coisa muito interessante enquanto eu estava a caminho de casa, após minha visita ao dr. Lang. Eu lhe disse que tinha o orifício fechado por um grande chumaço de algodão. Pois bem, quando estava mais ou menos no meio do caminho para casa – de onde vivíamos naquela época levava cerca de quarenta e cinco minutos para chegarmos à casa do dr. Lang –, comecei a sentir uma pressão no tampão de algodão. Em outras palavras, estava ocorrendo um processo de contração em ambos os lados do ferimento, uma nítida sensação de que algum tipo de crescimento estava acontecendo, e isso continuava, vagarosa mas regularmente. À medida que isso ocorria, o tamanho do tampão teve de ser diminuído, até que a perfuração do antro se tornou do tamanho de uma ponta de alfinete. Mas estou adiante dos acontecimentos. Tudo isso levou, na verdade, algum tempo."

O dr. Miron tinha algo a dizer. "Eu observava o ferimento e tratava dele diariamente – quando digo tratava quero dizer que verificava se ele estava limpo e o cobria com uma macia placa de plástico que havíamos preparado para esse fim", disse ele. "Eu o examinava diariamente e o radiografava pelo menos uma vez por semana. Bem, o tecido mole gradualmente se distendia sobre ele – quero dizer exatamente que fechava o orifício.

"Eu não tinha a menor sombra de dúvida de que isso se devia à cirurgia espiritual realizada por William Lang, porque, durante o tempo em que estávamos esperando que ficasse disponível um leito no hospital para que a operação de enxerto fosse realizada, minha esposa não recebeu cuidados médicos de *ninguém*. A predição feita por William Lang de que o orifício se fecharia foi correta. Se, na prática cirúrgica comum, um especialista me tivesse dito algo semelhante, eu provavelmente pensaria: 'Esse sujeito está maluco. Deve estar estafado', porque ninguém seria capaz de dizer uma coisa como essa e, de fato, ninguém *deveria* dizê-la. Entretanto, William Lang tinha dito que o orifício iria se fechar totalmente e que eu poderia observar isso, e *ele se fechou totalmente*!

"Acompanhei minha esposa muitas vezes, quando ela consultava William Lang, e o vi realizar as operações espirituais. Ele trabalhava a mais ou menos três centímetros *acima* da face da minha esposa, na região da superfície da cavidade e ao redor do local do ferimento. Pedia instrumentos que lhe eram entregues por seu filho Basil e por um grande número de assistentes, e eu sabia quais eram os instrumentos que ele estava utilizando porque eu mesmo os utilizava.

"Absolutamente à parte do fato de ele estar me dizendo exatamente o que estava fazendo – estava reconstruindo o tecido, não no corpo físico mas no corpo espiritual –, eu sabia precisamente que tipo de cirurgia ele estava realizando, pelo movimento de suas mãos e pelos vários instrumentos que ele solicitava. Quero dizer, se ele estivesse realizando uma operação física, como um ser humano em uma sala de operações, tudo seria idêntico em cada detalhe – a única diferença seria a de que eu poderia assisti-la. Tudo o que ele estava fazendo era cem por cento correto – tratava-se da técnica correta para distender os tecidos sobre um grande orifício e fazer um enxerto plástico sobre ele."

Antes de a sra. Miron ir ver o cirurgião plástico, no final do período de espera, ela foi consultar o dr. Lang. Ele estava muito satisfeito com o progresso apresentado por ela e declarou que agora não seria necessária uma grande operação para fechar totalmente o orifício. "Farei todo o possível para convencer o cirurgião a deixar que isso aconteça por si mesmo", disse ele. "É um homem muito sensível e acho que poderei persuadi-lo."

"Naturalmente, não sabemos se William Lang obteve êxito ou não com o cirurgião plástico, mas o fato é que quando ele me examinou, antes que eu me internasse no Stoke Mandeville Hospital, decidiu dar-me uma outra oportunidade", lembrou a sra. Miron. "Ele me disse que, tendo em vista as inesperadas circunstâncias, adiaria a operação por mais ou menos três semanas, a fim de verificar se eu continuaria melhorando. Se isso ocorresse, uma operação plástica de enxerto não seria, portanto, necessária. Entretanto, deixou claro que se houvesse a mais leve piora eu deveria procurá-lo imediatamente."

A sra. Miron continuou com suas consultas freqüentes ao dr. Lang. Outras operações espirituais foram realizadas. A abertura do antro tornava-se cada vez menor.

Depois que expirou o segundo período de espera, a sra. Miron foi ver mais uma vez o cirurgião plástico, e este ficou perplexo ao descobrir que o ferimento tinha se tornado tão diminuto. E decidiu: "É melhor esperar e ver o que acontece." Ele não sabia que a paciente vinha recebendo tratamento espiritual – a sra. Miron achava que não havia necessidade de falar sobre isso.

"Eu queria saber o que ele diria. Assim, perguntei como ele explicava que um orifício tão grande tivesse, de repente, se tornado cada vez menor, pois devemos nos lembrar que ele havia assegurado que *apenas uma cirurgia plástica poderia fechar totalmente o orifício*", continuou a sra. Miron. "Ele replicou: 'Bem, naturalmente, em casos muito raros, a natureza se encarrega disso e é possível que os dois pedaços separados de pele tenham crescido se unindo, mas casos como este são *muito, muito raros*'. E acrescentou com toda a franqueza que, durante sua longa carreira como cirurgião plástico, jamais se deparara com uma melhora semelhante, num caso onde houvesse um orifício tão grande."

"Com todo o respeito pelo cirurgião plástico, que é um especialista com vasta experiência e grande habilidade, discordei totalmente de sua explicação e disse-lhe que aquilo não poderia ter ocorrido por obra da natureza", contou-me o dr. Miron. "Permita-me ser mais específico a esse respeito. Não havia nenhum detalhe nas minhas humildes palavras do qual ele tivesse mais conhecimento do que eu. Naturalmente ele é um cirurgião da mais alta reputação e possuidor de grande experiência, já tendo realizado inúmeras operações plásticas em diversas partes do corpo, mas eu havia me especializado em cirurgia *oral* no hospital e, portanto, sabia mais do que ele sobre o que pode ou não acontecer na *boca*. Digo isso com toda a modéstia, pois é a verdade. Se alguém compreender que o tecido que cobre o corpo é muito mais rígido e flexível do que o tecido macio da boca, entenderá que há uma considerável diferença entre uma cirurgia de enxerto em qualquer parte do corpo e uma cirurgia de enxerto na boca, embora a técnica cirúrgica seja a mesma.

"Levando tudo isso em conta, afirmo com toda a ênfase que o tecido *não* poderia exatamente ter crescido e se unido simultaneamente segundo as leis da natureza como as conhecemos. Ora, eu observei o orifício se fechando. Coloquei tampões, radiografei o antro constantemente, fizemos uma pequena placa plástica para cobrir o ferimento e me recordo de cada estágio da evolução até que a abertura ficou coberta por uma fina camada de pele. Se nos lembrarmos de que, há algum tempo, o ferimento era tão grande que eu podia colocar um dedo no seu interior, como lhe disse anteriormente, veremos que ele tinha uma abertura considerável. *Ninguém* que tenha o mínimo conhecimento de medicina ou de cirurgia pode dizer que, onde há uma ausência tão grande de osso, o tecido mole possa dilatar-se e unir-se firmemente à outra parte. Isso é totalmente impossível. Entretanto, *aconteceu* e *é* um fato."

Depois de uma pequena pausa, o dr. Miron acrescentou:

"Não estou, de maneira nenhuma, tentando desmerecer a experiência e a capacidade do cirurgião plástico. Ele não tinha conhecimento de que minha esposa estava recebendo um tratamento espiritual e de que ele estava diante de algo semelhante a um milagre. Tendo lhe sido pedido que explicasse racionalmente como acontecera de o orifício no antro se fechar, é compreensível que atribuísse esse resultado a uma obra da natureza. Com toda honestidade, se eu não soubesse que aquilo era o resultado do tratamento e das operações espirituais de William Lang, não sei o que teria pensado ao me deparar com um caso semelhante. Provavelmente, teria dito que algo inexplicável havia acontecido."

À medida que o dr. Lang continuava o tratamento, e a abertura diminuía de tamanho, tornando-se quase invisível, ele advertiu à sra. Miron:

"A senhora deve ter muito cuidado. Tendo em vista que a superfície do antro é muito delgada e que não existe nenhuma estrutura óssea na qual o tecido se apóie, existe, neste primeiro estágio, o perigo de ele voltar a se abrir. Até que tenha decorrido tempo suficiente para que o tecido se torne mais resistente, a senhora deve ter muito cuidado quando assoar o nariz, se estiver gripada, porque a força da pressão poderá romper o tecido novamente."

Infelizmente, foi isso o que aconteceu.

Independentemente do problema do antro, nessa época, a sra. Miron estava com a saúde muito deficiente e era vítima de constantes resfriados e acessos de gripe. Ela enfrentou uma batalha perdida e sofreu outra infecção no antro. Por causa dela, a cura sofreu uma retração e, embora o orifício não chegasse a ser tão grande como antes, o problema surgiu novamente.

"Se a senhora vier aqui todos os dias, poderei evitar que isso venha a piorar", disse então o dr. Lang à sua paciente. Quando ela respondeu que poderia ir a Aylesbury no máximo uma vez por semana, ele a confortou: "Não se preocupe, farei tudo o que puder para eliminar as substâncias tóxicas acumuladas."

Por um longo período, os esforços do dr. Lang foram bem-sucedidos mas, subitamente, a sra. Miron piorou muitíssimo.

"Durante os seis meses seguintes eu piorava progressivamente porque, devido ao fato de o orifício ter-se aberto novamente, eu estava engolindo substâncias tóxicas", disse a sra. Miron. "Era, do ponto de vista físico, uma provação extremamente repulsiva, pelo fato de eu sentir um contínuo gotejar de pus que tentava cuspir. O gosto era horrível e dava-me nojo. Aquilo escorria para o meu estômago e envenenava todo o meu organismo. Meu corpo ficou bastante intumescido; minha pele adquiriu uma coloração amarelada peculiar e eu me sentia exausta. Mesmo assim, continuei fazendo tudo o que podia e até fui com meu marido para umas férias de verão que havíamos planejado. A única coisa que eu desejava era ficar deitada na cama.

"De acordo com William Lang, fomos consultar um otorrinolaringologista em Oxford mas, de maneira nenhuma, deveria ser permitido que ele me operasse. O dr. Lang explicou suas razões da seguinte forma: 'O veneno penetrou na medula de seus ossos e no seu organismo. Se se permitir que o especialista realize a operação, as substâncias tóxicas ainda permanecerão ali e, não importa quão bem-sucedida venha a ser essa cirurgia, ela afetará gravemente a sua saúde. Estou fazendo o melhor para remediar a situação, ministrando-lhe tratamento por contato, a cada semana, e trabalhando no seu corpo espiritual quando a senhora está dormindo. Estou tentando localizar o veneno. Isso levará tempo, mas quando eu tiver conseguido, a senhora poderá pedir ao especialista para operá-la porque, então, a cirurgia será bem-sucedida. Compreendi como seria difícil, se não impossível, dizer ao especialista o que ele deveria fazer, mas estava disposta a seguir as instruções tão ao pé da letra quanto possível.

"Para fazer justiça ao especialista, ele não se mostrou muito predisposto a operar. A radiografia revelou que o pus havia se espalhado por toda a parte sob a órbita do olho, e ele disse, de modo totalmente franco, que a operação parecia não ser aconselhável. Ele me fez diversas lavagens, das quais William Lang não gostou nada (disse que isso prejudicou em muito o seu tratamento) mas que *eu* não pude evitar que fossem feitas.

"Finalmente o dr. Lang conseguiu isolar o veneno em uma área determinada e eu sentia como se um grande peso estivesse embaixo do meu olho. Ele disse-me então que eu devia procurar o especialista sem demora e dizer-lhe para operar.

"Fui ao especialista e disse: 'Desculpe-me por ter de lhe dizer isso, mas acho que devo me submeter agora, com toda a urgência, àquela operação.' Senti-me embaraçada ao dizer a um eminente cirurgião o que ele devia fazer. Após me examinar, ele não falou nada; apenas ficou andando pela sala durante algum tempo. Então, voltou-se e disse: 'Sabe, não entendo por que estou dizendo que vou operá-la, já que acredito que a cirurgia não será um sucesso. O normal seria eu lhe dizer que não farei a operação. Mas eu a farei.' E ele me operou. Depois da cirurgia, ele me disse que o meu foi o pior caso de todos os que havia encontrado."

"Minha esposa submeteu-se a uma operação denominada Caldwell-Luc, que é muito perigosa pois, em cinqüenta por cento dos casos, o resultado geralmente é desfavorável", explicou o dr. Miron. "É uma operação dolorosa que só é realizada em último caso, mas nenhum cirurgião, na verdadeira acepção da palavra, gosta de fazê-la. Muito freqüentemente resulta numa sinusite crônica que não pode ser curada totalmente e que causa problemas freqüentes. No caso da minha esposa, no entanto, a cirurgia teve completo êxito. Conversei com o cirurgião plástico depois da operação e ele me disse que estava profundamente satisfeito e um tanto surpreso com o resultado."

"É comum, após esse tipo de operação, a dor ser tão terrível a ponto de ser ministrada morfina ao paciente por vinte e quatro horas", disse-me a sra. Miron. "Bem, seis horas depois eu estava sentada na cama tomando uma refeição e fazendo piadas alegremente, o que acharam extraordinário. Os médicos vieram me ver, admirados, e perguntaram: 'Como a senhora pode estar tão alegre e sem sentir dores?' Por fim eu disse à enfermeira-chefe: 'É porque estou recebendo tratamento espiritual.' Sua resposta foi: 'Não duvido.'

"Depois de minha relativamente rápida liberação da casa de saúde, onde a operação fora realizada, eu deveria procurar imediatamente o dr. Lang, e assim o fiz. Durante mais uma semana recebi o tratamento regular da parte dele e então comecei a recuperar rapidamente a minha saúde total. Ele conseguiu efetuar uma cura perfeita. Desde então, não sofri qualquer tipo de recaída. O tratamento espiritual de William Lang terminou em abril de 1959."

"Se levarmos em consideração os vários estágios desse caso, chegaremos à conclusão de que William Lang realmente curou minha esposa em tempo recorde", resumiu o dr. Miron. "Durante a etapa inicial do tratamento, ele conseguiu fechar a fístula oral. No segundo estágio, surgiu a complicação do antro infeccionado devido ao precário estado de saúde da minha esposa. No terceiro período, ocorreu o rompimento do tecido que havia sido reconstituído, devido à infecção. Finalmente, ele conseguiu isolar, em local determinado, o veneno que se espalhava por todo o corpo, o que lhe possibilitou a reconstituição do tecido pela segunda vez.

"Na minha opinião, ele conseguiu tornar possível o impossível."

Capítulo 16

DEDICAÇÃO TOTAL À CURA

Tornava-se cada vez mais difícil, para George Chapman, conciliar suas duas atividades até que chegou o momento em que teria de tomar uma decisão. Ele poderia continuar com a segura carreira de servidor público, que lhe daria direito à aposentadoria e na qual já havia recebido uma medalha por tempo de serviço, como reconhecimento pelos seus dez anos de trabalho, ou dedicar-se totalmente à cura espiritual, atuando como médium do dr. Lang. Ele precisava pensar na esposa e na família. Será que poderia viver sem um salário fixo e garantido? Ele pensou no assunto durante muito tempo e, em 31 de outubro de 1957, demitiu-se do corpo de bombeiros de Aylesbury.

Agora, com todo o seu tempo sendo dedicado à cura espiritual, Chapman não apenas foi capaz de reduzir a lista de espera dos pacientes do dr. Lang mas também de aceitar um número maior de clientes. Suas viagens regulares ao Centro de Tratamentos de Birmingham não mais traziam dificuldades. No passado, ele havia sido obrigado, com freqüência, a pedir aos colegas para trocarem o horário de serviço com ele a fim de que pudesse viajar. Agora, essa preocupação específica não existia mais. E, acima de tudo, ele pôde então realizar seu desejo de tornar a terça-feira um dia de atendimento clínico gratuito, para quem quer que necessitasse de tratamento espiritual poder receber os cuidados de William Lang sem se preocupar com qualquer tipo de pagamento.

A partir do dia em que George Chapman tornou-se um médium "profissional", ao seu santuário nunca mais faltaram pacientes. Ao contrário, eram tantos os portadores dos mais diferentes tipos de enfermidade que solicitavam consultas com o dr. Lang que ele, geralmente, necessitava ficar em transe das 10 da manhã às 5 da tarde. Na verdade, em muitas ocasiões, quando o número de pacientes que precisavam de operações e de tratamento espiritual demorado era muito grande, Chapman permanecia sob o controle do dr. Lang até bem tarde da noite. Mesmo assim, embora as horas de trabalho se estendessem por muito tempo, elas nunca pareceram demasiadas para o dedicado médium – o pensamento de que estivesse sendo obrigado, pelo seu guia espiritual, a permanecer tempo excessivo em estado de transe, nunca lhe passou pela cabeça. Ele havia dedicado sua vida à cura e aceitava totalmente quaisquer condições que se fizessem necessárias.

No dia 1.º de novembro de 1957 ele passou seu primeiro dia como médium de William Lang em tempo integral.

Um dos primeiros pacientes a procurar Chapman nesse dia foi o sr. Cyril G. Woodley, de Brill. Entrei em contato com ele para saber como a sua doença reagira ao tratamento do dr. Lang. Eis o que o sr. Woodley me relatou:

"Há quase sete anos (em 1950) comecei a ter dores nas pernas. Depois de tentar todas as massagens e ungüentos conhecidos que fossem capazes de me curar, fui finalmente procurar um médico que me disse ser isso o sintoma de inflamação do tecido fibroso, recomendando-me um período de descanso. Entretanto, com o passar do tempo, a enfermidade tornava-se cada vez mais grave e fui mandado para o hospital a fim de fazer radiografias. Disseram então que eu tinha uma inflamação na coluna vertebral. Fiz oito semanas de tratamento à base de massagens e calor, sem qualquer benefício aparente. Fui mais uma vez radiografado e, por fim, me disseram que eu era portador de uma enfermidade grave chamada espondilite.

"Em 1953, passei um período no hospital de Mount Vernon, onde fui submetido a intenso tratamento de radiação. Quando fui liberado, para ser franco, me sentia muito pior!

"Depois de dois anos recebendo o seguro da previdência, passei por outro período de oito semanas de tratamento à base de massagens e calor, o que se revelou, mais uma vez, inútil. Comecei a trabalhar novamente em minha loja, mas descobri que era difícil para mim permanecer em pé por muito tempo. Eu estava sendo atendido permanentemente no ambulatório do hospital e tudo o que podiam fazer por mim era me fornecer alguns comprimidos para tomar todas as vezes que as dores piorassem.

"Então, minha esposa Jessie, que tinha ouvido o sr. Maurice Barbanell falar do sr. Chapman e do dr. Lang, persuadiu-me a tentar o tratamento espiritual. Por fim, concordei e marquei uma consulta para ser atendido pelo dr. Lang em novembro de 1957.

"Quando o dr. Lang me viu e examinou, diagnosticou corretamente o mal que me afligia. Ele foi totalmente franco e disse que seria capaz de me curar, mas que isso levaria algum tempo e que eu deveria ter paciência e ir vê-lo com freqüência. Disse-lhe que iria fazer o que ele pedia. Além disso, eu vinha sofrendo há sete anos e não esperava ficar curado de um dia para o outro. Na verdade, pensei, se ele me curar, estará fazendo algo que os médicos não conseguiram.

"Então o dr. Lang realizou o que ele chamava de 'operação no meu corpo espiritual" e, embora não tenha sentido nada nessa ocasião, estava um pouco melhor quando cheguei em casa.

"Compareci a todas as consultas que o dr. Lang havia marcado para mim e, cada vez que eu o via, ele realizava alguma coisa em meu favor que fazia com que me sentisse muito melhor depois que o deixava. Em fevereiro de 1959, sentia-me, mais uma vez, quase cem por cento e, pelo fato de estar prevista a minha ida ao hospital para um *check-up*, estava muito curioso para saber qual seria a opinião dos médicos. Posso dizer que o médico ficou perplexo, e não estou exagerando. Ele murmurou algo como 'coisas inexplicáveis às vezes acontecem'. Contei a ele sobre o tratamento que estava recebendo do espírito do dr. Lang. Ele me ouviu e não disse nada. Pediu-me que o procurasse novamente depois de dois anos. Naturalmente o fiz – em fevereiro de 1961 – e, depois de me examinar mais uma vez, com maior rigor e cuidado, ele me disse que não precisaria mais voltar, pois estava totalmente curado. Ah, e ele disse qualquer coisa quanto a essa situação ter sido uma ocorrência extraordinária, e que seria difícil acreditar que algo semelhante pudesse ter acontecido."

No dia 6 de dezembro de 1964, o sr. Woodley gentilmente deu-me a seguinte informação sobre o seu atual estado de saúde:

"Tenho o prazer de lhe informar que, embora tenham decorrido mais de sete anos desde que consultei o dr. Lang pela primeira vez, estou agora, mais uma vez, totalmente bem de saúde. Desde que nos mudamos para nossa atual residência, tenho cuidado do nosso jardim, que mede 65 metros de fundos por 10 de frente. Com a ajuda do meu filho tenho revolvido a terra – adubando-a, e isso fala por si só!"

Quando o sr. Woodley foi atendido pelo dr. Lang pela primeira vez, no dia 1º de novembro de 1957, sua esposa o acompanhava. Ela ficou igualmente impressionada com o médico e com a eficácia do seu tratamento espiritual, pois, há muitos anos, vinha sofrendo de pressão alta e dos males conseqüentes e os médicos não tinham sido capazes de fazer algo em seu benefício, a não ser prescrever comprimidos. Suas visitas regulares, acompanhando o marido, possibilitaram ao dr. Lang curá-la completamente da sua enfermidade e ela, também, em dezembro de 1964, confirmou que gozava de boa saúde desde que o dr. Lang havia lhe ministrado o tratamento.

"O senhor pode estar interessado em saber que, durante o inverno e antes de consultar o dr. Lang, eu passava a maior parte do tempo acamada, pois não podia ficar em pé e caminhar, devido à asma brônquica", declarou ela. "Agora é maravilhoso poder me movimentar durante o tempo úmido e a neblina, apenas com uma ocasional dificuldade respiratória! Minha costumeira bronquite se manifestava sempre depois de setembro, mas tudo isso pertence ao passado. Suponho que o senhor pode imaginar como é maravilhoso poder respirar livre e profundamente – graças à cura realizada pelo dr. Lang."

Quando o sr. e a sra. Woodley chegaram ao santuário de George Chapman, em agosto de 1958, foi-lhes entregue um folheto, bem como a outros pacientes. Era um pedido para que comunicassem a ocorrência de qualquer fenômeno como conseqüência do tratamento ministrado pelo dr. Lang.* A sra. Woodley satisfez o pedido e mandou a George Chapman a seguinte carta:

"Estou escrevendo para levar ao seu conhecimento algumas experiências que eu e o meu marido tivemos quando estávamos nos tratando com o dr. Lang.

"Durante uma consulta com o dr. Lang, em janeiro deste ano, ele me disse que havia feito uma infiltração profunda no meu tórax em dois lugares e avisou-me para não ficar alarmada se aparecessem marcas no meu corpo. Eu não havia sentido nada e não pensava que pudesse aparecer qualquer espécie de marca. Estava totalmente enganada. Apa-

* Um número considerável de pacientes do dr. Lang também satisfez o pedido expresso no folheto e respondeu a George Chapman. Alguns dos fenômenos ocorridos estão incluídos nos históricos dos pacientes.

receram duas marcas em meu corpo! Muito nítidas. E elas ali permaneceram por quatro dias.

"Por duas vezes, durante o inverno, estive incapacitada de me consultar com o dr. Lang e ele disse ao meu marido, em ambas as ocasiões, que viria me visitar. Em cada uma das noites fui despertada por uma espécie de choque elétrico. Era uma sensação de formigamento que vinha da cabeça aos pés, como quando se é atingido pela urtiga, e durante talvez um minuto. Em ambas as manhãs seguintes me senti melhor e fui capaz de me levantar.

"Depois que o dr. Lang tratou do meu marido e de mim, em nossa visita no último mês de junho, ele nos explicou que havia retirado algum líquido da coluna vertebral do meu esposo. Para nos assegurar de que isso realmente ocorrera, ali estava uma mancha úmida na coberta do sofá! Isso é mais impressionante pelo fato de, como o senhor sabe, o dr. Lang *só* realizar operações *espirituais* e *nunca tocar* o corpo *físico*. Sempre o observei atentamente e em todas as ocasiões vi suas mãos a alguma distância *acima* do corpo *físico*."

Quando George Chapman recebeu essa carta da sra. Woodley, teve a explicação de um enigma que o vinha intrigando durante os últimos meses. Um dia em junho, quando readquiriu a consciência após o dr. Lang haver atendido o último paciente, George havia notado uma mancha úmida na coberta do sofá. Ele não pôde encontrar qualquer explicação sobre como isso teria acontecido e, sem imaginar que poderia ter ocorrido um fenômeno, apenas trocou a coberta suja por outra limpa. Mas a carta da sra. Woodley forneceu-lhe a resposta.

Capítulo 17

"NUNCA MAIS OLHAREI O PASSADO COM RANCOR"

Enquanto estava sentado diante da srta. Ilse Kohn e escutava o relato de um acidente que ela havia sofrido há sete anos, em 1957, eu pude sentir, mais uma vez, o horror que sempre invade um ser humano quando ele sofre um trauma físico. Em relação a esse acidente, houve a apavorante falta de cuidado que tanto caracteriza a chacina, ou quase chacina, que ocorre diariamente em nossas estradas. Uma superintendente de hospital em sua bicicleta, um carro, uma colisão, aço retorcido e o corpo mutilado de uma mulher, com a cabeça sangrando, estirado na estrada. Depois, a disparada em busca de socorro no Amersham Hospital, os exames e a descrição dos ferimentos – fratura de crânio, olho direito gravemente ferido, nariz e costelas fraturados.

"Fiquei inconsciente durante dez dias e dez noites. Quando voltei a mim, não sabia onde estava ou o que havia acontecido. Ora, eu tinha sofrido uma concussão e, por causa disso, em geral, ninguém se recorda do que aconteceu", disse-me a srta. Kohn. "Eu não podia erguer a cabeça do travesseiro – e não queria fazê-lo. Sentia-me totalmente exausta. Estava realmente satisfeita por estar deitada.

"Poucos dias depois de ter recuperado a consciência, alguns médicos estavam em pé à volta de minha cama conversando, discutindo o meu caso. Ouvi um deles dizer tranqüilamente a um outro que estava preocupado com a minha visão. Um dos seus colegas disse algo a respeito da dúvida que tinha quanto à possibilidade de eu voltar a enxergar. Ele não sabia que eu podia ouvir o que estavam dizendo. Eu tinha na ponta da língua algo para dizer: '*Eu sei* que voltarei a enxergar outra vez.' Eles haviam recolocado um olho que havia sido arrancado da órbita e depois tinham fechado a pálpebra para protegê-lo. Mas tinham deixado parte dela aberta, no centro, através da qual eu podia ver um pedaço do céu.

"Eu estava determinada a ficar curada. Quando ouvi um especialista expressar suas dúvidas quanto a eu poder readquirir totalmente o meu equilíbrio mental e explicar que poderia levar muito tempo até que eu pudesse reassumir minhas obrigações como superintendente, tomei isso como um desafio para ficar boa rapidamente. Penso que os médicos ficaram satisfeitos ao ver como eu me recuperava tão depressa. Dentro de três semanas eu havia aprendido a me sentar corretamente, a me levantar e caminhar novamente, para cuidar de mim mesma e falar com outros pacientes. Fui então liberada e me permitiram voltar para casa.

"Seguiu-se então um período muito penoso. Encontrava-me terrivelmente fraca e meu olho direito ainda estava fechado. Sofria freqüentemente de intoleráveis dores de cabeça e fiquei muito assustada ao descobrir que era incapaz de pensar de modo claro e lógico. Às vezes ficava imaginando se o especialista do hospital não estaria certo, principalmente quando disse que levaria muito tempo para que eu me sentisse em condições (se isso fosse possível) de reassumir meu trabalho de superintendente. E quando um amigo psiquiatra disse: 'Ela terá de recomeçar desde o início, como se tivesse acabado de nascer, e atravessar novamente cada etapa da vida', fiquei chocada. Pensei: 'Meu Deus! Isso é algo que se ouça aos 33 anos?' Achei terrivelmente difícil engolir essa amarga pílula, mas finalmente a aceitei.

"Depois de um mês em casa, tive de voltar ao hospital para que meu olho direito fosse aberto. Isso foi assustadoramente doloroso, quase como sofrer outro acidente. Quando voltei para casa, tive uma recaída e me senti mais fraca e pior do que nunca.

"Pouco depois fui para uma casa de convalescença em Farnham e fiz um bom progresso. Eu queria mostrar que já estava boa a fim de reassumir minhas funções, mas aparentemente minha mente ainda não estava totalmente normal.

"Por mais que tentasse, não podia enfrentar o meu próprio desafio e tudo que eu procurava fazer parecia fracassar. Eu não podia compreender o que estava acontecendo. Olhando para o passado, diria que isso ocorria porque eu estava tentando fazer as coisas com muita pressa.

E não se pode *forçar* o andamento do processo de cura além do que é aceito pela natureza.

"Havia ocasiões em que eu ficava deprimida e as noites eram também horríveis. Incapaz de dormir, eu podia apenas chorar e sentir-me sozinha, a despeito da simpatia e do amor dos amigos que cuidavam de mim, da mesma forma que os meus pais fariam se estivessem vivos. Mas eu não podia perceber isso. Sentia-me como se estivesse numa prisão, sem ninguém com quem conversar. No mais íntimo do meu ser, acho que sabia que esse sentimento de infelicidade era causado por mim mesma. Era como estar presa a uma cruel armadilha da qual não iria sair jamais, e saber que iria morrer.

"Houve poucas mudanças no meu estado de saúde até depois do Ano-Novo, quando alguém sugeriu que eu procurasse me consultar com o médico espiritual William Lang, para ver se ele poderia me ajudar. Não sendo espírita, duvidava que isso desse algum resultado. Mas estava curiosa e muito disposta a tentar o que quer que fosse.

"Quando, finalmente, me encontrei com o dr. Lang, em fevereiro de 1958, isso foi uma experiência muito agradável. Havia tanta amabilidade de sua parte que imediatamente me senti reconfortada.

"Ao vê-lo caminhar na minha direção, lembrei-me de um professor alemão com quem eu tinha tido o prazer de trabalhar no hospital. De imediato, pensei: 'Estou em boas mãos. Aqui está uma pessoa sábia.' Compreendi que havia agido corretamente ao procurá-lo.

"O dr. Lang conversou comigo por alguns instantes sobre diversos assuntos. Ele quis saber de onde eu vinha, qual o meu trabalho e como o acidente havia acontecido. Então pediu que eu me deitasse no sofá e me examinou tocando ligeiramente o meu corpo com as mãos. Falou muito pouco sobre o meu estado de saúde mas, de algum modo, deu-me a sensação de que eu poderia confiar na sua ajuda.

"Enquanto permaneci ali, deitada, ele me explicou que iria realizar algumas operações indolores no meu corpo espiritual. Falava com assistentes invisíveis e pedia instrumentos cirúrgicos. Suas mãos pairavam acima do meu corpo, a uma distância de mais ou menos três centímetros, como se segurassem delicadamente alguns instrumentos e realizassem uma cirurgia. Mas eu não sentia nada. Sabia instintivamente que ele iria me curar, embora não soubesse *como*.

"Quando fui embora, sentia-me muito mais tranqüila, muito mais aliviada e alegre. Sentia que algo havia acontecido, embora não soubesse exatamente o quê. Era como se alguém tivesse aberto a porta da minha prisão imaginária.

"A princípio, não sabia como gozar de minha liberdade recém-descoberta. No meu subconsciente, temia que aquela maravilhosa sensação de liberdade, de ser eu mesma novamente, não durasse muito tempo, mas consolei-me com o pensamento de que, dentro de quinze dias, eu estaria novamente na presença do dr. Lang e que ele poderia então me ajudar mais ainda. Com o passar dos dias, fiquei encantada pelo fato de a minha capacidade de raciocínio não ter desaparecido ou diminuído mas, na verdade, ela crescia e se tornava a cada dia mais real e permanente. Não me sentia mais sozinha.

"Quando fui a Aylesbury pela segunda vez, encontrei o sr. George Chapman antes que ele entrasse em transe. Era um homem muito mais jovem que o dr. Lang e notei que ele falava de uma maneira diferente. Sendo uma enfermeira experiente, naturalmente falei sobre temas médicos e, em particular, sobre o meu caso. Ele não tinha conhecimentos de medicina e podia ser tudo, menos médico.

"O dr. Lang, mais uma vez, realizou uma operação e ministrou-me o tratamento espiritual e, mais uma vez, me senti melhor. Essa melhora foi, na verdade, tão impressionante que tornei-me totalmente capaz de reassumir minhas funções de superintendente do hospital."

Depois da sua terceira e última visita ao dr. Lang, a srta. Kohn soube que, afinal, havia ficado curada, quando pôde passar a desempenhar suas árduas tarefas com a mesma proficiência com que as desempenhava antes do acidente.

"Não me sentia totalmente curada, mas o dr. Lang havia conseguido, de algum modo, implantar na minha mente a confiança de que eu iria ficar boa", disse-me a srta. Kohn. "Naturalmente, havia ainda algumas dificuldades a serem enfrentadas, mas finalmente consegui superá-las.

"Há anos que não me sentia tão bem quanto agora – e não poderia desejar estar melhor. Gozo a vida e adoro conhecer pessoas. Estou lendo e escrevendo muito mais do que antes.

"Nunca mais olharei para o passado com rancor ou tristeza. Às vezes, quando penso em tudo o que me aconteceu, fico em dúvida se, de fato, eu poderia ter encontrado o caminho para a felicidade se não tivesse conhecido o dr. Lang. Rogo a Deus para que Ele preserve as minhas forças a fim de que eu possa ajudar as pessoas que precisam de mim, da mesma forma que eu, certa vez, precisei que alguém me ajudasse."

Capítulo 18

EM BUSCA DE COOPERAÇÃO

Uma das primeiras coisas de que tomei conhecimento quando de minhas conversas com o dr. Lang na preparação deste livro foi do seu sincero desejo de estabelecer uma maior cooperação entre ele e os membros da classe médica. Esse desejo não era motivado pela idéia de que o auxílio dos médicos da Terra poderia possibilitar *a ele* conseguir resultados ainda mais surpreendentes. A relação dos resultados obtidos fala por si mesma. Mas, de algum modo, ele desejava partilhar sua rara habilidade e os seus conhecimentos com homens cujos horizontes estavam limitados no campo da cura.

Esse desejo foi concretizado até certo ponto. Muitos dos seus pacientes, quando atendidos pelos seus próprios médicos e hospitais para exames periódicos, falaram sobre o médico espiritual e suas operações indolores, que haviam curado ou minorado suas enfermidades. Muitos profissionais, como era de se esperar, não deram nenhuma atenção a isso ou recusaram-se a fazer qualquer comentário sobre o assunto. Mas houve alguns médicos e cirurgiões que concordaram que a cura divina ou espiritual não deveria ser desprezada ou ridicularizada. Na verdade, alguns deles foram mais longe, ao aconselhar seus pacientes a continuarem a receber o tratamento ministrado pelo dr. Lang e também a fazerem *check-ups* médicos regulares para que o seu estado de saúde pudesse ser observado clinicamente.

Um desses cavalheiros foi o dr. G. S. Miron, cuja cooperação dada ao dr. Lang foi relatada no capítulo *Mirabile Dictu*. Ele também cooperou com o médico espiritual todas as vezes que acreditou que poderia ajudar o paciente.

Outros exemplos, envolvendo tanto médicos como famosos especialistas clínicos, poderiam ser citados.

Embora essa cooperação tenha sido um feito notável e muito bem acolhido, ela satisfez apenas parcialmente o grande desejo do dr. Lang, pois este pretendia trabalhar em íntima colaboração com tantos médicos quanto fosse possível.

Ele deu seu primeiro e decisivo passo nesse sentido em 1958, pois, um dia, quando estava incorporado em George Chapman, ditou a seguinte carta e pediu que ela fosse enviada ao secretário do Royal Ophthalmic Hospital (Hospital de Olhos Moorfields):

> "Sei que o senhor vai estranhar bastante uma carta como esta, mas eu e meu filho Basil fomos membros efetivos da equipe médica desse hospital durante muitos anos.
>
> "Se o senhor verificar meus registros, encontrará muitas coisas sobre nós, por exemplo: que eu escrevi um livro intitulado *O exame médico do olho* e que meu filho escreveu diversos livros sobre o exame e a abordagem de um paciente.
>
> "Desejo convidar membros da sua equipe médica atual e, naturalmente, ex-membros, para entrarem em contato com o meu médium, George Chapman, com a finalidade de marcar uma entrevista comigo.
>
> "Sei que posso ser extremamente útil no que se refere à técnica da cirurgia do olho e estou certo de que muitos da equipe que estejam interessados e amem o seu trabalho gostariam de me conhecer."

Não foi recebida qualquer resposta. Quando perguntei ao dr. Lang, durante uma das nossas entrevistas, se ele havia ficado frustrado pelo fato de o secretário haver ignorado a sua carta, ele respondeu: "Oh, não. Não fiquei frustrado. Realmente não esperava que ele me respondesse – talvez seja demais pedir a um cavalheiro naquela posição para se corresponder com um homem 'morto' –, mas achei apenas que devia escrever aquela carta para que soubessem que estou de volta e sempre disposto a ajudar, da maneira que for possível. Não recebi resposta à minha carta mas, em conseqüência dela, alguns dos queridos jovens virão me ver.

"Quinze dias depois que George enviou a carta, ele recebeu uma mensagem de ____________________ (não devo mencionar o nome, era uma consulta particular, mas posso lhe dizer que ele é um especialista muito capaz e experimentado). Eu não conhecia o querido jovem pessoalmente; ele havia sido um dos colegas de Basil, mas gostei bastante de conversar com ele.

"A princípio, ele caminhou para dentro da minha sala como se fosse um pugilista profissional", continuou o dr. Lang. "Pelas perguntas que me 'atirou', era óbvio que sua intenção era a de comprovar que eu não podia ser o dr. William Lang que dizia ser na minha carta. Ele me fez perguntas muito intrincadas sobre oftalmologia; respondi a todas detalhadamente e falei também sobre vários métodos de tratamento. Por fim, o querido jovem pediu desculpas pela sua atitude hostil e indagou se eu permitiria que ele viesse me consultar sempre que se deparasse com um problema que ele não soubesse como resolver totalmente. Naturalmente, eu disse que sim.

"Com o passar dos anos, nos tornamos realmente bons amigos e ele vem me visitar freqüentemente. Na verdade, ele esteve comigo há apenas algumas semanas para falar de um caso no qual, folgo em dizê-lo, pude ajudá-lo." Ele olhou para mim de uma maneira marota e acrescentou com um sorriso: "Naturalmente, eu o ajudei à minha maneira. Eu estava presente à sala de operações enquanto ele realizava a cirurgia e pude orientá-lo. Depois visitei o paciente enquanto estava adormecido e tratei o seu corpo espiritual. É claro que o querido jovem não tem conhecimento disso, e prefiro que ele acredite que foram os seus próprios cuidados e a sua habilidade que salvaram a visão do paciente."

Durante essa entrevista, fiquei sabendo que muitos especialistas de diversos hospitais oftalmológicos vêm procurar o dr. Lang, de vez em quando, para discutir casos complexos.

Essas visitas ao dr. Lang fizeram com que as notícias sobre o médico espiritual se difundissem entre outros especialistas e clínicos de outros campos da medicina. George Chapman mantém um grande arquivo com a marca "Confidencial". Ele contém cartas de médicos particulares e de clínicas – alguns dos quais, renomados especialistas: outros, clínicos menos famosos. Muitos deles tinham solicitado encontros com o dr. Lang porque gostariam de discutir com ele alguns casos que os preocupavam e que esperavam pudessem ser curados, ou pelo menos melhorados, pelo tratamento ministrado pelo médico espiritual; cada carta revelava que o paciente não havia reagido ao tratamento médico ortodoxo e, pelo que se podia avaliar, era considerado incurável. Existem cartas que solicitam claramente que o paciente seja atendido pelo dr. Lang para que o tratamento e a cirurgia espirituais possam ser tentados. Uma vez que essas mensagens estão todas rotuladas "Particular e Confidencial", a identidade de quem as escreveu não pode ser revelada. Mas asseguro que as vi e li. E os nomes dos seus autores provavelmente deixariam os leitores boquiabertos.

Um famoso especialista de Harley Street escreveu: "Estou abandonando a minha clínica que ficará sob a responsabilidade do dr. ________ que fez estágio no hospital de Guy e ganhou o prêmio ________. Ele passou um ano numa clínica no Canadá fazendo especialização em acidentes industriais e em poliomielite, e fez outros estágios nos hospitais (nomes citados) em Londres. Espero que ________ vá vê-lo e que o senhor possa proporcionar a ele toda a ajuda possível."

O substituto do especialista nessa clínica, na verdade, foi ver o dr. Lang para discutir um caso específico que estava lhe causando muitas preocupações. O dr. Lang o aconselhou e, sem que o visitante soubesse, iniciou um tratamento à distância para o paciente. Foi bem sucedido.

George Chapman continua a receber cartas de membros da classe médica. Uma das mais recentes, escrita em dezembro de 1964, diz: "No próximo mês, inaugurarei um novo departamento no Hospital ________. Por favor, solicite ao dr. Lang que abençoe esse departamento e que me dê forças, discernimento, tranqüilidade e confiança para que eu possa dirigi-lo. Confio na ajuda do dr. Lang."

Afinal, a carta do dr. Lang ao secretário do Moorfields Hospital atingiu seu objetivo, embora não oficialmente. Mas o dr. Lang nunca se preocupou com o oficialismo ou com os aplausos do público – seu único propósito é assistir aos doentes que precisam de ajuda. Se ele puder obter apoio da classe médica e, com a cooperação de alguns dos seus membros, conseguir a recuperação de um paciente, ficará plenamente satisfeito.

Há alguns anos, o jornalista Desmond Shaw escreveu: "Dia virá quando nenhum grande médico, psicólogo ou patologista poderá pensar em tentar curar doenças sem se comunicar com o mundo espiritual, da mesma forma que não pensaria em entrar numa sala de operações sem o seu bisturi." Talvez a previsão do sr. Shaw esteja prestes a se tornar verdadeira.

Capítulo 19

ABRAM AS PORTAS DA MENTE

Os médicos são tão obstinados com relação às suas opiniões quanto qualquer outra pessoa. Por terem sido diplomados por universidades e faculdades de medicina, presume-se que sejam pessoas razoavelmente inteligentes. Mas, quando são obrigados a expressar as suas próprias opiniões, tomam-se peculiarmente hesitantes. Os mais vociferantes e os menos vociferantes pelo menos partilham uma qualidade – uma grande inibição quanto ao uso público dos seus nomes ligados às suas opiniões sobre certos assuntos.

Falei com muitos médicos com o propósito de preparar este livro. Alguns deles perderam as estribeiras quando mencionei a cura espiritual. Riram, satirizaram, recusaram-se a me ouvir, escarneceram. Outros sorriram de modo condescendente ou deram de ombros, ou disseram frases incompletas, tais como: "Bem, as pessoas podem acreditar no que quiserem, mas, bem. . ., como eu diria. . ."

Um deles deixou-me a impressão de que, no que se refere ao grosso da classe médica, a cura espiritual era inaceitável. Isso não era apenas uma coisa que eles não compreendiam ou em que, obviamente, não acreditavam, mas que nem mesmo merecia uma investigação objetiva.

Somente um pequeno número dos médicos com quem conversei concordou com a citação de seus nomes e de suas opiniões. Isso é algo que não entendo. Por que o temor?

Até os médicos que mantiveram contatos com George Chapman-William Lang mostraram-se um tanto relutantes. E isso não aconteceu porque eu estivesse apenas em busca de opiniões favoráveis. Ficaria satisfeito em citar opiniões "anti"-cura espiritual (ou anti-Lang), bem como as "prós". Mas a reação que encontrei foi quase a de proibição.

Um dos médicos que havia se encontrado com o médico espiritual em muitas ocasiões, e que gentilmente permitiu que o seu nome fosse citado, foi o dr. Theodore Stephanides. Com quase meio século de experiência como médico, ele servira como major no corpo médico do exército da Inglaterra durante a II Guerra Mundial e, posteriormente, fez parte da equipe médica do Lambeth Hospital, em Londres, onde trabalhou até se aposentar, em 1961.

"Encontrei o dr. Lang, pela primeira vez, em 1958", disse-me o dr. Stephanides em seu apartamento no bairro de Chelsea. "Um amigo meu, o sr. Eric Raymond, que chegou de Haddenham e que sofria de surdez (tinha uma esclerose progressiva do tímpano que provocava uma insensibilidade nesse órgão), pediu-me para acompanhá-lo a Aylesbury. Ele havia decidido, segundo me contou, ir consultar um médico espiritual e queria que eu ouvisse o que esse médico teria a dizer e visse o que ele poderia fazer."

Perguntei: "O sr. Raymond havia se submetido a algum tratamento médico antes de ir a Aylesbury?"

"Oh, sim. Ele havia tentado a medicina ortodoxa durante um longo período, sem, contudo, ter obtido qualquer resultado", disse o dr. Stephanides. "Infelizmente, o dr. Lang também foi incapaz de melhorar a surdez do sr. Raymond. Mas acho que esse foi um teste desleal no que se refere ao dr. Lang, porque, como se sabe, a esclerose do tímpano é conhecida como sendo uma doença progressiva, praticamente impossível de ser curada. Ela vai evoluindo cada vez mais, até que o doente fique totalmente surdo. Praticamente, nada pode detê-la.

"Contudo, quando fomos consultar o dr. Lang, no início de 1958, ele diagnosticou corretamente a doença do sr. Raymond. Ele *não prometeu* que iria curá-lo; disse que *esperava* poder melhorar sua audição. Realizou, então, o que ele chamou de 'operação espiritual' no 'corpo espiritual' do sr. Raymond, o que, segundo disse, resultaria numa verdadeira cirurgia no tímpano. Essa 'operação' foi, naturalmente, realizada sem quaisquer assistentes ou instrumentos visíveis.

Logo após o tratamento, a surdez do sr. Raymond pareceu haver diminuído, mas isso não durou muito tempo. Encontrei-me com o sr. Raymond há cerca de quinze dias e, sinto dizê-lo, na verdade não houve nenhuma melhora sensível. Porém, como já disse, esse não foi realmente um teste justo, e o fato de o dr. Lang ter falhado não significa que ele não pudesse obter sucesso em outros casos. Assumir esse ponto de vista pode ser manifestamente injusto – e naturalmente ilógico."

"Falando como médico, qual a impressão que o dr. Lang causou ao senhor?", perguntei.

"Oh, competente, gentil, ligeiramente vaidoso. Como um médico clínico da velha escola", respondeu o dr. Stephanides. "Durante minhas conversas com ele – acompanhei o sr. Raymond a Aylesbury por oito ou nove vezes –, não o vi cometer nenhum erro médico. Mas, pelo fato de estar ali como convidado e não como um pesquisador científico, nunca lhe fiz perguntas que pudessem parecer uma espécie de teste.

"Pareceu-me que ele tinha um vasto conhecimento médico, porém de uma época já ultrapassada, se é que o senhor me entende. Tenho a impressão que ele não mencionou nada que dissesse respeito ao atual ponto de desenvolvimento da medicina – coisas como penicilina etc., o que, naturalmente, pode ter sido uma coincidência. Mas os temas que ele abordou em diversas ocasiões indicavam que ele possuía muita experiência e muitos conhecimentos médicos.

"Presenciei um incidente durante uma das minhas visitas ao médico espiritual que me causou uma profunda impressão.

"Em fevereiro de 1958, submeti-me a uma operação no Lambeth Hospital, por ter sofrido um deslocamento da retina do meu olho direito. No mês de junho seguinte, fui com o sr. Raymond visitar o dr. Lang. Nessa ocasião, o dr. Lang aproximou-se e ficou em pé diante de mim (com ambos os olhos firmemente fechados, como de costume) e disse-me que estava feliz pelo fato de a minha operação por causa de uma 'complicação na retina' (ele não usou a expressão 'deslocamento da retina') ter sido tão bem-sucedida. Não existia nenhum sinal exterior que pudesse revelar que eu havia me submetido a essa operação e eu não a havia mencionado, em nenhuma ocasião, nem tampouco o sr. Raymond, fato que ele me confirmou posteriormente.

"Naturalmente, eu não poderia garantir que essa informação não tivesse sido fornecida por alguma pessoa ligada ao Lambeth Hospital. Mas não acho que isso pudesse ter acontecido, pois, tanto quanto é do meu conhecimento, o sr. Chapman não mantinha qualquer tipo de ligação com esse hospital.

"Uma outra possibilidade seria, naturalmente, a telepatia; mas, quanto a isso, mais uma vez, não acho que a telepatia tenha sido utilizada porque eu, como toda a certeza, não estava pensando na operação quando fui a Aylesbury. Não havia razão para que eu estivesse pensando nela. A operação havia sido realizada quatro meses antes do meu encontro com o dr. Lang no mês de junho, e não tinha havido qualquer problema posterior.

"Quando o dr. Lang me falou sobre a operação fiquei surpreendido, muito surpreendido mesmo. Sou de opinião que o dr. Lang fez ou sentiu o diagnóstico pelo que eu poderia chamar de meios supranormais."

Durante minha entrevista com o dr. Stephanides, eu soube que ele havia encontrado George Chapman quando este não estava em transe, em uma de suas visitas a Aylesbury. Perguntei quais tinham sido as suas impressões.

"Bem, eles me parecem ser duas pessoas totalmente diferentes", disse o dr. Stephanides. "Naturalmente eu não havia conhecido o dr. Lang na vida real, mas acho que aqueles que o conheceram e falaram com o sr. Chapman quando este estava sendo guiado pelo dr. Lang, puderam reconhecê-lo e descobrir uma semelhança. Seu modo de falar e como se comportava, entre outras coisas, eram totalmente diferentes dos do sr. Chapman."

Indaguei: "O sr. acredita que George Chapman é, de fato, controlado pelo dr. Lang?"

"É muito difícil responder a essa pergunta. Permita-me fazê-lo da seguinte maneira: ou o sr. Chapman é um ator extraordinariamente perfeito ou *é* controlado pelo dr. Lang."

"Se o sr. Chapman fosse apenas um ator extraordinariamente perfeito, como pode ele conseguir os seus maravilhosos resultados de cura?"

"Bem, sobre isso não posso falar de ciência *própria*, porque o único caso que presenciei foi aquele não-convincente do sr. Raymond", replicou o dr. Stephanides. "Mas permita-me dizer o seguinte: acredito que a cura espiritual ocorre realmente. O único problema é que, por enquanto, não conhecemos as leis da cura espiritual ou como é que ela funciona.

"Embora eu não tenha tido nenhuma experiência direta, já li muito sobre curas espirituais. Por enquanto não descobrimos o bastante sobre suas leis. Muito freqüentemente, pessoas que não acreditam no tratamento espiritual são curadas e outras que não crêem nele descobrem que seus efeitos são insignificantes e até negativos.

"Parece que quem ministra o tratamento também tem seus altos e baixos. Durante um certo período, ele pode obter uma longa série de sucessos e, subitamente, e por algum tempo, perde alguns dos seus poderes. Mesmo se isso não acontecer, pode ocorrer outro fenômeno curioso, pelo que, às vezes, ele pode estar tratando de três pacientes ao mesmo tempo e venha a conseguir bons resultados com dois deles, enquanto o terceiro, cujo caso pareça extremamente semelhante, não obtém nenhuma melhora. E essa é a razão pela qual se torna difícil avaliar qual é o resultado geral do tratamento espiritual.

"Existe também a grande dificuldade de se saber até que ponto a auto-sugestão está aí incluída. Essa é, sem dúvida, uma força importante, pelo fato de poder fazer com que uma pessoa se sinta melhor ou pior do que, na verdade, está."

Eu o interrompi: "É possível, por exemplo, curar o câncer pela auto-sugestão?"

"Pessoalmente, não conheço nenhum caso onde ela tenha funcionado ou sido tentada, mas conhecemos tão pouco sobre as forças do corpo em si mesmas, por assim dizer, que ninguém pode afirmar com segurança que a auto-sugestão pode ou não pode curar.

"A auto-sugestão parece ser uma força poderosa. São conhecidos casos, digamos, por exemplo, uma epidemia de peste na Índia – em que as pessoas morriam de medo porque estavam convencidas de haverem contraído a doença. Por incrível que possa parecer, essas vítimas da auto-sugestão morrem apresentando muitos dos sintomas da doença, embora a necrópsia venha a revelar a ausência do bacilo.

"Sabe-se também que, quando um paciente é portador de uma enfermidade – praticamente qualquer enfermidade – e o médico diz a ele: 'Oh, logo você estará curado', o doente tem uma chance muito maior de se recuperar. Mas se o médico balançar a cabeça e disser: 'Não há muito a ser feito, você morrerá em poucos dias', as chances são de que o paciente piore imediatamente.

"Existe uma grande lacuna em nosso conhecimento sobre o que exatamente influencia o corpo humano. Eis aí por que eu acho que deveria ser feita uma pesquisa para se investigar e descobrir o que eu chamo de *leis* do tratamento espiritual. Poderíamos então saber mais sobre isso e determinar mais facilmente quais os doentes que poderiam se beneficiar com o tratamento espiritual e quais não."

Perguntei: "Falando de uma maneira geral, o senhor admite que o tratamento espiritual pode ajudar um paciente que não reage ao tratamento médico ortodoxo?"

"Sim, acho que sim", disse o dr. Stephanides. "Acho que existe ampla evidência da eficácia do tratamento espiritual. Tomemos, por exemplo, Lourdes. Ninguém pode ignorar os incontáveis casos que foram ali tratados com o mais extraordinário sucesso. E não apenas em Lourdes, mas também na ilha de Tinos, na Grécia, onde a Virgem de Tinos tem realizado, e realiza diariamente, as mais fantásticas curas. Meu pai viveu muitos anos na Índia e contou que curas semelhantes são obtidas por pessoas que se banham nas águas do rio Ganges. Isso não é apenas uma manifestação de uma religião em particular, capaz de produzir miraculosos resultados de cura. Lourdes é a gruta de cura da Igreja Católica Romana; Tinos é a ilha das curas da Igreja Ortodoxa Grega; e o Ganges é o rio das curas do hinduísmo. Só aqui temos três diferentes religiões praticando a cura espiritual e creio que existem outras que obtêm exatamente a mesma espécie de fantásticos resultados de cura."

"Se o senhor tivesse um paciente que não tivesse reagido satisfatoriamente ao tratamento médico ortodoxo, o aconselharia a buscar a ajuda do dr. Lang?"

"Primeiro o aconselharia a tentar a medicina ortodoxa e, depois, se ele não obtivesse sucesso, a tentar a cura espiritual."

"Estou certo de que o senhor compreende que o seu modo de ver é totalmente invulgar", eu disse. "Pois a minha experiência com membros da classe médica mostra que eles se recusam a aceitar a idéia da existência do corpo espiritual. Eles não vêem nada além da sua própria esfera e acham inconcebível que a cura espiritual, por não compreendê-la, possa acontecer quando a medicina quase sempre falha."

"Bem, sou da opinião que a medicina ortodoxa, embora avançada à luz das descobertas científicas, sabe muito pouco sobre as forças do corpo", replicou o dr. Stephanides. "Parece que existem muitas coisas que influenciam o corpo humano e que não foram, até agora, comprovadas ou reconhecidas. Essa é a razão pela qual eu gostaria de ver realizada uma pesquisa completa sobre o tratamento espiritual, a fim de que seja determinada que ajuda ele poderia prestar à medicina ortodoxa."

"Então o senhor receberia com agrado uma cooperação entre a classe médica e os médicos espirituais?"

"Sim, se eu souber que um paciente tentou a medicina ortodoxa sem sucesso, certamente e de bom grado o aconselharia a tentar o tratamento espiritual, a consultar o dr. Lang. E o senhor pode ter a certeza de que eu não sou o único médico a acreditar nas amplas possibilidades do tratamento espiritual. Já leu, por exemplo, os livros sobre o assunto escritos pelo professor Charles Richet e pelo dr. Alexis Carrel? Ambos praticaram a medicina ortodoxa, mas acreditavam que era possível obter resultados surpreendentes pelo tratamento espiritual. Eles não confessam que sabem *de que modo* os resultados eram obtidos, mas tinham certeza de que eles eram obtidos."

Confesso-me grato ao dr. Stephanides por ter me permitido publicar suas opiniões. Desejo apenas que um número maior de seus colegas da profissão imitem a sua atitude, mesmo porque qualquer forma de tratamento, ortodoxo ou não, que venham realmente a beneficiar a humanidade é merecedora de atenção. Talvez uma interpretação mais abrangente do Juramento de Hipócrates pudesse ajudá-los a abrir as portas daquelas partes de suas mentes que permanecem tão hermeticamente fechadas.

Capítulo 20

A AJUDA INESPERADA DE UMA DIRETORA DE HOSPITAL

O caso relatado a seguir é diferente dos demais, visto que os detalhes do histórico médico e da cura espiritual realizada pelo dr. William Lang não me foram revelados pelo paciente, mas pela diretora da Casa de Saúde Seven Gables, onde ocorreram o tratamento e as operações espirituais. A diretora é a sra. D. M. Williamson, de Winslow, diplomada em enfermagem e em administração hospitalar, e a importância do seu testemunho é ainda maior, creio eu, não apenas por causa do seu vasto conhecimento médico, adquirido durante toda uma existência dedicada ao serviço de enfermagem, mas também pelo fato de ela ter estado presente em todas as ocasiões que o dr. Lang atendeu a seu paciente. A sra. Williamson pôde, dessa forma, convencer-se das raras habilidades do médico espiritual.

"A sra. Jo Brown, que fora transferida para a nossa casa de saúde em setembro de 1958, vinda do Stoke Mandeville Hospital", disse-me a sra. Williamson quando a entrevistei no dia 26 de outubro de 1964, "tinha quebrado o pescoço e sofrido outros ferimentos num acidente. Ela estivera internada naquele hospital durante muitos meses, mas seu estado de saúde fora considerado irreversível. Tudo o que a ciência médica pôde fazer fora baldado. A paciente estava totalmente paralítica do pescoço para baixo. Era incapaz de erguer a cabeça do travesseiro, ou mesmo de virá-la para os lados, e tinha dificuldade para engolir a comida quando era alimentada. Algumas funções haviam sido interrompidas.

"Quando a sra. Brown chegou aqui, seu esposo me comunicou que havia providenciado para que um certo sr. George Chapman, de Aylesbury, viesse ver sua esposa para tentar ajudá-la. Ele explicou que o sr. Chapman era o médium do médico espiritual William Lang. O sr. Brown estava preocupado com a minha reação a essa notícia e, para me tranqüilizar e obter a minha concordância, enfatizou que o seu único propósito era tentar *qualquer coisa* que pudesse, talvez, ajudar sua mulher.

"Devo admitir que fiquei sem saber o que dizer. Tendo estado intimamente ligada à profissão médica durante toda a minha vida, era até natural que eu jamais houvesse dedicado um só pensamento à cura espiritual ou aos médicos espirituais – para ser franca, eu nem sequer sabia que eles existiam. Embora estivesse longe de ser convencida de que aquilo poderia resultar em qualquer benefício, eu podia entender muito bem que o aflito marido estivesse pronto a tentar *qualquer coisa* para ajudar a esposa. Conhecedora do diagnóstico final dos médicos com respeito a essa paciente e do seu lastimável estado, tive de admitir que não se perderia nada em tentar a cura espiritual - embora fosse difícil compreender o que se poderia conseguir. Nessas circunstâncias, disse ao sr. Brown que ele tinha razão em fazer a sua tentativa.

"Quando o sr. Chapman chegou à casa de saúde, por uma razão que não posso explicar, senti imediatamente que me encontrava diante de um homem honesto e sincero. Antes de levá-lo ao quarto da sra. Brown, conversei com o sr. Chapman, por alguns instantes, sobre o estado de saúde da paciente e expliquei que a opinião dos médicos do hospital era a de que ela jamais voltaria a andar ou a fazer qualquer movimento. No entanto, ficou patente para mim que ele não possuía nenhum tipo de conhecimento de medicina, e não pude deixar de sentir que essa visita seria uma perda de tempo e, pior do que isso, um perturbador desapontamento para o sr. Brown. Para não falar de sua esposa.

"Tão logo entramos no quarto da sra. Brown, o sr. Chapman disse a ela, de uma maneira tranqüilizadora, que o dr. Lang iria fazer tudo o que estivesse ao seu alcance para ajudá-la. Quando sentou-se ao lado da cama, observei-o atentamente e notei que ele havia fechado os olhos, como se fosse adormecer. Pareceu-me que seu rosto mudava e ficava mais velho. Seu corpo também pareceu se contrair. Após alguns momentos, ele levantou-se, estendeu a mão e cumprimentou-me dizendo: 'Bom dia, jovem senhora. Estou grato pelo fato de a senhora ter permitido a minha vinda'. Sua voz era completamente diferente da do sr. Chapman. Era mais rouca, a voz de um homem idoso. E a maneira como falava era a de uma pessoa muito culta. Posso lhe assegurar que essa foi uma experiência extraordinária para mim.

"O sr. Chapman apresentou-se como o dr. William Lang e encaminhou-se para o lado da cama da sra. Brown. Tocando ligeiramente com as mãos na cabeça e no corpo da paciente, ele diagnosticou corretamente o seu estado de saúde. Fiquei atônita. Sou uma enfermeira com bastante prática e experiência, e fiquei pasmada com a precisão do seu diagnóstico. Por incrível que possa parecer, quando disse que estava certo de poder curá-la, acreditei que talvez ele o fizesse. Não sei por que, mas acreditei. Sua advertência de que o processo de recuperação seria longo aumentou a confiança que eu tinha nele, porque, de alguma maneira, se a sra. Brown pudesse ser curada, era óbvio que isso só poderia ser feito passo a passo."

A sra. Williamson lembrou a explicação do dr. Lang sobre o corpo espiritual e o corpo físico, e como uma operação realizada no primeiro poderia transferir seus efeitos para o último. "Isso foi demais para que eu assimilasse", disse ela. "Jamais tinha ouvido falar em algo semelhante. Ele irradiava tanta confiança que eu não podia afastar os meus olhos dele. Eu tinha muita experiência em salas de operação, e a maneira como suas mãos se moviam um pouco acima da cabeça e do corpo da paciente era muito real, como se uma operação muito delicada estivesse sendo realizada. Com toda a sinceridade, eu estava pasmada.

"Mais tarde, o dr. Lang me disse que tinha absoluta certeza de que o efeito da sua cirurgia iria se transferir do corpo espiritual para o corpo físico, e também que voltaria daí a dois dias para realizar outras operações. Perguntou-me se eu poderia cooperar com ele e, quando concordei, disse-me exatamente o que esperava que eu fizesse – massagens suaves no pescoço da paciente no local onde se encontravam as vértebras.

"Sentou-se novamente na sua cadeira e, logo depois, eu estava na presença do sr. Chapman. Ele estava de novo tão alto e aprumado como quando o vi pela primeira vez, tendo o seu rosto se transformado no rosto de um homem mais jovem e sua voz revertido ao timbre normal anterior ao transe. Não tive dúvidas de que, na verdade, havia me encontrado com duas pessoas totalmente diferentes.

"O dr. Lang continuou a visitar a sra. Brown uma ou duas vezes por semana e, em cada uma das ocasiões em que ele realizava suas operações, eu estava presente. Durante cada visita, ele me instruía sobre o que desejava exatamente que eu fizesse e, naturalmente, eu o fazia. Ele se mostrava muito grato pela cooperação. Mas o senhor devia ter visto a sra. Brown!

"Aos poucos, ela foi capaz de fazer uso dos dedos; depois começou a levantar um pouco os braços e as pernas; podia voltar a cabeça para um lado e para o outro e fazer outros movimentos. Era realmente extraordinário o modo como se recuperava, e tudo isso depois do que os médicos haviam dito!

"Providenciei para que as instruções do dr. Lang fossem seguidas à risca. As suaves massagens nas vértebras da sra. Brown melhoraram as condições da espinha dorsal, possibilitando que o líquido raquidiano fluísse com maior regularidade. Costumávamos encorajá-la a distender, movimentar e levantar as pernas e a fazer uso das mãos. Ajudada, ela começou a se alimentar por si mesma e, por fim, foi capaz de fazer isso com toda a facilidade. Sua vitória seguinte foi pentear os cabelos, de início sem muita firmeza, mas com perseverança ela conseguiu. Era um caso de cooperação entre o médico espiritual e a medicina.

"Então, num dia maravilhoso, o dr. Lang decidiu que devíamos tentar colocá-la de pé. Lembro dele dizendo à paciente: 'Agora a senhora pode, realmente, ficar em pé; pode fazê-lo, pois está totalmente curada e logo poderá voltar a caminhar.' Ela estava tremendamente nervosa, mas a encorajamos como podíamos e dissemos que tudo iria dar certo. Com uma pequena ajuda, ela foi se erguendo, vagarosamente e com hesitação; então aprumou-se e ficou em pé, incapaz de acreditar, tremendo de emoção e com os olhos brilhando. Depois disso, estávamos presentes ao lado da sua cama, duas vezes por dia, para dar-lhe confiança enquanto ela se levantava. Levou cerca de seis meses até que ela pudesse, ajudada, caminhar pelo quarto.

"Três meses após a primeira visita do dr. Lang, levamos a sra. Brown de carro até a estação de Bletchley para encontrar o seu marido a cada semana que ele vinha visitá-la. Lembro-me da primeira vez. Não havíamos dito ao sr. Brown o que pretendíamos fazer. Apenas a aprontamos, a colocamos no carro e lá estava ela na estação esperando por ele. Ele se mostrou muito entusiasmado. Não podia acreditar que era a sua esposa que o estava esperando.

"A sra. Brown permaneceu em nossa casa de saúde durante um ano e, no decorrer desse tempo, o dr. Lang visitou-a todas as semanas. Ele estava tão satisfeito e emocionado com o maravilhoso progresso que ela apresentava quanto nós.

"Quando nos deixou, ela era capaz de caminhar – com alguém ao seu lado, pelo fato de ainda estar nervosa, mas capaz de ficar em pé sem o auxílio de ninguém. Era apenas uma questão de tempo e de readquirir confiança.

"Durante suas visitas, eu conversava com o dr. Lang usando o que se pode chamar de jargão médico – da mesma forma que o fazia, na qualidade de diretora da casa de saúde, com qualquer especialista que viesse visitar um paciente. Com o passar dos meses, comecei a ter grande admiração por esse homem talentoso e, ao ver os resultados do tratamento por ele ministrado, procurava-o sempre que eu ou minha irmã precisávamos de um tratamento de qualquer espécie."

Indaguei à sra. Williamson sobre a sua doença e ela me disse:

"Durante muito tempo eu vinha sofrendo de um problema na vesícula e tinha também problemas com as pernas. Havia recebido cuidados médicos, o que não havia produzido nenhum resultado e pensava que devia apenas aceitar a situação.

"Quando consultei o dr. Lang, ele disse que iria me curar. O tratamento foi completamente indolor e não exagero quando digo que ele conseguiu, realmente, me curar.

"Com respeito a minha irmã, Chérie, sua visão havia diminuído consideravelmente após um ataque de sarampo. Notamos isso pela primeira vez quando seu professor de piano nos disse que ela não conseguia ler as notas musicais. Foi atendida por um oculista que tentou corrigir sua visão defeituosa receitando-lhe óculos, mas mesmo assim sua visão continuou deficiente. O especialista disse que nada mais havia que ele pudesse fazer por ela.

"Levei Chérie para consultar o dr. Lang. Ele cuidou dos seus olhos e o resultado foi que a sua vista melhorou muitíssimo. Ela não tem mais nenhuma dificuldade e, na verdade, até passou no exame para motorista. Antes de ir consultar o dr. Lang, ela não havia conseguido ser aprovada. Mesmo tendo de usar óculos regularmente, ela é capaz de dispensá-los sempre que deseja e pode ver muito bem sem eles. Chérie é atriz e não ser obrigada a usar óculos é muito importante para ela, especialmente quando aparece na televisão. De fato, quando lhe dão qualquer papel que exija uma moça com visão normal, ela pode desempenhá-lo.

"Não somos o que se poderia chamar de 'espíritas convictos', mas nos interessamos muito pelo espiritismo desde que encontramos o dr. Lang. Ele faz um trabalho maravilhoso neste mundo, e eu desejaria apenas que muitos outros membros da classe médica cooperassem com ele. Assim fazendo, eles o ajudariam a curar pessoas que, de outra forma, estariam destinadas a morrer antes do tempo ou condenadas a viver na miséria e na dor."

Capítulo 21

DRAMA NA RODOVIA A-41

O sábado, 6 de setembro de 1958, começou como qualquer outro dia de trabalho comum para George Chapman. Ele saiu de casa, como sempre fazia, pela manhã, dirigindo seu carro de Aylesbury para Birmingham a fim de possibilitar ao dr. Lang continuar cuidando dos seus pacientes no Centro de Tratamento. Foi uma viagem sem incidentes. George Chapman conhecia a estrada muito bem e dirigia na velocidade costumeira para chegar a essa cidade do meio-oeste no horário devido.

E, como na maioria das ocasiões, havia tantos pacientes no Centro que já era tarde do dia quando o último visitante saiu e George Chapman voltou a ser ele mesmo, mais uma vez.

George foi obrigado a passar a noite em Birmingham, pelo fato de terem sido marcadas consultas para que alguns pacientes fossem examinados na manhã de domingo na Igreja Espiritualista de Brownhills.

A viagem de volta para Aylesbury, no início da tarde de domingo, era novamente uma dessas viagens rotineiras. Chapman, viajando a uma velocidade de 120 quilômetros por hora nas longas retas da rodovia A-41, logo havia deixado para trás Solihull, Warwick e Banbury. Se as condições permanecessem favoráveis, ele esperava cobrir os próximos vinte quilômetros para Bicester em cerca de dez minutos e chegar à sua casa dentro de meia hora.

Ele se achava a quase sete quilômetros a noroeste de Bicester quando isto aconteceu.

O pneu dianteiro esquerdo estourou, enquanto o ponteiro do velocímetro estava próximo dos cento e trinta quilômetros por hora. O carro se desgovernou e capotou vezes seguidas. O motorista que estava atrás dele viu tudo. Mais tarde, ele disse à polícia que o Citroen devia ter virado mais ou menos dez vezes antes de parar. Sua esposa confirmou o fato.

Quando pedi a George Chapman para me dizer o que ele pensou e fez no momento do acidente, ele respondeu:

"Quando o carro se desgovernou e começou a capotar, pensei: tenho de sair daqui rapidamente. Eu estava com o tanque cheio de gasolina e temia que ele explodisse e envolvesse o carro em chamas. Quase no mesmo momento, pude ver a mim mesmo deitado no banco traseiro do carro, como se estivesse dormindo, e ocorreu-me o pensamento de que meu corpo espiritual estava, de fato, observando o meu corpo físico.

"Então, subitamente, me vi em pé, do lado de fora do carro, olhando para os destroços. Nesse momento eu não sabia se estava vivendo no meu corpo físico ou no espiritual. Na verdade, eu pensei que as pessoas que falavam comigo eram desencarnadas, mas gradualmente cresceu a sensação de que eu ainda estava na Terra."

O motorista que testemunhou o acidente disse que, quase imediatamente depois que o carro parou de capotar, ele e sua esposa viram a pessoa que o estava dirigindo de pé, do lado do carro, olhando para o veículo, que estava de rodas para o ar.

"Como é que você conseguiu sair?", perguntei a Chapman.

"Não me lembro de ter saído do carro", ele me respondeu. "No meu estado de confusão, supus ter me arrastado de dentro dele através do pára-brisa quebrado, mas eu não podia ter feito isso porque ele estava intacto, da mesma forma que os outros vidros das janelas."

"Talvez você tivesse escapado pela janela lateral esquerda."

"Ela estava aberta, mas apenas cerca de quinze centímetros", disse Chapman. (O relatório policial confirmou esse fato.) "Assim, embora eu não sabia de que modo consegui sair, me encontrava do lado de fora, sem qualquer ferimento grave", continuou ele. "O único ferimento que sofri foi um corte na cabeça."

"E quanto às portas?" Insisti, tentando obter uma explicação de como ele conseguira sair. "Você não poderia ter aberto uma porta e. . . ?"

"Isso não poderia ter sido possível", retrucou Chapman. "Nem o motorista que vinha atrás de mim nem a polícia ou o inspetor da companhia de seguros puderam explicar como tinha sido possível sair do carro. Nenhuma janela estava quebrada nem podiam ser abertas, e quando a patrulha policial chegou ao local do acidente descobriu que as portas ainda estavam *fechadas pelo lado de dentro*! Eu não poderia ter aberto uma porta e saído por ela, e as janelas também estavam emperradas."

O carro ficou tão danificado que a companhia de seguros o considerou como perda total, embora nem o pára-brisa nem qualquer das janelas estivessem quebrados ou sequer rachados!

O acidente foi investigado pela polícia de Bicester (distrito policial de Oxfordshire) e os fatos apurados pelos encarregados do inquérito confirmaram tudo o que George Chapman me relatou. O laudo policial afirmava: portas fechadas pelo lado de dentro; portas e janelas emperradas devido às avarias; vidros do pára-brisa e das janelas intactos e fechados, com exceção da janela lateral dianteira esquerda, que se encontrava abaixada doze centímetros da parte superior. O motorista não pôde explicar como saiu dos destroços.

Insisti: "De que maneira você acha que conseguiu sair?"

"Bem, realmente eu não sei. Tudo o que eu posso dizer é que sinto que, embora esse incidente seja um bom exemplo de projeção involuntária do espírito, ele vai muito mais além e revela que, em circunstâncias de absoluta necessidade, a força espiritual pode, aparentemente, ultrapassar as leis físicas. Pode-se dizer também que ocorreu uma materialização ao contrário, ou algo semelhante a isso."

Uma outra coisa inexplicável deve ser registrada.

"No dia seguinte, em companhia de um antigo inspetor de polícia, visitei o local do acidente", recordou Chapman. "Nós dois examinamos cuidadosamente os destroços do veículo e depois a superfície da estrada. Ficamos surpresos ao descobrir que não havia sinais do acidente – nem mesmo era visível qualquer marca de pneus."

Talvez eu deva acrescentar que o corte na cabeça de Chapman desapareceu totalmente após um dia todo em estado de transe, na segunda-feira, 8 de setembro de 1958. O dr. Lang cuidou do seu médium de uma maneira tão perfeita que não ficou nem mesmo o mais leve sinal do ferimento sangrento que ele apresentava naquela manhã, antes de entrar em transe.

Capítulo 22

O FIM DE UM INFERNO DE VINTE ANOS

Patrick P. Calder, de Ballinger, sofria de espondilite há vinte anos. Embora estivesse sob constantes cuidados médicos e tivesse sido feito tudo o que se conhecia em medicina, ele não encontrava alívio para o seu sofrimento.

"Sofri de espondilite de 1942 até 1961", disse-me o sr. Calder em dezembro de 1964. "Durante esses anos, fui tratado em hospitais em 1944, quando estava na Itália com as forças armadas e novamente em 1948, quando me encontrava na Escócia. Mais tarde, quando fui para o sul, recebi um tratamento contínuo no Lambeth Hospital de Londres. O especialista em ortopedia era o dr. Robb, e ele fez tudo o que podia para me ajudar. Fui submetido à radioterapia a intervalos regulares, mas isso não me curou.

"Passaram-se dez anos, e eu me sentia cada vez pior. Os médicos não podiam fazer nada mais do que estavam fazendo e deixaram claro que se tratava de um caso no qual o paciente tem de se conformar com o fato de que não existe nenhum tratamento alternativo.

"Minha saúde se deteriorava a um ponto tão alarmante que, em 1958, fiquei verdadeiramente desesperado. Mas, felizmente, alguém me falou da cura espiritual e, em particular, do médico espiritual William Lang, que trabalhava por intermédio da mediunidade de um sr. George Chapman, em Aylesbury. Contaram-me que o dr. Lang havia curado muitas pessoas a quem os médicos e os hospitais haviam classificado como incuráveis, e fui aconselhado a tentar descobrir se eu também poderia ser curado. Eu não tinha nada a perder – desde o início da minha enfermidade, meu único alívio era conseguido através de comprimidos de codeína –, então decidi fazer uma tentativa com o sr. Chapman e o seu médico espiritual.

"Bem, encontrei-me com o dr. Lang a 27 de outubro de 1958. Embora eu estivesse um pouco nervoso – e naturalmente também um tanto cético –, o idoso médico espiritual com suas maneiras gentis e confiantes pôs-me à vontade. Mantivemos uma breve conversa e então ele pediu que eu me deitasse no sofá.

"Enquanto me examinava, falamos da radioterapia que eu havia recebido no Lambeth Hospital; ele me disse que não a aprovava pelo fato de esse tratamento esgotar totalmente o líquido natural das articulações, deixando-as sem nenhum lubrificante normal. Disse-me que iria fazer uma operação no meu corpo espiritual e que estava certo de que poderia me curar, se eu estivesse disposto a me submeter ao tratamento que iria me ministrar a intervalos regulares durante um período um tanto longo. Eu estava disposto a fazer qualquer coisa para me livrar da espondilite que estava me deformando.

"Foi uma experiência estranha. Embora ele não estivesse utilizando instrumentos visíveis, eu sentia as injeções, à medida que as agulhas, também invisíveis, eram inseridas na minha coluna vertebral. Era uma sensação muito difícil de ser descrita, pois eu me encontrava um tanto entorpecido quando me levantei do sofá.

"O dr. Lang pediu que eu voltasse a vê-lo dentro de seis meses para outro tratamento por contato, e que, durante esse período, eu comunicasse regularmente o meu estado de saúde ao sr. Chapman, para que o contato fosse mantido e eu pudesse continuar a receber um tratamento espiritual durante o tempo que estivesse dormindo. Fiz isso e comecei verdadeiramente a melhorar, embora de uma forma lenta.

"Fui atendido novamente pelo dr. Lang, a intervalos de seis meses – em abril e outubro de cada ano –, e em cada uma dessas vezes ele realizou outras operações. Depois de seis visitas – a última foi em abril de 1961 –, minhas costas estavam completamente curadas. Eu estava livre da doença e nunca mais senti sequer o mais leve sinal de dor. Sou um jardineiro autônomo e faço diariamente um bocado de trabalho pesado. Certamente, eu seria incapaz de exercer minha profissão se não fosse o dr. Lang."

Além de curar o sr. Calder da espondilite, o dr. Lang também cuidou de um cisto em seu pulso direito, fazendo uma operação no seu corpo espiritual. Esse cisto vinha causando problemas ao sr. Calder a tal ponto que ele havia planejado consultar o seu médico. Entretanto, o dr. Lang o percebeu e tratou dele utilizando o seu usual método indolor.

O sr. Calder relembra a ocasião em que isso aconteceu: "O cisto no meu pulso direito tinha mais ou menos o tamanho de um ovo de pomba, muito doloroso, e o dr. Lang o extraiu sem qualquer problema ou dificuldade.

"Poucos dias depois de ele haver realizado a operação espiritual, uma pequena mancha vermelha surgiu no meu pulso. Com o passar dos dias, ela desapareceu, e notei então que algo estranho estava acontecendo no alto da protuberância. A pele parecia estar mudando de cor e murchando. Então uma pequena bolha foi se formando entre as camadas da pele.

"Um dia, quando minha esposa e eu havíamos saído de carro, ela subitamente me perguntou o que era aquilo no meu pulso. Do alto da inchação, estava escorrendo uma substância gelatinosa. Com a ajuda da minha esposa, pressionei o tumor até extrair todo o líquido. Não doeu absolutamente nada e, posteriormente, o cisto desapareceu.

"Tudo o que me restou foi uma pequena cicatriz vermelha do tamanho de uma moedinha. Na verdade, me orgulho dela e gosto de mostrá-la sempre que tenho oportunidade."

Capítulo 23

O OCULISTA CÉTICO

Há dez anos, a sra. Joan D. Harris, de Maidenhead, teve de se defrontar com o desagradável fato de ser obrigada a usar um colete de aço. A razão disso datava de muito tempo atrás, de uma época em que um traumatismo grave provocara a compressão violenta de um disco em sua coluna vertebral. A lesão finalmente foi remediada mas, como a sra. Harris me contou, em novembro de 1964, ocorreu um efeito colateral desolador.

"Minha visão foi afetada", disse ela. "Todas as vezes que eu pegava um livro, só conseguia ler uma página, e então tudo se tornava completamente indistinto. Eu não era muito velha e o fato de não poder ler era, na verdade, uma terrível desdita. Fui consultar o oftalmologista que há anos cuidava de meus olhos, mas quando ele os examinou, especialmente o esquerdo, que provocava o problema, me perguntou se eu costumava fazer trabalhos delicados que exigiam muito da vista. Disse-lhe que me havia graduado em matemática, o que me obrigara, durante certo tempo, a fazer desenhos muito precisos. Eu também tinha feito muitos bordados. Ele disse: "Bem, a senhora não vai poder mais fazer essas coisas. Deve deixá-las de lado, pois não posso corrigir sua visão. Não posso fazer nada pela senhora. Tem de se satisfazer em ler um pouco de cada vez, e quando a sua vista ficar turva, pare de ler, olhe ao redor e faça um intervalo antes de começar a ler novamente.' Consolou-me dizendo que achava que a minha vista não iria piorar e que iria me receitar óculos para ver ao longe e para ler. O objetivo, penso eu, era que as lentes me ajudassem um pouco, mas eu não deveria esperar nenhuma mudança radical para melhor. Tudo ficou nesse pé.

"Então, para minha felicidade, uma amiga me deu um exemplar do *Psychic News* que continha um artigo sobre o dr. Lang, e que revelava ter sido ele um médico do Moorfields Hospital. Achei que devia ir consultá-lo. Pensei: não há nada que um especialista em oftalmologia possa fazer por mim; não tenho nada a perder se buscar ajuda onde quer que seja.

"Minha consulta com o dr. Lang foi marcada para o início da tarde de 17 de junho de 1959.

"Quando cheguei à casa do sr. Chapman e sua esposa me recebeu, notei como era agradável o ambiente daquela casa e como a sra. Chapman era encantadora. Então o sr. Chapman entrou e logo fiquei gostando muitíssimo dele. Era um tipo de homem verdadeiramente sincero, muito interessado pelo trabalho de cura e realmente gentil. Ao encontrar certas pessoas, podemos ter algumas reservas imediatas e até ficarmos desapontadas, mas com o sr. Chapman aconteceu exatamente o oposto. Confiei nele logo de início e pensei: 'Tudo vai dar certo.'

"Após conversar com ele por alguns instantes sobre coisas triviais, entramos na sala de consultas do dr. Lang, onde ele sentou-se em uma cadeira. Um homem de meia-idade, muito saudável, viril e aprumado. E enquanto permanecia ali sentado, com os olhos fechados, presenciei uma transformação – ele diminuiu de tamanho, transformando-se num homem idoso, de um modo realmente extraordinário!

"Quando se levantou, um ou dois minutos depois, saudou-me dizendo: 'Boa tarde, sra. Harris', sua voz era totalmente diferente. A voz do dr. Lang não tinha a mais leve semelhança com a do sr. Chapman, absolutamente em nada. Era uma voz educada, fraca, melhor diria, cansada. A escolha de palavras e a maneira de falar eram o que mais surpreendia. Ouvindo o dr. Lang falar, chocou-me notar como falamos sem pensar em nossos dias.

"Aquela tarde se constituiu talvez numa das ocasiões mais fantásticas de toda a minha existência. Fiquei surpresa quando o dr. Lang falou: 'A senhora veio me ver a respeito dos seus olhos, não foi?' Quando confirmei, ele me disse de maneira tranqüilizadora: 'Bem, vamos ver o que podemos fazer.' Eu não havia mencionado, na minha carta ao sr. Chapman, a razão pela qual estava solicitando uma consulta e, quando conversamos antes de ele entrar em transe não falamos sobre a minha insuficiência visual.

"Quando o dr. Lang disse: 'Ora, há algo mais que deve também ser cuidado', olhei para ele com curiosidade e pensei imediatamente nas costas. Mas descartei esse pensamento, porque tudo o que poderia ter feito com relação a isso já o fora.

" 'A senhora sabe que está com excesso de peso, não é?', disse ele. 'A senhora está um tanto gorda, mas boa parte do seu corpo está com uma inchação.' Eu repliquei: 'Sim, eu sei que estou um pouco gorda, mas não vejo isso como se estivesse 'inchada', como o senhor diz.' 'Não é tanto o fato de a senhora estar com excesso de peso que me preocupa', disse ele. 'É que a senhora *está* inchada. Isso deve ser corrigido. É muito ruim para a senhora.'

"Olhei para ele surpreendida e ele falou: 'Vou lhe dar uma dieta que corrigirá isso, mas você deve segui-la, de acordo com a minha orientação, por não mais de um mês. Não deve passá-la adiante para ninguém nem voltar a empregá-la novamente, a menos que eu lhe diga para fazê-lo.'

"Depois ele falou: 'Agora vamos cuidar dos seus olhos. Não precisa se preocupar; isso será indolor e tudo o que a senhora precisa fazer é ficar quieta, relaxada e manter os olhos fechados. Não os abra.' Comumente, não acho fácil seguir essas orientações, pois sou muito nervosa. Sei disso. No entanto, deitada no sofá, senti-me relaxada, de um modo totalmente extraordinário, quase como se tivesse sido levada a isso por alguma coisa, melhor dizendo, com a sensação que alguém tem quando toma injeções antes de uma operação cirúrgica. Não abri os olhos, mas ele deve ter notado, pela minha expressão, que eu estava querendo saber o que ele estava fazendo. 'Oh, Basil é meu filho e está me ajudando. Ele sabe o que eu quero dizer quando estalo os dedos.'

"A operação foi completamente indolor, mas eu podia sentir algo como um metal frio por cima e por baixo do meu olho. Tudo levou muito pouco tempo.

"Quando ele me disse que tudo havia terminado, me advertiu: 'Um momento: permaneça com os olhos fechados e descanse.' Fiquei deitada no sofá e ele continuou a operar. Explicou-me que eu deveria aguardar um mês antes de ir ver o oftalmologista novamente e aconselhou-me a fazer exames de vista a cada ano. Até então, eu costumava ir ao especialista a cada dois anos, mas estava mais do que disposta a seguir o seu conselho.

"Antes que eu saísse, o dr. Lang me disse que lastimava muito não ter podido fazer com que os meus olhos ficassem em perfeito estado e dispensassem o uso de óculos por completo, mas que eu não deveria me preocupar porque, com a ajuda deles, eu iria enxergar perfeitamente.

Ele disse: 'A senhora não terá mais problemas com os olhos. Vai enxergar com toda a nitidez e não será mais perturbada pela visão deformada. Isso não ocorrerá mais durante o resto da sua vida.'

"Ele perguntou se, por acaso, eu teria comigo papel e lápis, ou caneta, porque queria que eu anotasse um recado para o meu oculista. Felizmente eu os tinha, mas perguntei se ele realmente queria que eu transmitisse um seu recado para o especialista. Quer dizer, isso não pareceria um tanto estranho?

" 'Sim, quero que a senhora diga a ele o que eu fiz', disse o dr. Lang, e começou a soletrar para mim a palavra 'quemose'. 'Isso significa', explicou ele, 'que o humor aquoso não está límpido. Por isso é que, quando a senhora tentava ler, tudo parecia estar debaixo d'água.' Eu nunca tinha ouvido falar de 'quemose' e 'humor aquoso'! O dr. Lang continuou a soletrar as palavras *occipito frontalis* e explicou: 'Isso quer dizer que o músculo estava deslocado, exercendo, portanto, uma pressão sobre a retina; essas duas coisas combinadas faziam com que a senhora tivesse dificuldade para enxergar, mas já corrigi tudo. Quero que a senhora transmita esses detalhes ao seu oculista.' Prometi que o faria.

"Quando voltei para casa, em Maidenhead, no fim da tarde, eu me sentia muito cansada e indisposta para fazer qualquer coisa. Decidi que não tentaria ler e, tendo em vista a operação, dar um descanso aos meus olhos. Mas, na manhã seguinte, quando apanhei o jornal da mesa do café, descobri que podia ler as notícias com toda a facilidade, sem que as pequenas letras ficassem turvas.

"Foi um verdadeiro impacto para mim. 'Meu Deus! Eu não tinha mais de olhar para cima e piscar os olhos!' O senhor sabe o que isso significava, não? Significava que a minha visão estava totalmente curada. E desde aquela tarde de 17 de junho de 1959, quando o dr. Lang realizou a sua operação espiritual no meu olho esquerdo, nunca mais tive o mínimo problema com isso.

"Cumpri ao pé da letra as instruções do dr. Lang a respeito da dieta. O regime foi severo, para dizer o mínimo, e normalmente eu teria tido muita dificuldade para cumpri-lo. Por alguma razão desconhecida, eu o cumpri facilmente e a grande inchação desapareceu no decorrer daquele mês. E desapareceu definitivamente como se tivesse sido dada uma alfinetada num balão. Nunca mais voltou e, em conseqüência, sinto-me muito melhor.

"Fui ver o oftalmologista um mês depois de haver estado com o dr. Lang. Ele examinou o meu olho esquerdo e afirmou que o impossível havia acontecido – que o olho estava completamente curado. Contei a ele sobre o dr. Lang e li a mensagem que me havia sido ditada. O oculista olhou-me com as sobrancelhas erguidas e disse: 'Bem, naturalmente a senhora nunca mais sentiu a vista turva.' Respondi: 'Não, nunca mais', e ele não disse mais nada, nem naquela ocasião nem posteriormente, sempre que vou consultá-lo a cada ano. Tenho pensado freqüentemente que foi uma pena ele não ter me respondido de alguma maneira, porque acho que o dr. Lang teria gostado que ele tivesse se interessado pelo assunto.

"Passaram-se quatro anos e, durante esse período, recebi um tratamento à distância ministrado pelo dr. Lang. Eu havia sofrido de artrite, principalmente nas mãos e nos joelhos, de asma e de febre alérgica. Senti muito alívio com esse tratamento, mas no ano passado tive problemas com bronquite, asma, febre alérgica, sinusite, gripe e todas as suas conseqüências – tudo de uma vez. Decidi procurar o dr. Lang novamente e marquei uma consulta para o dia 12 de junho de 1963. Mais uma vez eu não disse exatamente o que havia de errado comigo. Escrevi apenas que desejava ir vê-lo.

"Quando entrei no consultório, o dr. Lang falou: 'Boa tarde, sra. Harris; estou contente por vê-la novamente.' Quase imediatamente, acrescentou: 'Sei que a senhora está cheia de catarro, tanto na cabeça como no peito.' Bem, fiquei aturdida e tudo o que pude dizer foi: 'Por isso é que vim consultá-lo.'

"O dr. Lang pediu que eu me deitasse no sofá e trabalhou no meu pulmão esquerdo, que era sempre o primeiro a ficar cheio de catarro. Podia sentir como aquela sensação viscosa, como ele a chamava, ia desaparecendo. Ele estalava os dedos e pedia para me aplicar algumas injeções – não me lembro como ele as chamava, e eu quase sentia as injeções sendo aplicadas. 'Isso vai aliviá-la', disse-me ele. E estava totalmente certo. Até aquele momento eu tinha sido obrigada a respirar pela boca e sentia uma pressão como se tivesse um vergão apertado contra a minha fronte, impedindo a respiração pelo nariz, mas ele conseguiu remover tudo isso. Foi extraordinário o modo como ele conseguiu me aliviar tão rapidamente.

"Depois da operação e do tratamento, o dr. Lang me explicou que não poderia curar a asma e a febre alérgica, ou evitar os acessos dessas enfermidades. O máximo que poderia fazer seria mantê-las sob controle, continuando a ministrar-me um tratamento à distância. Isso vem sendo feito, e sem dúvida, tem me ajudado muito.

"Não voltei a ver o dr. Lang desde junho de 1963. O tratamento à distância vem mantendo a artrite, a asma e a febre alérgica sob controle. No entanto, no que diz respeito à minha visão e ao excesso de peso, nunca mais tive nenhum problema desde que ele realizou as operações espirituais naquela inesquecível tarde de junho de 1959."

Capítulo 24

A CURA DE UM EX-MEMBRO DO PARLAMENTO

O caso do sr. Norman Bower, um bacharel – advogado não-praticante e ex-membro do Parlamento pelo Partido Conservador por Harrow West – é notável pelo fato de ele ter sofrido de problemas no fígado e de colite crônica durante quase trinta e cinco anos. Foi o seu estado de saúde que o obrigou a abandonar a carreira política. Ele ouviu falar do dr. Lang, numa época em que ele necessitava mais urgentemente de ajuda, e decidiu ir a Aylesbury. O dr. Lang realizou uma operação indolor no seu corpo espiritual e, como resultado disso e do subseqüente tratamento, o sr. Bower ficou totalmente curado de suas enfermidades no prazo de dez meses.

George Chapman mencionou o caso do sr. Bower quando estávamos conversando no verão de 1964 e disse-me que o ex-paciente poderia estar disposto a me fornecer detalhes acerca da sua experiência. Entrei em contato com o sr. Bower e poucos dias depois fui convidado a ir ao seu apartamento em Mayfair, Londres. Minha primeira sensação ao encontrá-lo foi a de que ele era um homem muito instruído, alegre e com um modo de pensar bastante racional.

Norman Bower nasceu em 1907, em Hampstead, filho de um próspero homem de negócios. Foi educado em Rugby e Oxford.

"Desde, aproximadamente, a época em que tinha vinte anos, eu sofria do fígado", disse-me ele. "Para ser franco, eu não sabia que diabo havia de errado comigo, até que conheci um médico no sul da França, numa ocasião em que me encontrava visitando minha mãe que havia ido passar o inverno naquela região. Bem, eu estava conversando com aquele senhor, contando-lhe como eu me sentia e tudo o mais, e ele me disse que o meu fígado estava hipertrofiado e que eu devia fazer uma dieta. Não deveria comer frituras, deveria evitar o álcool, exceto vinho tinto, e não tocar em ovos, massas, chocolates etc.

"Devo admitir que, enquanto seguia essa dieta, sentia-me bastante bem, mas quando, por qualquer motivo, saía dela, ficava outra vez doente. Naturalmente, naquela idade, a pessoa tende a esquecer os conselhos médicos. Receio ter agido dessa forma pois, na realidade, um ano depois tornei-me, de fato, muito negligente. Esqueci tudo o que me havia sido dito e não seguia, de maneira nenhuma, as instruções. Mas, por Deus, paguei pela minha estupidez. Sofri novamente de ataques verdadeiramente desagradáveis."

O sr. Bower estudou direito e, embora tenha se tornado um advogado, jamais exerceu a profissão, tendo, em vez disso, entrado no mundo dos negócios. Seu interesse pela política surgiu desde a época em que ele cursava Rugby e Oxford. Era um assunto que estava sempre presente na sua mente. "Mas havia o problema de conseguir uma oportunidade, e isso nem sempre é fácil. Leva tempo até que alguém que não tenha prestígio pessoal a consiga, e eu não tinha nenhum. Meu pai não tinha ligações políticas e as questões partidárias não o atraíam. Bem, eu simplesmente enveredei por esse caminho da maneira que conhecia. Em Oxford, eu havia tomado parte em várias atividades políticas com algum entusiasmo, e fizera alguns discursos no diretório estudantil e em outras reuniões. Quando saí da universidade, inscrevi-me no Partido Conservador, no seu escritório central em Londres. Nessa ocasião, eu havia decidido que esse era o partido ao qual eu queria pertencer. Tive o meu nome inscrito na sua lista de candidatos. Finalmente, fui colocado numa lista menor, e não me lembro quantas vezes tentei ser indicado como candidato. Eu costumava percorrer todo o país, tentando vários distritos eleitorais, mas fui rejeitado inúmeras vezes.

"Por fim, surgiu uma oportunidade de disputar, quase sem esperanças, uma cadeira no Parlamento nas eleições gerais de 1931. Fui derrotado, e mais uma vez, em 1935, em iguais circunstâncias. Mas não havia me saído muito mal, não de todo mal."

Quando a II Guerra Mundial irrompeu, as campanhas políticas foram interrompidas. A eclosão da guerra também provocou o encerramento das bem-sucedidas atividades do empreendimento comercial do sr. Bower, e ele se alistou no exército.

"Nessa ocasião, praticamente tirei a política do pensamento", continuou o sr. Bower. "Então, por um acaso extraordinário, foi feita uma eleição suplementar em Harrow durante a guerra, e o meu pedido de candidatura foi aceito. Minha sorte política havia mudado. Eu tinha experiência do processo eleitoral, tendo disputado eleições anteriores; tinha muitos conhecimentos e perspicácia política, e isso agradava aos membros do partido. Eu estava na idade certa – trinta e quatro anos. Eles gostaram muito de ter um candidato que estava no exército. E foi assim que me tornei membro do Parlamento pelo Partido Conservador."

As atividades do sr. Bower como membro do Parlamento por Harrow West pareciam indicar uma proeminente carreira política. Ele não era apenas estimado e respeitado por seus colegas da Câmara dos Comuns, mas tornou-se amigo pessoal de Winston Churchill. Porém a escalada de Norman Bower para uma posição política mais elevada foi prematuramente interrompida.

"Foi a colite crônica que finalmente me obrigou a encerrar minha carreira política", lembrou o sr. Bower com tristeza. "Essa incômoda e grave doença afetava a tal ponto minha saúde que tanto o meu médico como o especialista advertiram-me que a recuperação seria improvável, a menos que eu levasse uma vida menos cansativa. E o especialista também me avisou que a enfermidade estava parcialmente agravada pelo meu estado de nervos, sendo assim imperativo que eu levasse uma vida muito tranqüila se quisesse evitar problemas ainda mais sérios. Dessa forma, não tive outra alternativa senão renunciar à minha cadeira na Casa dos Comuns."

Nem antibióticos nem qualquer outro tratamento melhoraram a saúde de Norman Bower e, quase no fim do ano de 1961, ele começou a sofrer de um tipo doloroso de dilatação do estômago após as refeições. Temendo que isso pudesse ser um sinal de piora de alguma outra doença grave, ele consultou seu médico e foi avisado de que, se não fosse feita uma radiografia, não seria possível realizar qualquer diagnóstico. Antes que isso fosse feito, o médico decidiu tentar uma série de comprimidos, mas eles não serviram de nada.

O sr. Bower via o exame iminente com alguma apreensão. Ele já tivera uma experiência anterior com o bário – o sulfato em pó que o paciente tinha de tomar em forma liquefeita antes da radiografia interna.

"É um negócio terrível", lembrou o sr. Bower. "E eu temia que aquilo me fizesse sentir dez vezes pior. Estava apavorado.

"Felizmente, a srta. Yeatman da Faculdade de Ciências Psíquicas, nesse meio tempo, falou-me do dr. Lang e do sr. Chapman, e pensei que gostaria de ir consultá-los. Estava quase desesperado e tinha uma grande esperança de que o tratamento espiritual pudesse me curar."

No dia 20 de fevereiro de 1962, o sr. Bower escreveu a George Chapman solicitando uma consulta com o dr. Lang. Ele foi particularmente cuidadoso em não revelar qualquer detalhe sobre o seu estado de saúde e apenas afirmou: "Sinto-me muito indisposto. Meu médico sugeriu um tipo de exame que desejo evitar. Devido à minha séria situação, ficaria muito grato se a consulta fosse marcada para breve." George Chapman marcou o dia 27 de fevereiro para que o sr. Bower fosse atendido pelo dr. Lang.

Eis como o sr. Bower descreveu sua visita a Aylesbury:

"Quando entrei no consultório, não estava preparado para o que encontrei. Pensava que iria encontrar o sr. Chapman em primeiro lugar e fiquei surpreso ao ver que ele já estava em transe. Achei isso muito estranho. Eu havia visto sua fotografia, mas ela não tinha qualquer semelhança com ele. Sabia que o sr. Chapman tinha cerca de quarenta anos, mas o cavalheiro que estava à minha frente era, inequivocamente, um homem idoso.

"Ficou então evidente que eu me encontrava na presença do dr. Lang. Ele me cumprimentou e apresentou-se. Falou-me sobre o hospital de Middlesex e Moorfields, de uma maneira que eu imagino que um médico das eras vitoriana e eduardiana falaria. Eu estava realmente surpreso.

"Notei que seus olhos estavam fechados e isso me pareceu esquisito. Não obstante, ele era capaz de caminhar pela sala sem nenhuma dificuldade, evitando tudo o que estava em seu caminho. Perguntou qual era a minha idade e, quando eu lhe disse, observou que eu parecia mais jovem.

"Contou-me muitas coisas sobre si mesmo e sobre o seu filho Basil, que também tinha sido um cirurgião. Ele disse que Basil agora o ajudava nas suas operações espirituais. Então começou por examinar os meus óculos e observou: 'Meu Deus, não fazem mais óculos grandes atualmente.' Na sua época, imagino, os óculos não tinham aros ou tinham armações de prata ou de ouro.

"Passou as mãos acima dos meus olhos – gentilmente, sem realmente tocá-los – e disse-me imediatamente que o fluido do fundo dos meus olhos havia se turvado há alguns anos, quando eu levantara alguma coisa muito pesada e que, desde então, eu via periodicamente pontos negros flutuando na frente dos meus olhos. Isso, na verdade, não prejudicava a minha visão. Naturalmente, *eu* sabia disso. Mas como é que ele sabia? Não acho que isso pudesse ter ocorrido por telepatia, pois não existia nada que estivesse mais distante do meu pensamento. Eu tinha ido buscar ajuda por outra razão e, com certeza, não estava preocupado com os meus olhos.

"Depois, ele passou as mãos de cima abaixo por sobre o meu corpo totalmente vestido, e de imediato começou a falar sobre a minha doença. Mencionou os diversos sintomas que eu apresentava e explicou como eles afetavam cada órgão. Esses sintomas naturalmente me eram familiares e pensei que o conhecimento deles pudesse ter sido obtido por intermédio de telepatia. Mas aconteceu uma coisa que finalmente me convenceu de que *não* tinha havido telepatia. Foram os termos 'divertículo intestinal' e 'diverticulose' que ele teve a preocupação de soletrar para mim. Posso jurar definitivamente que nunca os tinha ouvido antes e, conseqüentemente, eles não podiam estar em minha mente. Mais tarde, perguntei a um médico se ele já ouvira essas palavras e ele me confirmou que as conhecia.

"Contei ao dr. Lang que o meu médico estava querendo que eu fizesse um exame que eu desejava evitar, e ele replicou: 'Bem, a radiografia não vai revelar nada, porque a doença da qual o senhor está sofrendo não será revelada desse modo. Sem dúvida, vão querer que o senhor se submeta a uma operação exploratória. Exatamente como se o senhor não tivesse se submetido à radiografia.' Aceitei tudo o que ele dizia como perfeitamente razoável.

"O dr. Lang disse-me então que no passado eu havia tido uma hipertrofia no fígado, que agora estava provocando uma inflamação. Disse que iria realizar uma operação espiritual.

"Enquanto eu permanecia deitado no sofá, ele me disse: 'O meu filho Basil está aqui comigo – ele vai me ajudar', depois pediu diversos instrumentos. E cada vez que usava um deles, ele estalava os dedos. Imaginei que, quando ele fazia isso, estava de algum modo usando o instrumento, mas eu não sentia nada. Depois de cerca de cinco minutos, ele passou a fazer movimentos como se estivesse fazendo uma sutura.

"Disse então que já havia terminado e pediu para que eu me sentasse de novo na cadeira. Falou que iria me ministrar um tratamento à distância, mas disse que achava que o meu estado de saúde iria melhorar gradualmente. 'Penso que o senhor vai ficar totalmente curado', disse ele. 'Não será uma cura instantânea, mas tenho confiança de que o senhor está no caminho certo e que descobrirá que haverá uma melhora progressiva.'

"Ele me instruiu para que, por enquanto, fizesse uma dieta, e o que me receitou foi exatamente o mesmo regime que o meu médico francês havia sugerido há muitos anos. Pediu-me que escrevesse uma vez por mês, comunicando meu estado de saúde.

"Quando deixei o consultório do dr. Lang, ou do sr. Chapman, achei que não devia ter uma atitude hostil, ou cética, mas antes aceitar tudo naturalmente, pois só mais tarde poderia ser capaz de julgá-lo pelos resultados obtidos. Se eles se provassem positivos, eu teria a prova do raro poder do tratamento espiritual. Devo dizer, entretanto, que estava muito esperançoso quanto aos resultados, e em certo sentido grato porque – qualquer que seja a explicação desse fenômeno – me havia sido dada uma oportunidade de recuperação.

"Quanto mais eu pensava em minha visita a Aylesbury – e cogitava na possibilidade de o dr. Lang ser uma personalidade secundária do sr. Chapman, mais firme era a minha convicção de que, na verdade, eu tinha me encontrado com o velho médico. Eu estava certo de que gostaria de tê-lo como meu conselheiro médico. Ele era muito sincero e gentil e possuía um bom acervo de conhecimentos e experiência de medicina.

"Fui para casa e, na mesma noite, após o jantar, percebi uma ligeira melhora. Sentia que o problema estava, de alguma maneira, se resolvendo por si mesmo, como uma tempestade da qual estava me livrando. E a dilatação começou a diminuir. Era muito menos dolorosa do que tinha sido durante os meses anteriores."

O dr. Lang continuou a ministrar o tratamento à distância no sr. Bower, e quatro meses após a sua visita a Aylesbury, em 25 de junho, o paciente pôde escrever a seguinte carta:

"Tenho o prazer de comunicar uma melhora muito mais acentuada no meu estado de saúde, ocorrida durante o último mês. Tenho me sentido muito bem, cem por cento normal – melhor que em qualquer outra época, desde o início do problema no último mês de outubro. Acho que, se eu continuar a ter cuidado com a minha dieta, que é na verdade muito importante, minha recuperação está agora tão assegurada que o tratamento à distância não será mais necessário."

Em atenção ao desejo do sr. Bower, o tratamento foi interrompido, o que resultou na seguinte carta que o paciente escreveu a George Chapman no mês posterior:

"Acho que, talvez, o tratamento à distância que eu estava recebendo tenha sido interrompido prematuramente, antes que a minha recuperação estivesse completamente consolidada, pelo fato de não estar me sentindo muito bem durante este mês. Tenho sofrido, mais uma vez, de intermitentes acessos de prisão de ventre, o que provoca muitas dores e dilatação intestinal, embora em quantidade muito menor do que as que sentia quando de minha visita ao dr. Lang em fevereiro.

"O senhor não acha que a retomada do tratamento à distância por mais um período de, digamos, um mês ou dois poderia ser benéfica? Ou seria demais esperar que uma recuperação total e absoluta dessa doença fosse possível? Ficaria grato se me fosse possível obter a opinião do dr. Lang sobre o assunto."

A opinião de William Lang foi: "Essa doença pode ser curada totalmente", e recomendou o tratamento à distância. O sr. Bower, na carta seguinte, dirigia a George Chapman, escrita a 26 de agosto de 1962, dizia:

"Tenho o prazer de lhe comunicar que estou consideravelmente melhor, mais uma vez, desde o mês passado. Na maior parte do tempo sinto-me perfeitamente bem, mas ainda sofro algumas recaídas quando ocorre alguma irregularidade no funcionamento dos intestinos, o que, às vezes, é difícil de evitar. Entretanto, elas são, quase sempre, de curta duração, e os sintomas são muito menos graves do que costumavam ser.

"Acho que mais um mês de tratamento à distância poderá me colocar em condições que possam dispensá-lo definitivamente, sem que eu venha a sofrer de dores e recaídas mais graves. Estou verdadeiramente grato pela melhora que ocorreu no meu estado de saúde desde que visitei o dr. Lang, quando eu estava quase em desespero."

Um mês mais tarde, a 23 de setembro, o sr. Bower escreveu mais uma vez a George Chapman:

"Folgo em lhe dizer que, novamente, houve uma grande melhora em meu estado de saúde durante o último mês. Aproximadamente desde o dia em que lhe escrevi a última carta, meus intestinos vêm funcionando com muito mais facilidade e regularidade do que nos anos passados, o que me permitiu dispensar até mesmo os suaves laxantes e, em conseqüência, não ter mais sentido dilatação ou qualquer outra forma de incômodo intestinal.

"De fato, parece-me que voltei completamente ao meu estado de normalidade. Permita-me dizer, mais uma vez, como estou grato por tudo o que o dr. Lang tem feito por mim, desde o momento do seu notável diagnóstico até os efeitos maravilhosos do tratamento à distância. Parece-me que desta vez chegou a hora de o tratamento ser interrompido, mas deixo que vocês tomem essa decisão."

O dr. Lang, avisado por George Chapman do relato do sr. Bower, decidiu: "Sua enfermidade reagiu maravilhosamente bem, mas gostaria de mantê-lo sob observação por mais três meses." No entanto, o sr. Bower não foi avisado da decisão do dr. Lang e acreditou que o tratamento não estava mais sendo ministrado. Na verdade, quando falei com ele dois anos e meio depois da sua visita ao dr. Lang, ele me disse:

"A despeito do fato de o tratamento ter sido interrompido no início do outono de 1962, só fiquei completamente curado depois de mais três meses. Minha doença desapareceu e nunca mais tive qualquer problema."

O sr. Bower é verdadeiramente grato ao dr. Lang e a George Chapman pela cura indolor e completa. Diz que, se adoecer novamente, procurará de imediato George Chapman e o seu guia espiritual William Lang.

Capítulo 25

UM CIRURGIÃO DAQUI E UM CIRURGIÃO DE LÁ

Muitos dos que consideram fora de propósito a idéia da cura espiritual fazem-no baseados na total falta de conhecimento da sua importância. O preconceito talvez seja o mais comum dos defeitos humanos, tanto neste século como em épocas anteriores. Uma mente compreensiva é uma virtude rara.

É, portanto, reconfortante quando nos deparamos com um exemplo de julgamento lúcido, livre de todos os preconceitos, por parte de alguém que exerce uma profissão que tem sua quota de filisteus e de pessoas intransigentes. Esta história diz respeito a uma enfermeira e a um cirurgião da Harley Street. Ela é verdadeira em todos os seus detalhes e pode ser comprovada.

A enfermeira é a srta. Evelyn B. Habershon, de Lindfield, Sussex, e o cirurgião, o dr. Vincent Nesfield, membro do Real Colégio de Cirurgiões da Inglaterra e major reformado do exército.

Evelyn Habershon nasceu com astigmatismo e com um ponto cego no olho esquerdo. De início, parecia que o seu futuro estava ameaçado por causa da sua visão deficiente mas, com a ajuda de óculos, ela foi capaz de prosseguir nos estudos e, finalmente, diplomar-se como enfermeira. Então, em 1958, sua visão se deteriorou de modo alarmante. Um famoso ciurgião oftalmologista a advertiu: "Você tem uma catarata que deverá ser operada futuramente." A expectativa era que ela fosse operada daí a quatro anos mas, em 1962, a visão de Evelyn Habershon ficou tão deficiente que ela achou que algo deveria ser feito imediatamente.

"Tentei marcar uma consulta com o cirurgião oftalmologista ainda naquele ano, mas fiquei sabendo que ele só dispunha de uma data para me atender no início do ano seguinte.

"Já conhecia a fama do dr. Nesfield como um eminente oftalmologista; por isso, telefonei e marquei uma consulta com ele para o dia 15 de novembro de 1962. Quando me examinou, ele confirmou que eu sofria de astigmatismo e que tinha um ponto cego no olho esquerdo, e acrescentou: 'Você tem uma catarata em estado adiantado no olho direito e sinais de outra no olho esquerdo. É necessário operar. Posso fazer a cirurgia no final de dezembro. Você concorda?'

"O dr. Nesfield deve ter notado que eu tinha muito medo da operação, pois, quando fui vê-lo novamente, em dezembro, e ele me examinou mais uma vez, disse: 'Sabe? A operação não precisa ser feita de imediato. Vou viajar no fim de janeiro e proponho que a adiemos por algum tempo, para março ou abril, quando o tempo estiver mais quente. Eu lhe comunicarei. Enquanto isso, não precisa se preocupar.' E assim ficou combinado. Não é preciso dizer que fiquei muito contente com essa inesperada 'suspensão da execução da sentença'.

"Durante a ausência do dr. Nesfield, recebi tratamento espiritual ministrado pela sra. Catherine Sheppard, uma médium que fazia curas em sua casa. Na primeira semana de abril de 1963, notei que a catarata, de repente, começou a se desfazer e, como havia combinado com o dr. Nesfield, escrevi a ele perguntando se poderia ir vê-lo, pois achava que a catarata estava se desfazendo. Estivesse eu certa ou não, achava que isso estava acontecendo devido ao tratamento espiritual que estava recebendo. O dr. Nesfield havia dito que era uma catarata em estado avançado. Como enfermeira, eu tinha algum conhecimento do assunto e sabia que uma catarata não começaria a se desfazer por si mesma, exatamente como estava acontecendo.

"O dr. Nesfield marcou uma consulta para mim e, depois de examinar-me os olhos, disse que a catarata estava realmente desfeita. Ele disse simplesmente: 'A melhora de seus olhos deve-se a uma cura sobrenatural.' Eu não havia contado que estava recebendo tratamento espiritual. No entanto, ele fez essa afirmação sem qualquer hesitação.

"Pouco tempo depois, tomei conhecimento, através do *Psychic News*, do médico espiritual William Lang, que tinha sido um famoso cirurgião oftalmologista durante a sua existência. Senti que ele poderia ser capaz de me ajudar, até mesmo muito mais do que Catherine Sheppard que, àquela época, estava muito doente. Escrevi ao sr. Chapman solicitando uma consulta com o dr. Lang e fui para Aylesbury no dia 28 de maio de 1963.

"O dr. Lang imediatamente diagnosticou, com toda a precisão, qual era o meu problema apenas tocando de leve em meus olhos com os dedos. 'Você não necessita de uma operação física', disse ele. 'Assim, realizarei uma operação espiritual.' E foi o que ele fez. Eu podia ouvi-lo pedindo bisturis e outros instrumentos cirúrgicos a alguém a quem chamava Basil. Depois da operação, o dr. Lang perguntou se eu iria voltar para Lindfield no mesmo dia. Disse-lhe que ficaria num hotel em Aylesbury, porque temia que a longa viagem de trem, de volta para a minha casa, pudesse exigir um esforço muito grande de minha parte e desfizesse o que Deus havia feito em meu benefício através do médico. Ora, depois da operação eu me sentia extremamente cansada. O dr. Lang ficou muito satisfeito ao saber das minhas intenções e disse: 'Vá para a cama às nove horas, após fazer uma refeição ligeira, e eu irei visitá-la durante o tempo em que estiver dormindo para observar se há alguma coisa que precise ser colocada em ordem.'

"Quando saí da casa do sr. Chapman, fiquei surpreendida pela grande melhora que a operação espiritual havia provocado. Até então, eu só podia me locomover em táxis, por causa da névoa que flutuava diante dos meus olhos. Mas agora, subitamente, eu podia ver as coisas que me cercavam. Senti que poderia recomeçar a viver normalmente usando uma bengala, como antes. Naturalmente, usei de bom senso; tinha que ter cuidado com os degraus, mas eu *podia* ver. Depois disso, comecei a ir a Londres sozinha.

"Em junho – três semanas após haver consultado o dr. Lang, fui ver o dr. Nesfield. Confessei a ele que havia me submetido a uma operação espiritual e ele pareceu-me muito interessado. Examinou os meus olhos e disse ter descoberto uma melhora fenomenal, embora o centro, os cristalinos, ainda não estivessem límpidos. Mas repetiu que parte da catarata havia melhorado bastante. Naturalmente, ele sabia que eu não havia sofrido nenhuma operação física e repetiu o que havia dito dois meses antes: 'A melhora dos seus olhos deve-se a uma cura sobrenatural.' E também acrescentou: 'Sua visão no olho esquerdo aumentou muito.' Fiquei muito grata porque ele não se magoou pelo fato de eu haver me submetido ao tratamento e à cirurgia espiritual, e muito comovida pelo seu desejo de ajudar seus pacientes de todas as maneiras – mesmo quando algum deles fosse, às escondidas, procurar ajuda adicional junto a um médico espiritual."

A srta. Habershon viu novamente o dr. Lang em julho de 1963, quando ele realizou outras operações em seu corpo espiritual. Mais uma vez ocorreram melhoras em sua visão e, quando ela foi ver o dr. Nesfield posteriormente, ele confirmou esse fato.

Essas visitas alternadas ao médico espiritual e ao eminente especialista da Harley Street continuaram.

"Quando vi o dr. Lang mais uma vez em julho", contou-me a srta. Habershon, em novembro de 1964, "ele me disse que meus olhos haviam atingido então um grau de melhora realmente notável e que, por isso, requeriam lentes diferentes. 'Agora pode pedir ao dr. Nesfield para prescrever óculos para longe', disse ele, e pediu-me para transmitir ao seu 'colega', a quem ele muito considerava, uma mensagem: 'Diga ao dr. Nesfield que, quando ele receitar os óculos, leve em consideração o músculo *macabus*'. (Como eu nunca tinha ouvido este termo antes, ou soubesse o que ele significava, é improvável que eu tivesse inventado a mensagem.)

"Ora, coloque-se o senhor em minha posição: uma *enfermeira* devia transmitir a um *eminente cirurgião* um recado de um médico espiritual dizendo o que ele deveria fazer! Senti-me muito constrangida, mas eu devia transmitir o recado. Quando vi o dr. Nesfield, disse com um pouco de constrangimento: 'Tenho um recado do médico espiritual William Lang para o senhor. Posso apenas transmiti-lo, dr. Nesfield'. Honestamente, ele foi simplesmente maravilhoso. Disse que aqueles que são agora espíritos sabem mais do que nós. 'Os cirurgiões não aceitam o fato de que existem muito mais coisas que estão além da compreensão humana – eles podem saber disso, mas não o aceitam', disse ele. E quando examinou meus olhos e escreveu a receita de óculos novos, disse que o recado do dr. Lang fazia sentido e que estava fazendo tudo de acordo com ela.

"Quando vi o dr. Lang outra vez, em setembro, ele me disse que estava muito satisfeito com o progresso que eu havia feito e pediu-me para apresentar suas congratulações ao dr. Nesfield pelos óculos que este havia prescrito. No entanto, o dr. Nesfield estava viajando; assim, tive de dizer ao dr. Lang, quando o encontrei novamente em outubro, que o faria quando visse o dr. Nesfield mais uma vez, em novembro. Indaguei do dr. Lang se eu então poderia usar óculos para ler. 'Não, não quero que você os use ainda pois, no momento, isso poderia provocar um esforço excessivo', disse ele. 'Pergunte ao dr. Nesfield o que ele acha dessa idéia. Mas não se procupe, jovem; você não terá de usar os óculos que tem atualmente por muito mais tempo. Você irá usar óculos comuns no tempo apropriado.'

"Ao consultar o dr. Nesfield há alguns dias – 13 de novembro de 1964 – transmiti finalmente a mensagem do dr. Lang a respeito do bom trabalho que ele havia feito com os meus óculos. Ele sorriu reconhecido e, depois de examinar cuidadosamente meus olhos, disse que estava muito satisfeito com as minhas condições, que haviam melhorado muito desde que tinha me visto da última vez. E endossou tudo o que o dr. Lang havia dito. Ainda não estou usando óculos para ler. Mas não estou preocupada. Sei que, na hora oportuna, irei tê-los.

"Não encontro palavras para expressar minha gratidão ao poder de Deus e aos dois ilustres cirurgiões oftalmologistas que me ajudaram a ver novamente – o que significa que estou viva outra vez. E embora reconheça que o dr. Lang restituiu-me a visão através de suas inúmeras operações no meu corpo espiritual, estou igualmente consciente de como foram importantes para a minha recuperação a capacidade e a compreensão do dr. Nesfield. Foi ele quem prescreveu as lentes corretas para mim e quem cooperou com o seu 'colega' médico espiritual, William Lang."

Capítulo 26

UM REENCONTRO INESPERADO

A sra. Ethel J. Bailey, de Streatham Hill, conheceu o dr. William Lang na época em que ele era um clínico oftalmologista em Moorfields. E quando foi consultar o médico espiritual, no outono de 1963 em Aylesbury, não lhe restou qualquer dúvida de que se encontrava na presença do mesmo especialista.

Aqui estão as lembranças pessoais da sra. Bailey:

"Minha pálpebra direita tinha estado permanentemente fechada desde o nascimento, e todos os médicos a quem a minha mãe havia me levado disseram que isso seria corrigido quando eu crescesse ou que, se tal não acontecesse, eu poderia me submeter a uma pequena operação anos mais tarde para corrigi-lo.

"Em 1915, quando estava com vinte e um anos, fui com minha mãe a Moorfields, na esperança de que tivesse chegado a hora de ser feita a tão esperada cirurgia. Eu estava prestes a me casar e ansiosa para que pudesse ter a minha vista normalizada antes do casamento.

"Fui atendida pelo dr. Lang e, depois de me ter examinado, seu diagnóstico foi o de que não podia fazer muito pela pálpebra da 'criança' (ele chamou-me de 'criança') porque, explicou ele, a pálpebra poderia ficar permanentemente aberta. Decidimos pensar mais um pouco sobre o assunto, antes de decidir se eu me submeteria ou não à operação. Eu não desejava tomar uma decisão por mim mesma; assim, escrevi ao meu noivo, que se encontrava nas trincheiras da França, perguntando o que ele pensava sobre o assunto. Relembrarei sempre com ternura a carta que ele me escreveu em resposta. Ela terminava dizendo: 'Lembre-se Ethel, escolhi você como você é; portanto deixe as coisas como estão.'

Assim o fiz. Não havia me precipitado e estava feliz pelo fato de ser isso o que ele desejava.

"Anos mais tarde, fiquei interessada pelo espiritismo e pela cura sobrenatural. Então sofri um acidente de carro e fiquei gravemente ferida nas costas e nas pernas, a ponto de, por algum tempo, os médicos colocarem em dúvida a possibilidade de eu poder voltar a andar normalmente. Eu sempre fora muito ativa e, sentindo-me subitamente incapacitada de sair de casa e de viajar e, na maior parte do tempo, sentindo dores, minha saúde começou a definhar. Antes do acidente, eu tinha feito consultas ao sr. J. J. Thomas, um médium de transe que ministrava tratamentos, mas ele havia se mudado para Brighton e, tendo em vista minha situação, outras visitas estavam fora de cogitação. Felizmente, uma amiga sugeriu que eu fosse consultar a sra. Durrant – irmã do sr. Harry Edward – que morava perto de mim, em Streatham. Eu não podia andar, e, tendo de me utilizar de um táxi para onde quer que fosse, como o senhor pode imaginar, custava caro me locomover para lá e voltar. Mas valeu a pena, porque depois de algum tempo me foi possível realmente voltar a andar.

"Pareceu-me estranho o fato de nenhum dos médiuns ter falado acerca do meu olho 'preguiçoso' e da pálpebra permanentemente fechada, ou que os guias espirituais não tivessem achado que seria correto curar-me desse defeito. Mas um dia, em 1963, li sobre o dr. Lang, que trabalhava através da mediunidade de um sr. Chapman. Pensei que esse dr. Lang pudesse ser o falecido arcebispo de Canterbury e, talvez, irmão do *meu* dr. Lang de Moorfields. Assim, decidi que, na verdade, se ele pertencesse à família Lang eu gostaria de conhecê-lo e escrevi para o sr. Chapman solicitando uma consulta.

"Quando cheguei a Aylesbury e entrei no consultório, o sr. Chapman, que era naturalmente o dr. Lang, cumprimentou-me dizendo: 'Oh, vamos minha criança, já nos vimos antes.'

"Reconheci imediatamente sua voz e disse: 'Sim, senhor, já nos encontramos. Fui a Moorfields em 1915 e o senhor me disse que não podia fazer muito a respeito da minha pálpebra fechada. Foi a última vez que eu o encontrei.'

"Ele colocou o braço em volta dos meus ombros e falou: 'Oh, como você está crescida. Você era uma coisinha muito frágil quando nos encontramos. Com quantos anos você estava – vinte e um, vinte e dois?'

'Eu disse: 'Vinte e um'.

" 'Você pesava mais ou menos quarenta e cinco quilos, não era?'

"Repliquei: 'Bem, naquela época, eu tinha mais ou menos esse peso. Mas fiquei mais robusta desde que tive filhos.'

"Quanto mais conversávamos, mais certeza eu tinha de que o dr. Lang era a mesma pessoa que eu havia ido consultar com minha mãe em Moorfields. Eu o teria reconhecido apenas pelo modo de falar. E quando ele me mostrou as paredes ao redor do quarto, apontando as fotografias que o retratavam bem como ao seu filho Basil (que, naturalmente, estava vivo à época do nosso primeiro encontro) e os seus colegas, tive a sensação de que o tempo havia voltado e eu estava mais uma vez em Moorfields, falando com ele.

"O dr. Lang disse-me então que me deitasse no sofá, para que ele pudesse realizar uma operação no meu corpo espiritual, a qual, disse ele, iria corrigir a minha pálpebra. Ele chamou seu filho Basil para assisti-lo, pedindo-lhe instrumentos, e eu tive a estranha sensação de nem mesmo me encontrar presente, embora alguma coisa maravilhosa estivesse sendo feita em meu favor. E não senti nada. Apenas permaneci deitada e penso ter feito uma prece.

"Quando ele me disse que havia terminado a operação espiritual e que minha pálpebra estava em ordem, preparei-me para me levantar do sofá, mas ele me deteve e disse: 'Oh, não. Fique onde está, temos algo mais a fazer em seu benefício.' Então, fez outra operação – dessa vez em meu fígado. Quando tudo estava terminado, ele pediu que eu me levantasse e descansasse por alguns momentos na cadeira. E enquanto eu estava sentada à sua frente, descreveu em detalhes o vestido que eu usara no nosso primeiro encontro, a cor, o modelo e até os grandes botões, e depois falou de diversas coisas. Fiquei apenas ali sentada, pensando como era extraordinário o fato de o haver encontrado novamente após quarenta e oito anos e ainda com uma lembrança tão vívida dele.

"Quando saí para me encontrar com meu marido, que estava à minha espera, disse a ele: 'Bem, o que lhe pareço?' Ele fitou-me mas foi incapaz de dizer uma só palavra. Porém o nosso amigo Frank Hill, que tivera a bondade de nos trazer a Aylesbury em seu carro, disse: 'Graças a Deus, oh, graças a Deus!' Ora, a minha pálpebra estava aberta. Lembre-se que tinha estado permanentemente fechada, durante toda a minha vida – durante sessenta e nove anos! No entanto, desde o momento em que o dr. Lang realizou a operação espiritual, me foi possível abrir e fechar a minha pálpebra de uma maneira tão fácil como agora – como se nada tivesse acontecido de errado com ela.

"Isso, por si mesmo, seria uma coisa milagrosa, e por isso eu sou mais do que grata ao dr. Lang. Porém, o dr. Lang fez muito mais por mim. Ora, devido ao fato de a minha pálpebra ter estado fechada durante toda a minha vida, eu tinha pouca visão no meu olho direito – era o que chamavam de 'olho preguiçoso'. Mas o dr. Lang não apenas operou a minha pálpebra, como também cuidou da minha vista."

A sra. Bailey visitou o dr. Lang novamente para fazer um *check-up* na primavera de 1964.

"O dr. Lang estava muito satisfeito com o meu progresso. Ele decidiu fazer outra operação para melhorar ainda mais a visão do olho direito, e folgo em dizer que ele conseguiu fazer isso.

"Mais tarde, ele descobriu que um osso do meu polegar estava deslocado. Isso tinha me causado dores durante algum tempo, mas eu não o havia mencionado ao dr. Lang porque não queria ocupar mais o seu precioso tempo, principalmente pelo fato de achar que aquilo não era grave e que poderia facilmente voltar ao normal por si mesmo. De qualquer maneira, o dr. Lang realizou uma operação e o colocou na articulação. Depois, ele pediu que eu apertasse a sua mão para mostrar que tudo estava em ordem. Desde então, as tarefas domésticas, como passar o ferro e encerar, têm sido feitas com muito mais comodidade."

A sra. Bailey me disse que deveria ver o dr. Lang mais uma vez no dia 20 de novembro de 1964. Entrei em contato com ela, após essa visita a Aylesbury e ela me explicou:

"Quando vi o dr. Lang há uns vinte dias, ele estava muito satisfeito com a minha melhora desde o nosso último encontro, e realizou outras operações em meu olho outrora 'preguiçoso'.

"Posso dizer que, por causa disso, minha visão melhorou muito – na verdade, posso ler o que o senhor está escrevendo. Quando se sabe que, praticamente, eu não via nada com esse olho, penso que o senhor há de convir que o que o dr. Lang fez por mim foi alguma coisa absolutamente extraordinária."

Capítulo 27

UM HOMEM DA ALEMANHA OCIDENTAL

Seria errado pensar que as pessoas que vão a Aylesbury em busca de ajuda são apenas das regiões circunvizinhas. Quando eu estava trabalhando neste livro, deparei-me com um nome inconfundivelmente alemão, que constava dos registros de George Chapman. Muito mais por curiosidade do que por qualquer outro motivo, anotei o endereço e, embora o caso estivesse longe de ter terminado, decidi que ele merecia ser citado aqui, nem que fosse apenas para demonstrar que a fama do médico espiritual havia se espalhado para além do litoral da Grã-Bretanha.

Em 1938, quando estava com dezoito anos de idade, Alfred Prehl, um escriturário de Würzburg, na Alemanha Ocidental, notou que um inquietante tremor estava tomando conta do seu braço direito. Isso havia aparecido inesperadamente e ficava pior a cada dia. Ao fim de cinco anos, ele havia perdido quase completamente o uso dos principais músculos.

Durante esse período, *Herr* Prehl consultou diversos médicos. Foi atendido pelos famosos especialistas das clínicas das universidades de Würzburg e Freiburg, mas nenhum deles foi capaz de curá-lo. Não podiam compreender a natureza da doença.

"Tome medicamentos que contenham beladona e mantenha uma dieta de comidas naturais" – esse o resumo de todos os conselhos que ele recebeu. Mas isso não fez efeito e ele piorou. Com o passar dos anos, a perda do controle muscular por parte de Alfred Prehl tornou-se digna de pena. A II Guerra Mundial havia terminado, e por toda a Alemanha os destroços da guerra estavam sendo removidos. Mas a saúde de Alfred Prehl piorava cada vez mais. Estava com quarenta e cinco anos quando um especialista lhe disse sem rodeios: "Como um homem normal, o senhor está acabado. Nunca voltará a andar normalmente."

Outras complicações apareceram no outono de 1963. *Herr* Prehl começou a sofrer de intensas dores nas partes baixas do corpo e a evacuar sangue. Em abril de 1964, a dor aumentou a tal ponto que um especialista o internou numa clínica urológica, onde uma radiografia revelou que ele tinha cálculos renais. Foi-lhe ministrado o tratamento ortodoxo para essa doença, purgativos e infusões, e uma alça intestinal foi também obstruída. No entanto, ele não reagiu e a persistência da cólica renal era tão dolorosa que passaram a ministrar-lhe drogas para aliviar a dor.

Nessa época, *Herr* Prehl leu na *Die Andere Welt*, uma revista alemã, um relato das atividades de George Chapman e do seu guia espiritual, dr. Lang. Ficou impressionado e começou a pensar na possibilidade de consultar o médico espiritual. Porém, perguntava a si mesmo se seria razoável gastar tanto dinheiro em uma viagem que poderia dar em nada. O que tornava a questão ainda mais difícil era o fato de que, durante os últimos vinte e cinco anos, sua enfermidade o havia impedido de trabalhar e incapacitava-o de viajar a qualquer lugar, a menos que a esposa o acompanhasse. Finalmente, *Herr* e *Frau* Prehl decidiram empreender a viagem juntos e, a 15 de setembro de 1964, embarcaram num avião para a Inglaterra.

Quando eu soube da visita do casal a Aylesbury, fiquei ansioso para descobrir o que lhes havia dado confiança para admitir que o dr. Lang seria capaz de ajudá-los. Por isso, entrei em contato com *Herr* Prehl, em sua casa em Würzburg, e ele gentilmente forneceu-me as informações que eu havia solicitado.*

"Eu sabia que nenhum médico poderia me ajudar; assim, quando li sobre o dr. Lang e o sr. Chapman, senti um irresistível desejo de descobrir se esses cavalheiros podiam fazer por mim o que se dizia haverem feito por outras pessoas", contou-me *Herr* Prehl.

"Calculei que a viagem de avião e a estada na Inglaterra iria nos custar cerca de mil marcos (da Alemanha Ocidental) – uma imensa quantia para alguém na minha situação. Ora, devido à minha enfermidade, fui obrigado a interromper meu trabalho como escriturário e vivíamos

* Todas as perguntas e respostas foram feitas em alemão e estão corretamente traduzidas.

dos salários de minha esposa, que é enfermeira-chefe de um hospital. Mas o que não faria um homem para readquirir a sua saúde perdida, embora parcialmente? Minha esposa revelou grande compreensão e isso tornou mais fácil a minha decisão para viajar até Aylesbury.

"Chegamos à casa do sr. Chapman no dia 15 de setembro. No momento um outro paciente estava justamente indo embora de automóvel. Como havíamos ido até lá, sem marcar consulta, minha visita foi uma surpresa para o sr. Chapman, que já havia saído de transe, pois pensava que o seu trabalho já havia terminado naquele dia. Não obstante, ele se mostrou disposto a me aceitar como paciente e nos convidou a entrar da maneira mais cordial.

"Depois de uma rápida conversa na sala de consultas, ele nos disse que iria entrar em transe. Sentou-se confortavelmente numa cadeira à minha frente, com os olhos fechados e, recostando a cabeça como se fosse adormecer, permaneceu assim por algum tempo. Então apresentou-se como o dr. Lang. Seu modo de falar era agora mais difícil de entender do que quando ele estava em seu estado normal. Penso que eu deveria ter comunicado que o meu conhecimento da língua inglesa é um tanto limitado e, naturalmente, não entendia todas as palavras que ele dizia.

"Quando começou a falar com minha esposa, disse-lhe que ela era uma enfermeira-chefe de um hospital e o dr. Lang, incorporado no sr. Chapman, pareceu muito satisfeito em conhecê-la e dirigiu-se a ela para cumprimentá-la cordialmente. Seu comportamento era muito diferente daquele que o sr. Chapman havia mantido durante o seu estado de vigília. Mais antiquado, mais ponderado e fora de moda.

"O dr. Lang me examinou e fez o seu diagnóstico. Não sou um homem com conhecimentos médicos, e o que eu sei da língua inglesa é insuficiente para entender tudo corretamente. Mas, pelo fato de considerar seu diagnóstico muito importante, perguntei se ele poderia confirmá-lo por escrito, para que eu pudesse ter a certeza de haver entendido tudo da maneira correta. Ele concordou, foi até o ditafone que estava sobre a sua escrivaninha e gravou exatamente aquilo que ele julgava estar me prejudicando e quais as suas causas. Seu diagnóstico, que o sr. Chapman me enviou três semanas mais tarde, foi o seguinte: 'Infecção virótica na primeira infância. Isso provocou uma esclerose disseminada que se espalhou lentamente, transformando-se em placas de degeneração na substância branca do cérebro.'

"Ainda em transe, o sr. Chapman pediu que eu me deitasse no sofá que estava próximo à parede, para que pudesse começar a ministrar o tratamento. Durante quase quinze minutos ele cuidou de mim. As mãos do sr. Chapman passavam acima e ao longo do meu corpo, da cabeça aos pés. Voltava várias vezes para cuidar do meu abdome porque ele, obviamente, achava que esse local necessitava de um tratamento adicional.

"Isso era surpreendente, pois ele continuava a dar mais atenção àquela parte do corpo onde eu vinha tendo as cólicas mais violentas e dolorosas. Eu não havia dito absolutamente nada sobre essas dores, nem tampouco a minha esposa o fizera. Na verdade, as considerávamos de muito menor importância do que a outra enfermidade da qual eu vinha sofrendo e que fora o motivo da nossa viagem à Inglaterra. Assim, como disse, nada sobre aquelas dores fora mencionado ao sr. Chapman.

"Quando acabou de tratar do meu corpo, o dr. Lang pediu que eu me sentasse no sofá e cuidou da minha coluna vertebral da mesma maneira que descrevi anteriormente – mais uma vez sem me tocar. Ele me disse, mais tarde, que havia realizado uma operação no meu corpo espiritual. Não senti nada, mas naquela época, devo dizer, devido à paralisia, o meu corpo estava um tanto insensível.

"Não posso dizer que senti uma melhora imediata quando saí do consultório naquele dia. Mas, dentro de poucas horas, a diferença era visível. Eu podia caminhar com mais confiança e com maior resistência do que em qualquer outra ocasião durante os últimos doze meses, mais ou menos. E depois de nosso retorno à Alemanha, a melhora continuou. Porém, dez dias após a minha visita a Aylesbury, sofri uma súbita e violenta cólica, provocada por cálculos renais e escrevi novamente ao sr. Chapman pedindo-lhe que informasse o dr. Lang do meu inesperado problema. Poucos dias depois, o cálculo deixou o ureter e foi para o bexiga!

"Ora, pensei, da mesma forma que o meu médico, um cálculo renal na bexiga não causaria nenhum outro problema e que, finalmente, me veria livre dele. Mas esse cálculo em particular era, provavelmente, demasiado grande para que a bexiga o expulsasse sem problemas. Por isso, cada vez que eu urinava, sofria dores agudas.

"Cerca de quinze dias depois, escrevi mais uma vez ao sr. Chapman comunicando a minha situação. Dentro de poucos dias, o cálculo renal saiu prontamente da bexiga! Ficamos espantados com seu tamanho e formato – tinha aproximadamente quinze milímetros por cinco e as bordas afiadas. Eu o guardo como lembrança! A melhora constante da doença principal continua até hoje."

Passaram-se apenas três meses desde a ocasião em que *Herr* Prehl recebeu o primeiro tratamento do dr. Lang e até que ele me fornecesse as informações pedidas. Tendo em vista a gravidade da sua doença, e o fato de, ao tempo em que eu estava escrevendo este livro, ele haver estado sob os cuidados do dr. Lang há tão pouco tempo, não obstante com muito sucesso, mantive-me em contato com *Herr* Prehl. Seus freqüentes relatos registravam uma cadeia ininterrupta de sucessos: sua saúde melhorava a cada dia, embora ele estivesse ainda longe de ser considerado um homem saudável.

Um ano depois de haver realizado a primeira série de operações no corpo espiritual de *Herr* Prehl, o dr. Lang achou que era tempo de o paciente se submeter a outro tratamento por contato em Aylesbury. Embora isso significasse mais ou menos outras 100 libras esterlinas para as despesas de viagem (com as quais *Herr* Prehl mal podia arcar), o alemão e sua esposa, não obstante, decidiram voar para a Inglaterra. A melhora das condições gerais de *Herr* Prehl haviam sido tão marcantes que eles acreditavam que outras operações espirituais poderiam significar apenas mais um progresso considerável. E quando *Herr* Prehl me informou sobre a sua decisão para ver o dr. Lang, perguntou-me se eu poderia estar presente – para ver por mim mesmo o que estava acontecendo e para, ao mesmo tempo, servir de intérprete. O conhecimento de inglês de *Herr* Prehl ainda era pobre e, naturalmente, ele queria saber de *tudo* o que o dr. Lang tinha para dizer.

No dia 29 de novembro de 1965, conheci *Herr* e *Frau* Prehl na casa de George Chapman em Aylesbury. Alfred Prehl ainda era um inválido. Sua voz estava apenas um pouco menos fraca do que há um ano; suas mãos ainda não podiam apertar as minhas com firmeza; e ele ainda caminhava com certa dificuldade. Pelos seus relatos escritos eu imaginava que o seu estado de saúde fosse muito melhor do que, de fato, se apresentava. Conhecendo sua situação financeira, observei: "Estou surpreso pelo fato de haverem empreendido essa dispendiosa e cansativa viagem à Inglaterra."

Ele disse: "Não entendo por quê."

"Bem, não me parece que sua melhora seja tão grande como tudo o que. . ."

"Mas *é*!" – disse ele, enfaticamente. "Para um observador exterior, pode parecer que não é uma grande melhora, pois ainda pareço um inválido. Mas *eu* sei como fiquei muito mais forte durante o ano que passou. E se o dr. Lang conseguir provocar uma melhora adicional semelhante, então todas as despesas e o esforço físico terão valido mais do que a pena."

Quando entramos na sala de consultas do dr. Lang, ele nos cumprimentou com sua costumeira cordialidade. Imediatamente começou a examinar *Herr* Prehl e, dentro de minutos, estava dizendo: "Estou muito satisfeito com a sua melhora, jovem. Você reagiu admiravelmente ao tratamento."

Depois, realizou com os seus colegas e assistentes invisíveis algumas operações no corpo espiritual de *Herr* Prehl, mantendo *Frau* Prehl e a mim informados do que estava fazendo.

Quando a última operação terminou, *Herr* Prehl perguntou: "O senhor acha que eu vou melhorar, dr. Lang?"

"Você *vai* ficar curado", replicou o médico espiritual com firme convicção. "Devido à gravidade da sua doença e ao fato de você ter me consultado com certo atraso, vai levar algum tempo antes que fique curado da sua enfermidade, mas posso lhe prometer que você voltará a ser normal – desde que você *não* desista e continue *realmente* a cooperar comigo."

Lágrimas de gratidão e de felicidade desceram pela face de *Herr* Prehl. "O senhor pode ter a certeza de que não vou desistir", murmurou ele.

O dr. Lang demonstrou então de que modo e onde *Frau* Prehl deveria massagear o esposo, o tipo de exercícios que *Herr* Prehl deveria fazer diariamente e disse-lhe qual a alimentação que deveria seguir.

"Ele não come quase nada", interrompeu *Frau* Prehl. "Não me dá ouvidos quando digo que ele deve fazer refeições apropriadas, e insiste que não pode comer nada mais do que algumas fatias de pão seco por dia. . ."

"É imperativo que mantenha o seu corpo físico bem nutrido", disse-lhe Lang, "porque, se isso não for feito, a energia que estou colocando no seu corpo espiritual não pode se transferir eficientemente para o seu corpo físico. Você tem de compreender isso e seguir os meus conselhos, se quiser ficar bom."

"Oh, eu o farei, eu o farei", murmurou *Herr* Prehl.

"Prometo-lhe, dr. Lang, que cuidarei para que o meu esposo faça *tudo* o que o senhor quiser", garantiu *Frau* Prehl.

"Continuarei a visitá-lo enquanto estiver dormindo, jovem, e dentro de um mês você vai ver que se sentirá muito melhor", disse o dr. Lang ao final da consulta. "Espero que façam uma viagem agradável para a Alemanha – na verdade, sei que farão uma boa viagem para casa."

Dez dias após sua visita a Aylesbury, *Herr* Prehl entrou em contato comigo e disse estar experimentando uma sensível melhora. Na época em que este livro estava em provas e pronto para ser impresso (em janeiro de 1966), ele me forneceu os últimos detalhes atualizados sobre si mesmo:

"Minha esposa cumpre religiosamente as instruções do dr. Lang e massageia a minha coluna vertebral exatamente como ele demonstrou; faço todos os exercícios que o dr. Lang me recomendou; e também estou me alimentando bem.

"A melhora das minhas condições durante os últimos dois meses é muito maior do que a que experimentei durante o ano entre as minhas duas consultas com o dr. Lang. Sinto-me muito mais forte e capaz de usar os meus membros muito mais facilmente do que quando nos conhecemos em Aylesbury, no dia 29 de setembro de 1965. Minha gratidão e a da minha esposa ao dr. Lang e ao sr. George Chapman é demasiado grande e profunda para que possa ser expressa adequadamente em palavras. Esse bondoso médico espiritual já conseguiu um milagre, pelo fato de já ter me possibilitado viajar, ao passo que os outros médicos e especialistas sob cujos cuidados estive deixaram absolutamente claro que não poderiam me ajudar."

Capítulo 28

"... E NÃO HAVERÁ MAIS MORTE, NEM PRANTO, NEM CLAMOR..."*

Jonathan Bell estava com cinco anos de idade e tinha tanta vivacidade quanto qualquer criança dessa idade. A família morava em Worksop e, para o sr. e a sra. Bell, embora só dissessem isso um ao outro, nunca houvera uma criança igual a Jonathan.

Quando eles o viam brincando com os amigos, ou fitavam o seu rosto sujo, travesso e brincalhão, após uma diabrura, se olhavam de uma forma significativa. Eles o tinham visto crescer desde o nascimento: tinham se encantado com o aparecimento do seu primeiro dente, que se projetava da gengiva como um pequeno e branco monumento; e tinham abraçado e acariciado o menino quando ele deu seus primeiros passos. E, à medida que ele se transformava num garoto estouvado, estavam ao seu lado, como observadores protetores e orgulhosos. A extraordinária felicidade que esse filho único proporcionava aos Bells durou até o verão de 1964.

Foi então que eles começaram a ficar um pouco preocupados mas não alarmados. Nessa ocasião, foi difícil notar a mudança que lentamente se operava no seu filho. Certo dia, ele brincou com menos animação do que em outras ocasiões. Mas crianças são criaturas sujeitas a uma variada disposição de espírito e a caprichos. Talvez ele estivesse extenuado, como costuma acontecer com crianças travessas.

No dia seguinte, Jonathan Bell ainda estava cansado. Mas nunca se pode saber o que ocorre com uma criança. Dentro de um ou dois dias, ele poderia estar mais uma vez com o mesmo ânimo.

* Apocalipse de S. João.

Jonathan não readquiriu a alegria. Não queria sair de casa nem brincar; só queria ficar deitado. No dia em que o rosto do menino começou a inchar, os pais resolveram chamar um médico. Depois de examiná-lo, ele voltou-se para os pais e disse:

"Sr. e sra. Bell, temo que Jonathan esteja sofrendo de leucemia progressiva."

O que o médico disse depois os pais mal puderam escutar. Eles sabiam o bastante sobre leucemia para compreender que a pessoa que a contraísse estaria ameaçada por uma doença fatal. De vez em quando, eles haviam lido os pungentes relatórios sobre crianças que haviam sido "condenadas à morte" por essa doença. E, agora, ela havia atingido a eles mesmos, os Bells, e ao seu filhinho Jonathan.

O médico quis se certificar do seu diagnóstico e solicitou um exame de sangue e uma segunda opinião por parte de um especialista.

O menino foi levado ao Kilton Hill Hospital, onde o diagnóstico do médico foi confirmado. Era leucemia. A doença estava mais concentrada no líquido raquidiano e estava tão adiantada que deram ao menino apenas cerca de dois meses de vida.

O sr. e a sra. Bell ficaram desesperados e recusaram-se a aceitar a sentença de morte do seu garoto. Já haviam ocorrido erros em hospitais e, por isso, disseram a si mesmos que o diagnóstico poderia estar errado. Por que Jonathan tinha de morrer? Ele sempre havia sido saudável e cheio de vida. Era inadmissível que, agora, ele lhes fosse arrebatado. Tinham ouvido falar de um famoso hospital para crianças doentes na Great Ormond Street, em Londres. Ali, eles esperavam que talvez os médicos pudessem provar o erro do hospital local. Ou, se o menino tivesse leucemia, quem sabe, descobrissem que ela estava apenas no estágio inicial e fossem capazes de curá-la.

Jonathan foi levado para o famoso hospital. Mas o veredito foi o mesmo:

Leucemia em estado avançado.

Deram ao casal comprimidos que Jonathan deveria tomar diariamente e a família retornou a Worksop. Ficou combinado que a criança seria examinada posteriormente.

De volta à casa, os pais cuidaram com carinho do filho que estava morrendo. Nas poucas semanas que restavam, sabiam eles, veriam o declínio das suas energias. Por isso, queriam estar com o filho durante todas as preciosas horas que lhe sobravam. Se houvesse alguma coisa que a criança desejasse, fariam tudo o que pudessem a fim de satisfazê-la.

No seu desespero, passaram por períodos nos quais rejeitavam a cruel verdade, esperando que a tragédia que havia invadido o seu lar pudesse desaparecer por si mesma. Oravam por um milagre. Seria pedir demais, que aquela minúscula vida fosse poupada? Mas quando outras visitas ao hospital de Londres convenceram os pais de que nada poderia ser feito por Jonathan, decidiram que tudo o que lhes restava era tentar mantê-lo feliz – até o fim.

Era essa a situação quando o sr. e a sra. Rose, amigos dos Bells que moravam em Birmingham, fizeram uma tímida sugestão a eles. O sr. e a sra. Rose estavam profundamente comovidos com a tristeza dos seus amigos de Worksop, e pensavam no que ainda estava por vir. Os Roses conheciam William Lang e o seu médium George Chapman. Eles estavam a par de algumas das surpreendentes curas bem-sucedidas que haviam sido realizadas na casa chamada St. Brides e no Centro de Tratamento de Birmingham. Mas, mesmo assim, foi com certa relutância que sugeriram aos Bells que Jonathan ainda poderia ser salvo pelo médico espiritual. Era uma relutância nascida do conhecimento da desconfiança que muitas pessoas sentem com relação a qualquer coisa que diga respeito à cura espiritual. Em circunstâncias *normais*, os Bells jamais admitiriam aproximar-se de um médico espiritual. Estavam longe de acreditar que alguma coisa que não fosse a prática médica pudesse ter valor. Mas, o que tinham a perder? Seu filho estava morrendo. Essa era a cruel verdade. No sábado, 19 de dezembro de 1964, o sr. Rose levou Jonathan para ser examinado pelo dr. Lang no Centro de Tratamento. O menino, naturalmente, era muito jovem para compreender o propósito da visita. Pelo que sabia, estava indo ver outro médico, um dos muitos que o haviam examinado, que pareciam sizudos, tomavam notas e falavam em voz baixa com mamãe e papai.

Quando Lang examinou Jonathan, confirmou que ele estava com leucemia em estado avançado e disse que a doença estava praticamente concentrada no líquido raquidiano. Disse então ao sr. Rose que precisava operar a fim de ajudar o menino.

William Lang operou o fígado de Johathan e abriu totalmente a válvula do coração para aumentar a contagem do sangue. Tudo isso era muito misterioso e estranho para a criança, que não sentia nada, e intrigava-o aquele homem que usava um casaco branco, ficava com os olhos fechados e que falava com pessoas que não estavam ali presentes. Além disso, houve o fato engraçado de o médico lavar as mãos, muito embora Jonathan não o tenha visto fazer nada que pudesse tê-las sujado. Mas gostou do modo como aquele homem engraçado fazia aquelas coisas com as mãos e os dedos. Era, pensou ele, uma brincadeira curiosa, mas estava se divertindo.

O sr. e a sra. Rose observavam William Lang cuidar do menino. O ponteiro dos minutos do relógio girava com angustiante lentidão. Haveria alguma esperança? Nem que fosse uma migalha? Eles mal trocavam sussurros. Havia muito a ser dito, porém, pouco que pudesse ser traduzido por palavras. O que estava acontecendo? Nada? E então, ali estava Lang, em pé, depois de concluídas as operações. Jonathan levantou-se do sofá e estava tranqüilo, sorrindo suavemente. E quando a sra. Rose o levou para longe do alcance da voz, seu esposo voltou-se para o homem de casaco branco.

"Bem", disse o sr. Rose, "o senhor acha que existe alguma chance de o menino melhorar?"

"Oh, sim", respondeu Lang. "Uma chance muito boa. Quero voltar a examinar Jonathan dentro de seis semanas, e então poderei lhe dizer mais sobre até que ponto as operações foram bem-sucedidas, e assim por diante. Mas, *agora*, posso lhe dizer que não existe nada fora do comum com o que se preocupar. Estamos fazendo tudo o que podemos pelo menino. Irei visitá-lo durante o seu sono para ministrar-lhe um tratamento complementar."

O sr. Rose passou alguns minutos conversando com Lang, fazendo diversas perguntas e tentando desesperadamente definir uma espécie de base para a confiança que ele e esposa pudessem ganhar e transmitir aos pais do menino. Havia muito de confortador no que o dr. Lang dissera mas, ao mesmo tempo, o sr. Rose sabia que o medo dos Bells estava tão profundamente enraizado e que a sua desconfiança quanto à cura espiritual era tão forte, que não sabia como convencê-los de que havia esperanças para Jonathan.

Nas três semanas que se seguiram às operações de Lang, Jonathan foi levado ao Kilton Hill Hospital para os costumeiros exames de sangue. Mas em *duas* semanas o garoto havia melhorado tanto que os seus pais mal podiam acreditar. Os médicos ficaram surpreendidos com sua contagem de sangue.

Cinco semanas após as operações de Lang, Jonathan foi levado ao hospital da Great Ormond Street, como fora combinado. Os exames revelaram que a leucemia havia desaparecido do líquido raquidiano. Os médicos da equipe ficaram aturdidos e disseram francamente que não sabiam como essa mudança havia acontecido.

Seis semanas após as operações de Lang, Jonathan teve o seu segundo encontro com o médico espiritual. Ele aconteceu no Centro de Tratamento de Birmingham. A data foi: sábado, 30 de janeiro de 1965. Lang estava muito satisfeito com o progresso que o menino havia feito desde que o havia examinado pela primeira vez. Disse ao sr. Rose que as operações espirituais haviam tido êxito. "Jonathan vai ficar novamente com a saúde perfeita. Agora não há nada mais com que se preocupar", explicou. Pediu que o menino fosse novamente levado à sua presença daí a três semanas.

O terceiro encontro com o médico espiritual – no sábado, 20 de fevereiro de 1965 – foi, naturalmente, realizado. William Lang estava encantado com o modo pelo qual o seu jovem paciente havia reagido ao tratamento e confirmou: "Tudo está funcionando perfeitamente; o líquido raquidiano está limpo e restam apenas alguns vestígios na corrente sangüínea, mas isso vai desaparecer. Jonathan voltará a ser um garoto totalmente saudável, mas o tratamento deverá continuar por algum tempo."

A melhora no estado de saúde de Jonathan era notável. Ele se sentia bem, estava cheio de energia, e havia perdido totalmente a aparente inchação em seu rosto.

A menor dúvida que pudesse ter restado na mente dos pais do menino deixaram de existir. No início, eles ficaram, naturalmente, muito preocupados porque, em muitos casos, uma aparente melhora sempre ocorre antes da degeneração e da morte; na verdade, os primeiros meses se constituíram numa época de angústia quase insuportável.

Mas, pouco a pouco, passo a passo, os sinais de melhora chegaram, foram consolidados e permaneceram. As visitas ao Centro de Tratamento de William Lang, em Birmingham, foram mantidas, e o corpo jovem de Jonathan Bell tornava-se mais forte com o passar dos dias. Chegou o dia em que ele achou que podia voltar para a escola; depois, outro dia quando os exames de sangue mais rigorosos revelaram que o menino estava curado da leucemia. Atualmente (em novembro de 1965), ele corre, pula, grita e faz travessuras como qualquer outro escolar. E seu progresso na escola é tal que provoca pontadas de orgulho no peito de duas pessoas que pensaram que os dias de escola do garoto haviam terminado.

No dia 29 de novembro de 1965, conversei com William Lang a respeito de Jonathan Bell. A face do velho mostrou um sorriso de contentamento interior. Depois de alguns instantes, ele disse: "Graças a Deus, ele me foi trazido ainda em tempo."

E os pais que foram ameaçados pela tragédia não mais estão tristes. A sombra da morte se foi do seu lar e eles consideram um milagre o fato de o seu filho lhes ter sido devolvido bem como o de terem sua fé no futuro totalmente restaurada.

Capítulo 29

MAIS COISAS NO CÉU E NA TERRA

Durante a extensa pesquisa que realizei sobre todos os aspectos do tratamento espiritual ministrado pelo dr. Lang, decidi discutir suas curas com um eminente médico de um hospital de Londres.

O médico em questão concordou em se encontrar comigo, sob a estrita condição de que, fosse qual fosse a circunstância, eu não revelaria a sua identidade nem o nome do hospital. Ele explicou que não queria criar problemas com a Associação Britânica de Medicina por "cooperar com um médico praticante sem registro", ou por ficar ele mesmo exposto à acusação de "conduta contrária à ética profissional". Assumi esse compromisso pois, na verdade, não poderia agir de outra maneira. Mas posso assegurar aos leitores deste livro que o relato desta entrevista é autêntico e baseado na transcrição textual de um encontro ocorrido no fim do outono de 1964.

Eu tinha comigo alguns históricos dos casos mais surpreendentes do dr. Lang, acompanhados de evidências detalhadas de médicos, autoridades hospitalares e famosos especialistas que confirmavam que os pacientes ali mencionados não tinham reagido ao tratamento a que haviam sido submetidos; que, em sua opinião, nada mais havia que pudesse ser feito pela ciência médica em seu benefício; e que eles haviam sido considerados incuráveis.

No entanto, contra isso, havia a evidência de que esses "incuráveis" *não* haviam morrido e tinham, na realidade, melhorado após o tratamento de William Lang. E suas melhoras e curas foram comprovadas pelos mesmos médicos que, anteriormente, os tiveram sob seus cuidados e que até em alguns casos, os haviam dispensado.

Essa, talvez, fosse a prova mais valiosa de todas. Após examinar os pacientes com o máximo de rigor, submetendo-os a todos os tipos de testes clínicos, esses experientes médicos tinham confirmado que as doenças haviam sido completamente curadas e que nenhum vestígio de qualquer manifestação escondida ou inativa fora encontrado.

Quando apresentei ao médico essas provas totalmente autenticadas e pedi que as comentasse, ele examinou cuidadosamente os atestados e, depois de muito pensar, respondeu:

"Bem, falando do ponto de vista estritamente médico, não tenho nenhuma explicação a oferecer sobre como é possível aos pacientes declarados fora de qualquer esperança se recuperarem de vez em quando. Se acontece uma cura desse tipo, diz-se geralmente que a natureza, por si mesma e de algum modo, realizou o que, de outra maneira, seria totalmente inexplicável. Em mais de uma ocasião, ouvi eminentes médicos e cirurgiões dizerem que "um milagre aconteceu". Naturalmente, em certo sentido, eles estão certos, porque, com algumas doenças incuráveis, somente um milagre – algo que está além da nossa compreensão – poderia ter provocado a cura de um paciente considerado, do ponto de vista da medicina ortodoxa, sem esperança de recuperação. Em algumas instituições médicas podemos ver a inscrição: 'Nós limpamos os ferimentos, Deus os cura', que é benevolamente aceita pela nossa rigorosa Associação. Mas acho que, na realidade, grande parte de nós, médicos, aceitamos a verdade contida nessa inscrição."

Perguntei: "Tendo examinado as provas do êxito do dr. Lang na cura de pessoas 'incuráveis', o senhor concordaria que elas ocorreram como resultado das suas operações espirituais e de suas outras formas de tratamento?"

"Bem, as provas que o senhor apresentou são certamente muito convincentes. O que mais posso dizer?" Fez uma pequena pausa e acrescentou: "Se eu fosse considerar esses casos simplesmente à luz do código de ética médica que observamos, seria forçado a rejeitar qualquer possibilidade de operações ou tratamentos espirituais serem capazes de conseguir *qualquer coisa*. De acordo com o nosso modo de pensar, só os médicos diplomados e as equipes treinadas na prática da medicina podem tratar os doentes de maneira adequada. Porém... Bem, pessoalmente não participo dessa opinião. Fez outra pausa e, depois de alguns momentos, disse: "Mas para responder à sua pergunta: Sim, acredito que a cura total e confirmada dos pacientes cujos históricos o senhor me mostrou *devem-se* à ajuda espiritual – às operações e tratamentos espirituais do dr. Lang, poderia dizer."

"O senhor admite então que, ao realizar operações invisíveis e indolores no corpo espiritual de um paciente, o dr. Lang pode provocar um efeito correspondente no corpo físico?"

"Eu não disse isso", declarou o médico. "Compreenda, eu não estou de todo convencido da existência de coisas como 'corpo espiritual' e, portanto, não posso admitir que um tratamento no assim chamado 'corpo espiritual' produza *qualquer* efeito no corpo físico do paciente. Na verdade, posso até estar enganado – talvez isso exista –, mas não me deparei com ele durante os muitos anos de minha prática médica.

"Mas, não vamos discutir se existe ou não um 'corpo espiritual', porque nenhum de nós pode fornecer provas conclusivas de nossas crenças. Em vez disso, vamos analisar a questão da ajuda espiritual de modo objetivo e racional. Quanto a mim, não me preocupa realmente *o modo como* o dr. Lang cura os seus pacientes; o que importa é que ele *na verdade* os cura. E estou disposto a dizer que admito isso."

Quando o problema da cura à distância foi mencionado, fiquei triste por não ter trazido provas documentadas do êxito obtido pelo dr. Lang com muitos dos seus pacientes, mas pude relatar vários casos que eu havia investigado. O médico ouviu-me erguendo as sobrancelhas ocasionalmente, mas não fez nenhum comentário até que eu houvesse terminado.

"Bem, não estou querendo dizer que isso que o senhor me contou seja inexato ou exagerado", disse ele. "Mas, para mim, é difícil acreditar que o tratamento à distância, apenas em atenção a cartas escritas, produza os resultados que o senhor mencionou. Embora eu não saiba exatamente como funciona a cura por contato, como aparentemente faz, ainda assim acredito que alguma coisa acontece e que ocorrem coisas extraordinárias. Não sei se, talvez, ao tocar realmente o corpo de um paciente, estabelecendo um contato físico, o dr. Lang consegue pôr em ação algum tipo de energia espiritual. Radiação curativa, talvez. Entretanto, aceitar que a mesma coisa seja possível à distância, através de um tipo de processo de correspondência, realmente é exigir demais de um membro da classe médica."

"O senhor gostaria que eu lhe oferecesse o mesmo tipo de provas sobre os sucessos do dr. Lang com esse tratamento, ou seja, provas iguais às apresentadas quanto à cura por contato?" Indaguei.

"Sim, gostaria muitíssimo", ele replicou. "Mas não as envie aos cuidados do hospital. Não quero correr o risco de abrirem a carta por engano. Por favor, mande-as para o meu endereço particular."

Cumpri minha promessa.

Alguns dias depois, o médico devolveu-me os históricos dos casos de curas à distância. Não disse o que pensava sobre as provas e sua carta consistia apenas nas seguintes linhas escritas com mão firme:

"Isso é extraordinário, para dizer o mínimo!

"Espero que não me considere vulgar por citar William Shakespeare, pois, como de costume, ele disse o que mais se ajusta à situação: 'Há mais coisas no Céu e na Terra, Horácio, do que compreende a nossa filosofia.' "

Capítulo 30

QUAL A EFICÁCIA DO TRATAMENTO À DISTÂNCIA?

Essa pergunta será mais bem respondida com o relato de alguns dos muitos casos de tratamento à distância que escolhi ao acaso dos volumosos arquivos de George Chapman.

A sra. Marjorie Hemsworth, de Hull, solicitou que o dr. Lang lhe ministrasse tratamento à distância e escreveu a George Chapman em março de 1959:

"O senhor poderia fazer o favor de cuidar da minha garganta? Meu médico diz que isso é um problema de nervos, mas estou constantemente tendo de desobstruir minha garganta a intervalos de poucos segundos. Devo acrescentar que isso vem ocorrendo há cerca de cinco anos."

O tratamento à distância começou assim que a carta foi recebida e, duas semanas mais tarde, a sra. Hemsworth relatou:

"Estou muito intrigada; mais ou menos às 11 horas da manhã, fui arrumar as camas e, ao me aproximar do topo das escadas, senti um cheiro de violetas. Ao atingir o pequeno corredor em frente aos quartos, o cheiro era muito forte; era um odor muito agradável. Sentei-me na cama, imaginando de onde ele viria; depois de alguns segundos, ele desapareceu gradualmente, deixando-me com uma sensação maravilhosa que eu não posso explicar. Queria apenas que alguém estivesse ali para compartilhá-la comigo."

Sete semanas depois de o tratamento haver começado, a sra. Hemsworth estava curada. A 29 de abril de 1959, ela escreveu a George Chapman:

"Gostaria de lhe dizer como estou me sentindo bem atualmente. O mal que afetava a minha garganta desapareceu totalmente."

A cura feita pelo dr. Lang foi permanente. Constatei isso quando entrei em contato com a sra. Hemsworth, em dezembro de 1964.

O esposo de Marjorie, George Hemsworth, também foi um dos pacientes do dr. Lang e me fez o seguinte relato da sua experiência.

"Minha esposa escreveu pedindo um tratamento à distância para mim em dezembro de 1962. Eu sofria de catarata em ambos os olhos e, como havia ouvido algumas pessoas dizerem que, às vezes, temos de esperar muito tempo antes que elas possam ser operadas, fiquei, naturalmente, preocupado. Abandonei meu emprego de motorista em novembro de 1962 e, no final de agosto de 1963, meus olhos estavam tão ruins que eu tinha de ser guiado.

"Uma catarata foi removida em outubro de 1963 e a outra em maio de 1964. Embora eu use óculos de lentes grossas, tenho agora uma visão excelente. Na verdade, o meu oculista diz que a minha vista está melhor do que antes."

Perguntei ao dr. Lang acerca do tipo de tratamento à distância que ele havia ministrado ao sr. Hemsworth, e ele explicou:

"É verdade que levaria muitos anos até que as cataratas se desenvolvessem o suficiente para serem removidas com sucesso. Assim, meus auxiliares espirituais e eu aceleramos o seu crescimento para tornar possível que o paciente fosse operado no hospital tão rapidamente quanto possível." William Lang poderia ter provocado a eliminação total das cataratas, explicou-me ele, mas, para isso, seria necessário que houvesse um tratamento por contato, e esse seria um processo mais demorado do que se elas fossem operadas num hospital. Por isso, ele havia decidido se concentrar em forçar as cataratas a se desenvolverem rapidamente, até que estivessem prontas para serem removidas.

Em fevereiro de 1962, o sr. Joseph C. Manuel, de Hoylake, sofria de dores no reto e consultou o médico, que diagnosticou hemorróidas externas e prescreveu o tratamento conhecido. Mas a situação aos poucos foi piorando. Ele mandou o paciente a um especialista que diagnosticou uma fístula no reto e, no fim de abril de 1962, o sr. Manuel foi internado num hospital para ser submetido a uma cirurgia. Ela foi realizada, mas o ferimento não cicatrizou e toda a região ficou inflamada e intumescida a tal ponto que o paciente não podia se sentar e só podia deitar-se de lado.

"Voltei várias vezes ao hospital para ser examinado pelo especialista, mas a dor e o desconforto persistiam", afirmou o sr. Manuel. "Eu tinha certeza de que, acima de tudo, os médicos não haviam chegado à conclusão sobre qual era a origem do problema. Fiquei cada vez mais deprimido e parecia que jamais iria ficar livre dessa situação."

Em setembro de 1962, o sr. Manuel ouviu falar de George Chapman e do seu médico espiritual William Lang e, na esperança de que o tratamento espiritual lhe pudesse ajudar tanto quanto havia feito no caso que lhe fora relatado, resolveu "fazer uma tentativa". Assim, escreveu a seguinte carta a George Chapman:

"Estou escrevendo para saber se o senhor poderia ter a bondade de propiciar-me um tratamento à distância para o problema no reto do qual estou sofrendo. Os médicos diagnosticaram-no como um tipo de fístula e me têm tratado, após realizarem uma operação, durante os últimos meses, sem sucesso. Disseram-me agora que nada mais pode ser feito. Como a situação parece estar se tornando cada vez pior, desejo saber se o senhor pode me ajudar."

O tratamento à distância foi iniciado a 25 de setembro de 1962 e, uma semana mais tarde, o sr. Manuel enviou o seguinte relato a George Chapman:

"Tenho o prazer de informar que, nos últimos três dias, tem havido uma melhora. Tenho sentido muito menos dores e o local está menos inflamado, e espero que continue a melhorar."

Depois, a 26 de novembro do mesmo ano, o paciente escreveu novamente:

"Gostaria de dizer que o senhor e o seu guia espiritual (dr. Lang) realizaram um extraordinário trabalho de cura no meu caso, da mesma forma que, tenho certeza, fizeram em muitos outros. Obrigado, sr. Chapman, pelo seu maravilhoso trabalho."

A última comunicação do sr. Manuel, que foi enviada no mês seguinte, afirmava:

"Tenho o grande prazer de lhe informar que, agora, a dor sumiu completamente e que o intumescimento e a inflamação desapareceram. Sou muito grato ao dr. Lang e ao senhor, desejando a ambos muito sucesso no futuro."

Exatamente dois anos depois – a 5 de dezembro de 1964 – entrei em contato com o ex-paciente do dr. Lang para saber dele mesmo sobre o seu atual estado de saúde. Ele, gentilmente, me informou o seguinte:

"Folgo em dizer que não houve recidiva do problema e gostaria de afirmar, mais uma vez, que sou imensamente grato ao dr. Lang e ao sr. George Chapman pelo tratamento que deles recebi e que me curou totalmente."

Os tratamentos bem-sucedidos ministrados pelo dr. Lang à família Hutton não se limitaram a mim. O que foi feito em benefício do meu filho de doze anos de idade, Harold, sob o ponto de vista da medicina, foi insignificante. Porém, quem pode dizer, com certeza, o que é importante ou o que é de pouco valor? Para algumas pessoas, a mais leve sensação de doença causa preocupação; outras, que sofrem de uma grave enfermidade, tentam convencer a si mesmas de que ela não é tão grave quanto parece.

Mas permitam-me contar o que aconteceu com Harold.

Durante muitos meses, meu filho aguardava ansiosamente a chegada de dezembro, quando, nos meados do mês, ele iria fazer uma excursão à Terra Santa, onde passaria o Natal com seus colegas de escola. Se a perspectiva de uma visita a Jerusalém e a outros lugares era verdadeiramente excitante, também o era a idéia de uma excursão – a primeira que ele iria fazer em sua jovem existência. A viagem o levaria à Itália e à Grécia, bem como à Terra Santa e, sendo o aluno mais jovem da escola média, ele era, talvez, o mais animado de todos.

O grupo deveria deixar Worthing na manhã de 16 de dezembro, uma quarta-feira. Mas, na tarde do domingo antecedente, Harold apareceu com um forte resfriado, com graves acessos de tosse e com uma febre de 39º.

No passado, acessos semelhantes sempre haviam se transformado em bronquite ou numa gripe que durava cerca de uma semana ou duas, até que o médico o considerasse apto a voltar à escola. Era óbvio que Harold deveria ficar de cama até algum tempo após a partida do grupo da escola. Por isso, ele ficou muito abatido. Sabíamos muito bem o quanto aquelas férias significavam para ele, e parte da sua depressão foi transferida para Pearl e para mim.

O que poderíamos fazer para ajudar nosso filho? Era domingo à tarde e não havia por que importunar o médico, pois sabíamos, por experiências passadas, que nesse estágio, ele não podia fazer mais do que recomendar que o garoto fosse mantido na cama para que pudesse ser observado o curso que a doença iria tomar. À medida que a noite se aproximava, entretanto, a temperatura de Harold se elevava ainda mais, sua tosse tornava-se mais persistente e sua respiração mais difícil.

Deitado, acordado, na cama e ouvindo os espasmódicos acessos de tosse vindos do quarto de Harold, do outro lado do corredor, ocorreu-me subitamente solicitar a ajuda de William Lang. Tendo em vista minhas muitas entrevistas com o médico espiritual, eu sabia o que fazer – bastava enviar pensamentos positivos para ele, informando qual a doença do meu filho e pedindo sua assistência ou a de um dos seus colegas. Enviei uma mensagem telepática a William Lang – naturalmente sem o conhecimento do menino.

O despertador na minha mesa de cabeceira continuava com o seu monótono tique-taque, mas não chegava qualquer ajuda. O menino continuava a tossir, asfixiado, e me parecia que, de algum modo, ele estava pior.

Tinham-se passado quase dez minutos desde que eu enviara minha mensagem telepática a William Lang. Comecei a pensar que, por algum motivo, ele não a havia recebido. Enquanto permanecia ali deitado, pensando se deveria fazer outra tentativa, senti a presença de alguém ao lado da minha cama. Forcei os olhos na semi-escuridão do quarto, mas não pude ver ninguém. Então, quase que de imediato, senti nitidamente uma mão fria e tranqüilizante tocar a minha fronte. Mas não havia ninguém ali, pelo menos que eu pudesse ver! Um instante após essa mão invisível haver tocado minha testa, ela pegou o despertador e o colocou com o mostrador para baixo. Então me veio à mente que isso era uma prova de que William Lang ou um dos seus colegas espirituais havia recebido a minha mensagem telepática e de que o meu pedido de ajuda estava sendo atendido.

Minutos depois, Harold parou de tossir. Não tinha mais dificuldade para respirar. Levantei-me e fui ao seu quarto. Ele estava dormindo profundamente e respirando com facilidade e sua temperatura havia baixado.

Na manhã seguinte, o garoto estava perfeitamente normal. Sua temperatura estava baixa e não havia o menor vestígio da tosse. Na terça-feira, voltou à escola e, como havia planejado, partiu de Worthing na manhã de quarta-feira com a turma da sua escola para a excursão.

Naturalmente, pode-se objetar que a súbita melhora do seu estado de saúde pode ter sido provocada pelas simples leis da natureza. Bem, cada um tem o direito de ter a sua própria opinião, mas tanto eu como minha esposa estamos convencidos de que essa inesperada recuperação deveu-se à ajuda de William Lang ou de um dos seus colegas. A ligação entre o fenômeno que ocorreu enquanto eu estava totalmente desperto e a imediata melhora no estado de saúde de Harold foi demasiado surpreendente para nos impedir de buscar qualquer outra explicação.

Um caso "insignificante"? Talvez. Para Harold e para nós, ele foi da máxima importância, pois possibilitou ao jovem concretizar o seu maior desejo e nos deu uma compreensão imediata da energia curativa que pode ser invisivelmente utilizada pelos médicos espirituais.

Capítulo 31

SALVA DE UMA CADEIRA DE RODAS

No âmbito da cura espiritual encontram-se diferentes grupos de pessoas. Até agora relatei muitos casos, a maioria dos quais vão desde pessoas que escarnecem e são céticas até aquelas que estão prontas a arriscar uma última oportunidade, ou que admitem estar dispostas a tentar o que quer que seja. Um grupo, no entanto, ao qual quase não me referi, é constituído de crentes convictos, pessoas que abraçam completamente uma fé e seus dogmas, seus rituais e ensinamentos.

A sra. Barbara Haines, enfermeira diplomada e funcionária pública de Canterbury, é espírita convicta, da mesma forma que o seu marido. No dia 27 de abril de 1960, ela escreveu a George Chapman a seguinte carta:

"Há quatro anos, no pátio de recreio da escola, minha filha Janet caiu e fraturou a perna na altura do colo do fêmur.

"O cirurgião ortopedista que a examina a cada seis meses, desde que colocou um pino no colo do fêmur, diz que terá de operá-la novamente, a fim de fixá-lo ao quadril. Tendo em vista que Janet, durante os últimos quatro anos, vem sofrendo muitas dores e tendo dificuldade de se locomover, estou muito relutante em concordar com essa cirurgia.

"Nem meu marido nem eu aprovamos o tratamento que tem sido dado a Janet. Sou enfermeira diplomada e sei muito bem como, atualmente, alguns especialistas cuidam dos seus pacientes. Estes não são mais tratados como pessoas, mas como um número num cartão, amontoados na sala de espera, para serem marcados na orelha como um bando de reses.

"Nós acreditamos no tratamento espiritual e tenho lido muito sobre o maravilhoso trabalho feito pelo dr. Lang através de suas mãos, e assim estou certa de que, com a sua ajuda, ele poderá me orientar espiritualmente para tomar a decisão correta, que é por demais importante, uma vez que poderá afetar todo o futuro da criança, essa filha de Deus. Trata-se de um passo muito sério para que possamos dá-lo por nós mesmos, especialmente pelo fato de meu marido e eu acreditarmos que, com a sua ajuda e através de nossas preces, poderá não ser necessário realizar a operação que deverá ser feita daqui a seis meses.

"O especialista deseja fixar o fêmur no quadril porque, segundo ele, o suprimento de sangue para a cabeça do fêmur foi interrompido. Por favor, aconselhe-me sobre o que devemos fazer."

O dr. Lang pediu a George Chapman para comunicar à sra. Haines que havia iniciado um tratamento à distância quando do recebimento da sua carta, que estaria visitando a menina quando esta estivesse dormindo e que esperava poder ajudá-la o suficiente para que a operação planejada não fosse necessária. No mês seguinte, a sra. Haines escreveu novamente a George Chapman:

"Muito obrigada pela sua carta contendo instruções. Agora sinto que, no período de seis meses, algo acontecerá e Janet não terá de se submeter à operação programada.

"Todas as noites, às dez horas, meu marido e eu nos sentamos em meditação ao lado da cama de Janet, como que para estabelecer um vínculo com o dr. Lang. Desde que o tratamento à distância ministrado pelo dr. Lang começou, sentimos sua presença espiritual à nossa volta e tenho colocado minhas mãos sobre os quadris e a perna de Janet. Sinto o calor da energia espiritual percorrer meu corpo e fluxos de calor passando através dos meus braços para as minhas mãos e uma grande força pressionando a minha cabeça. Isso também traz consigo uma grande paz.

"Janet diz que a dor nos quadris é muito menor e que o quadril não fica tão rígido como antes, quando ela permanece muito tempo em pé. Ela costumava sentir dificuldade para se sentar ou para ficar em pé, quando permanecia muito tempo numa mesma posição. Ela também pode se curvar com mais facilidade. Parece que não há mais uma deformidade muito acentuada, e a perna da menina parece melhor. Graças a Deus.

"Por favor, transmita meus sinceros agradecimentos ao dr. Lang por nos visitar, e a todos os espíritos auxiliares que também o fazem por tudo o que têm feito pela minha filha. Sabemos que, com a ajuda e o poder de Deus – se essa for a Sua vontade – tudo é possível."

O tratamento à distância foi ministrado regularmente pelo dr. Lang que, em companhia de seus assistentes, visitava Janet durante o sono para cuidar do seu corpo espiritual e, conseqüentemente, produzir um efeito correspondente em seu corpo físico. A sra. Haines escreveu sobre uma dessas visitas espirituais: "Meu marido e minha filha viram ambos o dr. Lang e sua equipe de espíritos assistentes em volta da sua cama. Janet foi submetida a uma notável operação espiritual, durante a qual o seu corpo espiritual ficou totalmente separado do seu corpo físico, que ficou, para todos que o observavam, materialmente 'morto'. *Não havia* pulso, *não havia* batimento cardíaco, *nem havia* respiração – e eu, com vinte e cinco anos de enfermagem – posso garantir que isso aconteceu.

"A partir dessa noite, as condições de Janet melhoraram rapidamente. A dor na perna diminuiu muitíssimo e ela pode ficar em pé ou sentada por muito tempo sem sentir dores nos quadris. Espero não ser por demais otimista por acreditar que, afinal, a terrível operação não será mais necessária. Naturalmente, sei que o cirurgião vai dizer que, a menos que eu permita que a fixação do fêmur seja feita, a menina sofrerá dores constantes e ficará progressivamente pior, à medida que for ficando mais velha, e que, finalmente, terminará numa cadeira de rodas. Mas sei também que, se for a vontade de Deus, a energia espiritual vai ajudá-la a se recuperar."

Em novembro do mesmo ano, a sra. Haines escreveu mais uma vez a George Chapman:

"Na semana passada, levei Janet ao especialista para o exame semestral no hospital. Antes de examiná-la, ele disse que a menina deveria ser internada para que fosse feita a fixação no quadril e repetiu que não via outro meio pelo qual o osso pudesse continuar a se desenvolver, pelo fato de o suprimento de sangue estar interrompido. Isso significava que o osso estava se desgastando no colo do fêmur, o que provocava as dores que ela sentia. Deixei-o falar porque, de algum modo, eu sabia que não teria de tomar aquela decisão. De fato, me sentia em paz com todo o mundo.

"Então, quando o especialista examinou Janet, ficou totalmente assombrado com a mobilidade que ela havia conseguido, sem que sentisse qualquer dor. O médico coçou a cabeça, pasmado, e disse finalmente: 'Não pode ser, tenho de radiografar a perna.' A radiografia revelou que o pino havia se desprendido e parecia estar solto na parte carnosa da perna, enquanto o osso, por si mesmo, parecia ter começado a se reconstituir novamente. As radiografias anteriores mostraram o pino na posição que fora colocado e o tecido ósseo se deteriorando.

"As últimas radiografias desconcertaram totalmente o especialista. Suponho que ele tenha ficado na defensiva. Afinal, ele disse: 'Não sei o que aconteceu; terei de fazer uma incisão na perna para examiná-la.' Expliquei que acreditávamos que o tratamento espiritual havia provocado a melhora. Ele zombou do tratamento espiritual e disse que não queria ver a criança até que eu decidisse permitir que ele a tornasse a operar. Fomos embora e nunca mais Janet voltou ao hospital."

Quatro anos depois, descobri o histórico do caso de Janet nos registros de George Chapman, mas não havia outros relatórios mais recentes sobre o seu estado de saúde. Apesar de tudo, não estaria o cirurgião com a razão? Não teria sido realizada uma nova operação após a última carta da sra. Haines? Entrei em contato com a mãe de Janet e, no dia 12 de dezembro de 1964 ela me forneceu as seguintes respostas:

"Não foi realizada nenhuma operação após a minha última carta ao sr. Chapman, datada de novembro de 1960. Na verdade, por causa da atitude do especialista há quatro anos, não mantive mais contato com ele ou com a diretoria do hospital. Janet tem feito um progresso notável. Além de um ligeiro encurtamento da perna e, às vezes, o aparecimento de uma pequena falta de flexibilidade, ela se encontra muito bem. Goza de boa saúde e tem uma vida feliz. Pode caminhar, dançar e fazer a maioria das coisas que as outras crianças fazem.

"Sabemos que o dr. Lang e o sr. Chapman ainda mantêm contato espiritual conosco, e com a ajuda de Deus Janet será protegida durante o resto de sua vida na Terra, vivendo normalmente e capaz de fazer tudo o que as demais pessoas fazem. Uma das conseqüências do tratamento miraculoso ministrado pelo dr. Lang é que a personalidade da criança mudou. Janet é amada por todos os que entram em contato com ela – a menina possui um tipo de energia que dizemos ser o Amor de Deus que atendeu as nossas preces. Ela está sempre pronta e disposta a fazer uma gentileza ou um favor a *quem quer que seja*, e é uma criança feliz e adorável, aprendendo a conviver com uma perna ligeiramente mais curta, sabendo que essa é a vontade de Deus e que ainda se encontra sob os eficientes cuidados do dr. Lang.

"Temos muitos motivos para sermos gratos a eles, e digo mais uma vez: *Se* for a vontade de Deus, *tudo* é possível."

Capítulo 32

"POR FAVOR, AJUDE MINHA IRMÃZINHA!"

A sra. Pauline Perry, técnica de laboratório de Swansea, estava terrivelmente preocupada. Não quanto a si mesma, mas porque a vida de Gwynneth, sua irmã de treze anos de idade, estava em perigo. Ela amava a criança, cuja suave personalidade encantava a todos. Gwynneth estava condenada a uma morte prematura, e Pauline Perry estava desesperada. A raiva também a inundava – raiva pela incapacidade da ciência médica de salvar sua jovem irmã.

Quando as coisas pareciam mais sombrias, Pauline ouviu falar do médico espiritual William Lang. O que lhe contaram parecia fantástico. Como uma pessoa que exercia uma profissão na qual tudo tinha de ser provado, ela não podia aceitar as surpreendentes afirmações que lhe foram feitas. Mas o que havia a perder? A vida de sua irmã estava se esvaindo no hospital; então, por que não tentar o tratamento espiritual à distância, mesmo que isso *fosse* algo que um bom número de pessoas apenas ignorassem ou dela zombassem?

Pauline escreveu imediatamente a George Chapman. Transcrevo suas cartas exatamente como foram escritas, pois elas fornecem todos os detalhes de um caso que ilustra o notável sucesso de mais um tratamento de cura à distância.

"Por favor, ajude a minha irmãzinha!", escreveu a sra. Perry, a 30 de março de 1962. "Espero que possam devolver à criança a sua saúde, embora eu não possa levá-la para ser atendida pessoalmente.

"Meus pais não acreditam nessas coisas, e eu não lhes contei acerca dos seus poderes de cura, mas seria uma alegria maravilhosa se Gwynneth pudesse ser curada. Ela tem treze anos de idade e está, no momento, no Morriston Hospital (ala 2), em Swansea, para onde foi levada após um dos seus pulmões haver sofrido um colapso, o que afetou o seu coração.

"Desde a sua mais tenra infância, Gwynneth tem sofrido de violentos acessos de asma, e isso, aliado a uma contínua bronquite, tem sido demais para ela suportar. Minha irmãzinha sente muitas dores e tormentos e não quer mais viver, o que é uma declaração aterradora e horrível quando vinda dos lábios de uma criança.

"*Por favor*, faça um milagre e proporcione a Gwynneth a dádiva da saúde para que ela possa ser igual às outras crianças. Ela é tão inteligente, normalmente alegre e tagarela, frágil e franzina, mas excepcionalmente encantadora. Como está vazia a nossa casa sem a sua presença! Meus pais estão desesperados, especialmente minha mãe, que está a ponto de sofrer um colapso nervoso pelas muitas e exaustivas noites que tem passado cuidando de Gwynneth.

"A saúde de mamãe geralmente é deficiente, com a pressão sangüínea extremamente baixa, e ela está vivendo literalmente de injeções aplicadas pelo médico para estimular a circulação. Ela está com quarenta anos de idade, todo o seu organismo vem total e lentamente se desgastando, e sua resistência e vontade de viver estão pateticamente diminuídas. É uma mulher alquebrada e exausta que parece estar sumindo diante dos meus olhos.

"Por favor, faça alguma coisa por elas! Sei que existem muitas outras pessoas em pior estado, mas estas são o meu sangue e a minha carne e eu as amo!"

Quando recebeu essa carta, George Chapman transmitiu imediatamente seu conteúdo ao dr. Lang e o tratamento à distância começou quase que de imediato. Foi pedido à sra. Haines para enviar relatórios regulares sobre a saúde de sua mãe e de sua irmã. No mês seguinte, ela escreveu:

"Eis o primeiro relatório do progresso de minha mãe e de minha irmã Gwynneth.

"Minha mãe parece ter melhorado consideravelmente, mas atribui isso ao fato de ter tomado duas injeções receitadas pelo médico. A cada mês vinha lhe sendo dada uma espécie de energizador, mas, devido à sua preocupação com Gwynneth, o médico receitou-lhe duas injeções em vez de uma.

"Gwynneth, de acordo com o relatório médico, está melhorando vagarosamente, mas contraiu um forte resfriado. Entretanto, está animada, ansiosa por deixar o hospital. Disseram-nos que seu pulmão entrou em colapso novamente.

"Estou certa de que o senhor se interessará em saber que os meus pais já tomaram conhecimento do tratamento que o senhor iniciou, embora, naturalmente, minha irmãzinha não saiba disso, e estão muito curiosos.

"Tive de lhes contar, devido ao que ocorreu no último domingo à noite.

"Sem nada saberem do que estava acontecendo, tanto a Gwynneth como a minha mãe, meus familiares foram dormir no horário de costume. São pessoas sensatas, não dadas a vôos de imaginação e extremamente cautelosas a respeito de qualquer coisa que se refira ao mundo dos espíritos.

"Minha outra irmã, Janet, que dorme sozinha no quarto que antes compartilhava com Gwynneth, estava se acomodando na cama quando ouviu vozes a seus pés. (Ela tem dezenove anos e é muito honesta.) Tendo dificuldades para colocar os pés sob as cobertas, pensou que alguém estivesse sentado na cama e, nervosa, acendeu a luz. O murmúrio cessou e ela não viu ninguém.

"Quase ao mesmo tempo, minha mãe, que dorme no mesmo quarto que meu pai, estava tentando conciliar o sono, quando sentiu alguém sentar-se na cama. Houve uma nítida pressão e o colchão afundou como se estivesse suportando um peso a mais. Então, enquanto permanecia ali deitada, sentiu uma mão fria tocar suavemente em seu ombro e depois movimentar-se para a cabeceira da cama.

"Um pouco perturbada, mamãe estava contando a papai o que ocorrera quando Janet entrou no quarto com grande ansiedade para relatar a sua experiência.

"Não existem animais na casa e a família não havia assistido ou ouvido nada de mórbido ou desagradável na televisão ou no rádio. Assim, contei a eles sobre o senhor. Eles estão muito interessados quanto ao possível elo entre o que aconteceu e os médicos espirituais.

"Agradeço por tudo o que estão fazendo e tentarei seguir suas instruções da melhor forma possível."

Quando entrevistei o dr. Lang sobre o tratamento à distância, perguntei se ele participara dos acontecimentos em Swansea e ele disse:

"Não estive lá, mas Basil e um seu colega visitaram a casa." E como foi importante o resultado dessa visita realizada pelos médicos espirituais foi revelado numa carta posterior da sra. Perry, datada do final do mês.

"Estou emocionada por poder lhe comunicar que Gwynneth parece estar totalmente curada." Ela dizia: "Desde que deixou o hospital, não sofreu mais ataques e nunca mais precisou do tubo de oxigênio ao lado da sua cama. Ela está muito mais animada espiritualmente, feliz e, embora ainda muito magra, cheia de energia.

"Minha mãe ainda não pode dormir sem a ajuda de sedativos, mas parece mais descansada espiritualmente, mais calma e feliz. Não está mais tomando injeções receitadas pelo médico e, não obstante, parece muito mais saudável."

Quinze dias depois, a 6 de maio, a sra. Perry enviou a seguinte carta:

"Permita-me agradecer mais uma vez a sua inestimável ajuda na cura de minha jovem irmã Gwynneth. Ela continua a melhorar e fica cada dia mais forte. O edema pulmonar desapareceu completamente, para grande perplexidade dos médicos e dos assistentes do hospital. Na verdade, ela está agora pedalando a sua bicicleta por toda parte e se alimentando muito bem. Meus sinceros agradecimentos ao dr. Lang e ao senhor.

"Minha mãe parece muito mais saudável, porém ainda toma os seus comprimidos para dormir, por puro hábito. No entanto, ultimamente, não tem mais tomado injeções para melhorar a circulação e acalmar os nervos, o que é, sem dúvida, um bom sinal."

Então, a 20 de junho de 1962, a sra. Pauline Perry escreveu sua última carta a George Chapman:

"Penso que esta será a minha última carta de agradecimento ao senhor, acompanhada do relatório médico sobre a minha mãe e a minha irmã.

"As duas pacientes em questão têm progredido de forma tão surpreendente que, de agora em diante, acho eu, tudo andará bem com elas, e só me resta dizer, uma vez mais, que vocês são credores da minha mais profunda gratidão pela maravilhosa ajuda que prestaram.

"Espero que o senhor esteja tão bem quanto a sua ex-paciente, minha jovem irmã Gwynneth. Graças a vocês, ela não tem sido mais perturbada pela asma ou por qualquer outra complicação pulmonar.

Que Deus os abençoe, e agradeço ao dr. Lang por haver operado um milagre."

Essa última carta foi recebida há mais ou menos dois anos e meio e, segundo era do meu conhecimento, o caso estava encerrado. Porém, não poderia, talvez, ter ocorrido uma recaída, sem que a sra. Perry tivesse escrito a respeito? Para mim, era imperativo descobrir o *atual* estado de saúde da mãe e da irmã da sra. Perry. Assim, entrei em contato com ela em dezembro de 1964.

"A saúde de minha mãe tem melhorado desde que ela recebeu o tratamento à distância", disse-me a sra. Perry. "Ela nunca mais foi uma pessoa muito saudável, mas, comparado ao que era, posso dizer que ela está em 'muito melhor forma'.

"Gwynneth está agora extraordinariamente saudável e cheia de energia. Seu gosto pela vida é completamente fora do comum. Às vezes ela sente um 'aperto' no peito, mas aqueles pavorosos acessos de asma asfixiante desapareceram.

"Ela continua em observação médica, por causa do que aconteceu em 1962, e o seu clínico, obviamente, espera que possa ocorrer novo ataque. Entretanto, folgo em dizer que ele ainda está esperando! O fato é que minha irmãzinha está curada, e ninguém pode duvidar disso."

Capítulo 33

A COMPLEXIDADE DO TRATAMENTO ESPIRITUAL

Havendo interrogado um grande número de pacientes do dr. Lang sobre as suas enfermidades e experiências com o médico espiritual, e, tendo comprovado suas evidências, era também natural que eu quisesse saber exatamente *como* eram realizadas as operações espirituais e *como* o corpo espiritual do paciente era tratado. Pedi que o dr. Lang me fornecesse todos os detalhes a esse respeito.

"A resposta mais simples à sua pergunta de como é feito realmente o tratamento espiritual é a seguinte: o tratamento espiritual provém do mundo espiritual e é ministrado a um paciente por um médico espiritual", explicou o dr. Lang. "O tratamento é feito no corpo espiritual do paciente e provoca uma alteração no corpo físico para melhor. É simplesmente isso.

"Se eu entrasse em todos os detalhes técnicos, você simplesmente não iria entendê-los – ninguém pode entender *totalmente* a complexidade das cirurgias e dos tratamentos espirituais até que, ele mesmo, esteja no mundo espiritual e capacitado a compreender o espírito. Mesmo então, a menos que se torne um médico espiritual, não poderá compreender todos os métodos e todas as técnicas bastante complexos. Assim, acho que a melhor e mais fácil maneira de responder a sua pergunta é reiterar o que eu disse há alguns instantes: o tratamento espiritual é o que *provém* do espírito, *através* do espírito, *para* o corpo espiritual do paciente, e daí para o seu corpo físico."

"Concordo que não sou capaz de entender totalmente a complexidade das técnicas da cirurgia espiritual, uma vez que sou um escritor e não um médico", disse eu. "Mas o senhor não poderia explicar isso de uma maneira que pudesse ser entendida por pessoas comuns?"

"Vou tentar", consentiu o dr. Lang. Depois de pensar por alguns instantes, ele disse: "Acho que a melhor maneira de explicar a concepção *básica* do tratamento espiritual é deixar claro que as vibrações curativas utilizadas no tratamento espiritual são de origem divina – e provêm diretamente de Deus. Elas são exatamente as mesmas vibrações que foram utilizadas por Jesus Cristo – o maior curador que jamais existiu! – e depois pelos Seus discípulos na realização de milagres de cura. Essas mesmas vibrações também foram utilizadas, em tempos remotos, pelos Soberanos deste país, quando exercitavam seus poderes divinos de cura, mas, à medida que os conhecimentos da medicina evoluíram, o poder que eles possuíam ficou inativo. Hoje em dia, exatamente as mesmas vibrações estão sendo utilizadas por alguns sacerdotes de todas as denominações e religiões e que, freqüentemente, provocam curas bem-sucedidas ou a melhora de várias doenças. Esses sacerdotes, entretanto, atribuem esses feitos à religião e fazem o possível para ocultar o fato de que os seus êxitos se devem realmente ao tratamento espiritual.

"O uso dessas vibrações para curar uma doença é uma ciência e não uma religião. Elas fazem parte das leis naturais do universo e, por isso, devem ser utilizadas apropriadamente.

"Quando eu – ou qualquer outro médico espiritual – atendo um paciente, faço uso total dessas vibrações curativas. Atraio a energia curativa do espírito e essa energia passa através de mim para o corpo espiritual do paciente doente e daí para o seu corpo físico."

"Quando discuti suas operações espirituais com diversas pessoas, e particularmente com um médico, descobri que elas recusam admitir a existência de um corpo espiritual invisível, muito embora reconheçam os seus êxitos na superação de doenças incuráveis", disse eu.

"Bem, sei que um bom número de pessoas, especialmente da classe médica, simplesmente não aceita o fato de que existe um corpo espiritual", disse o dr. Lang. "Pessoas com uma visão materialista não permitem que lhes passe pela cabeça que, além de possuírem um corpo físico, que elas podem ver, tenham também um corpo espiritual, que não pode ser visto. Porém, todas as pessoas têm um corpo espiritual. Isso é inquestionável.

"Seria mais fácil para elas entender e aceitar isso se pudessem dizer: 'Quando minha vida sobre a Terra acabar, eu passarei para o mundo dos espíritos e, quando isso acontecer, viverei no meu corpo espiritual, que é o mesmo que eu ocupei na Terra; a única diferença é a textura e o fato de que o corpo físico é mortal, enquanto o corpo espiritual continua a existir depois da morte.' E se elas forem um pouco além e disserem: 'Tenho um corpo espiritual que o médico espiritual pode operar ou nele aplicar um tratamento que provocará mudanças; essas mudanças, no momento oportuno, irão se transferir para o meu corpo físico e melhorar minha condição física', elas poderiam compreender todo o funcionamento do tratamento espiritual.

"Eu vejo, por mim mesmo, como é difícil, muitas vezes, para uma pessoa – e especialmente para os médicos – aceitar realmente essas coisas. Por exemplo, quando estou conversando com alguns médicos que vêm me consultar – ou com pacientes inteligentes e instruídos – sobre, digamos, o cérebro, e falo: 'Bem, o senhor tem um tumor no cérebro. Existem oito ossos cranianos; podemos seccionar esses ossos e remover o tumor', eles sabem sobre o que eu estou falando. Mas se eu disser: 'O senhor tem um corpo espiritual aqui, que não pode ser visto, e eu vou realizar uma operação invisível e indolor nesse corpo, remover o tumor e, ao removê-lo do seu corpo espiritual, provocarei uma mudança satisfatória no seu corpo físico', isso está além da sua compreensão. Eles dirão apenas 'sim', mas não compreenderão realmente o que estou dizendo. Dessa forma, como você vê, temos de nos expressar em termos simples."

"O senhor poderia me dizer como é capaz de fazer um diagnóstico *preciso* do problema de um paciente e como o senhor opera o corpo espiritual?" Foi a minha pergunta seguinte.

"Bem, de início, eu talvez devesse lhe dizer que, como médico espiritual, posso ver o corpo espiritual que é invisível para você e para a maioria das pessoas. Assim, quando examino um paciente, posso ver ambos os corpos – o físico e o espiritual – simultaneamente. Posso ver também a aura* ou a luz refletida da pessoa; essa aura está em constante movimento e mudando de cor, e paira cerca de cinco centíme-

* A aura humana foi demonstrada e fotografada pelo dr. Kilner em 1913. Além dos médicos espirituais (e de outros espíritos) a aura também pode ser vista por pessoas com faculdades psíquicas bem-desenvolvidas.

tros acima do corpo. A aura é constituída pelas vibrações de cores refletidas pelos órgãos do corpo, que mudam constantemente de acordo com o seu estado de saúde. Cada órgão, quando saudável, reflete uma determinada cor na aura, mas quando ele adoece, ou quando suas condições físicas se deterioram, esse reflexo muda de cor. Assim, como você vê, olhando a aura do paciente, tomo conhecimento imediato do seu estado de saúde *global*, o que, naturalmente, me ajuda a fazer o diagnóstico.

"Entretanto, para fazer um *diagnóstico preciso* da doença de um paciente é necessário examinar o corpo, porque o reflexo da aura, como eu disse anteriormente, fornece apenas um quadro geral. Não preciso descrever o modo como examino os pacientes, pois você já o conhece por experiência própria, e você igualmente sabe que examino também o corpo *espiritual*. A razão pela qual sou capaz de fazer um diagnóstico preciso, e detectar as condições que os médicos e especialistas da Terra não podem descobrir através do exame físico, deve-se à minha capacidade de examinar o corpo espiritual.

"Mas não pense jamais que o motivo pelo qual os médicos e especialistas não podem, às vezes, fazer um diagnóstico correto ou curar algumas doenças mais graves seja a sua incompetência ou devido ao fato de não se preocuparem com seus pacientes! A profissão médica é nobre e não deve ser atacada ou criticada desnecessariamente. Ela é a minha profissão que, acima de tudo, possibilitou a minha educação e a minha instrução. Ela se constituiu no meu passaporte para retornar à Terra como um médico espiritual que trabalha através de um médium.

"A razão pela qual alguns médicos não podem diagnosticar ou curar certas doenças se deve ao fato de as condições terrenas, que governam o corpo físico, geralmente impedirem que eles concretizem o seu sincero desejo de exercer sua função corretamente. Estou numa situação privilegiada, pois as condições terrenas não interferem com meu trabalho. Cuidando do corpo espiritual, posso examinar cada órgão com facilidade e não sou estorvado pela pele e pelos outros tecidos que cobrem os órgãos do corpo físico. Sou capaz de ver e de reconhecer, de imediato, o que está errado.

"Acho que isso responde à sua pergunta sobre de que maneira eu faço os diagnósticos. Agora, vamos à seguinte: de que modo opero o corpo espiritual e assim por diante.

"Quando necessito operar um corpo espiritual ou ministrar qualquer outro tipo de tratamento, tenho de afastá-lo ligeiramente do corpo físico, de forma a colocá-lo em contato com as vibrações curativas do mundo espiritual – atraindo a energia espiritual – para que o corpo espiritual fique em condições adequadas para ser tratado.

"Ora, as pessoas – e talvez você seja uma delas – não têm, na realidade, uma noção exata do que seja o corpo espiritual, e aquelas que admitem o fato de existir algo como um corpo espiritual invisível geralmente pensam que ele se encontra no interior do corpo físico. Isso, entretanto, não ocorre – o corpo espiritual está, de fato, fora do corpo físico, envolvendo-o, por assim dizer, embora possa também ajustar-se ao interior do corpo físico. Mas, embora o corpo espiritual seja exterior, é essencial afastá-lo ligeiramente a fim de criar as vibrações por intermédio das quais ele se torna 'vivo'. Veja, quando o corpo espiritual se torna 'vivo', os órgãos que anteriormente estavam debilitados assumem o seu tamanho correto e, assim, somos capazes de operá-los ou ministrar-lhes o tratamento adequado.

"*Nem sempre* realizo operações. Quando descubro, por exemplo, que um paciente sofre no fígado de uma enfermidade que eu posso curar aplicando injeções, utilizo um fluido astral que injeto no órgão do corpo espiritual. Não esqueça que eu já disse que essas atividades são realizadas por Basil, pelos meus colegas e assistentes."

Perguntei: "As operações no corpo espiritual são semelhantes às realizadas pelos cirurgiões em hospitais?"

"Bem, sim. Em seu todo, há uma semelhança no que concerne à verdadeira cirurgia", explicou o dr. Lang. "A maioria dos instrumentos espirituais são idênticos aos utilizados em hospitais, mas usamos menos instrumentos porque a textura do corpo espiritual é diferente, e assim somos capazes de atingir o local da operação rapidamente. Um cirurgião ou uma enfermeira-chefe da sala de cirurgia que esteja me observando enquanto realizo uma operação, sabe o que estou fazendo, pelos instrumentos que solicito e como eu os utilizo, embora não possa ver a cirurgia em si."

Eu estava ciente de que isso acontecia pelo fato de muitas pessoas com prática de medicina me haverem dito exatamente o mesmo quando as entrevistei sobre os seus casos ou sobre casos que elas haviam presenciado na sala de consultas do dr. Lang.

Depois, perguntei ao dr. Lang como era que ele, um famoso cirurgião *oftalmologista* durante a sua existência, podia, agora, realizar operações altamente especializadas em diferentes campos da cirurgia.

"Oh, sou capaz de realizar a maioria das operações porque, como você sabe, embora tenha me especializado em oftalmologia, exerci as funções de cirurgião-geral no London Hospital de Whitechapel e estudei todas as formas de cirurgia", explicou o dr. Lang. "Mas, geralmente, não sou apenas eu quem está operando. Por exemplo, aqui e exatamente agora, está um grupo de amigos meus que na verdade trabalharam comigo em hospitais, e com eles estão também vários contemporâneos de Basil. Entre eles, estão, David Little, Arnold Lawson, Adams, McEwen e alguns outros.* Cada um deles é um especialista em seu próprio campo e possui os seus próprios métodos e técnicas, e todos trabalhamos juntos como uma equipe que se ajuda mutuamente.

"Quando tenho um paciente portador, digamos, de exostose**, converso com um dos meus colegas e peço-lhe a sua opinião. Geralmente trocamos idéias e escuto o que eles dizem porque eles são especialistas em campos específicos. Então, quando há necessidade da realização de uma operação muito especializada, prefiro que um dos meus colegas a realize, mas fico falando com o paciente e ajudo efetivamente na cirurgia porque sou o único que está atuando através de um médium. Meu filho Basil quase sempre opera — ele é um bom cirurgião, um ótimo cirurgião."

"Quando o senhor realiza suas operações, geralmente estala os dedos. O senhor também fazia isso quando estava na Terra?"

"Sim, sim. Na verdade, o importante era que, quando eu trabalhava com pessoas treinadas, elas soubessem exatamente o que eu queria quando estalava os dedos. O mesmo se aplica atualmente. Quando desejo dar início a uma cirurgia de olhos, por exemplo, eu digo 'injeção' e estalo os dedos, mas, depois de um certo tempo, eu apenas es-

* Alguns dos outros cirurgiões que compõem a equipe de William Lang, são: W. Pasteur, Sidney Coupland, Victor Bonney, W. Sampson Henley, *Sir* John Bland-Sutton, *Sir* R. Douglas Powell; *Sir* W. T. Lister etc., todos formados em medicina e possuidores de diversos títulos. Há também uma equipe de enfermeiras sob o comando da enfermeira-chefe Ormand.

** O tumor ósseo benigno mais comum, geralmente considerado como um desenvolvimento anormal do osso, que surge como uma protuberância na superfície.

talo os dedos. Não preciso dizer nada, pois elas sabem exatamente o que eu desejo porque são tão competentes – ou até melhores – que eu. Somos todos iguais – cirurgiões, enfermeiras e todos os outros –, não há ninguém melhor ou pior; somos uma equipe."

"Ao entrevistar um número considerável dos seus pacientes, descobri que alguns deles notaram cicatrizes de operações no corpo físico – na verdade, eu mesmo descobri uma espécie de cicatriz cor-de-rosa no meu corpo", disse eu. "O senhor pode me dizer como acontecem esses fenômenos – marcas levemente avermelhadas semelhantes a cicatrizes, com pontos cor-de-rosa semelhantes a marcas de sutura, tão delicados que não afetam a pele?"

"Eu já lhe expliquei que cuido sempre do corpo espiritual e que as operações que realizo se refletem no corpo físico e provocam a melhora ou a cura desejadas do paciente. Acho que isso responde às suas perguntas, pois as cicatrizes fazem parte das operações."

Perguntei: "Mas como é então que alguns pacientes não apresentam essas marcas?"

"Acho que posso explicar isso dizendo que as cicatrizes estão presentes em todos os casos, mas a maioria delas são tão leves que o olho humano não pode distingui-las. Certos pacientes, no entanto, possuem uma pele tão sensível que as marcas são nitidamente visíveis."

"O senhor poderia me esclarecer sobre o uso do ectoplasma* para substituir partes destruídas ou infectadas do corpo humano?"

"Bem, o ectoplasma é uma substância retirada do corpo de um médium – não pertence ao mundo espiritual –, e é por isso que eu necessito de um bom médium", respondeu o dr. Lang. "Quando chega um paciente como você, por exemplo, eu faço o que eu chamo de bastão, e esse bastão liga você ao corpo do meu médium. Então extraio certa quantidade de ectoplasma que eu possa modelar.

"Se, por exemplo, uma paciente tem um tumor que é a causa da sua doença, eu o removo por intermédio de uma operação, e isso é o fim da doença. O paciente, no devido tempo, estará curado. Mas se ele tem um pedaço do intestino infectado, por exemplo, então eu opero para removê-lo e o substituo por ectoplasma, pois esse pedaço é ainda

* O ectoplasma é uma substância protoplástica que flui do corpo de um médium; é matéria, invisível e intangível em seu estado primário, mas que assume a forma vaporosa, líquida ou sólida em vários estágios de condensação. Geralmente emite um odor. (A palavra ectoplasma foi criada pelo prof. Richet.)

vital para o corpo humano. Como você vê, o ectoplasma desempenha uma parte muito importante na cirurgia espiritual, mas não é algo que tenha utilidade geral e ilimitada. Às vezes você ouve pessoas dizerem que é utilizado para todos os fins, mas isso é uma tolice; não é exatamente assim."

Perguntei: "Se, por qualquer motivo, um cirurgião da Terra remover um pedaço muito grande de um órgão durante uma cirurgia, o senhor poderá substituir esse pedaço que falta pelo ectoplasma?"

"Sim, tento fazer isso, mas nem sempre obtenho êxito. Depende das circunstâncias e também das características do paciente. Mas já tive um bom número de pacientes em cujos corpos restaurei com ectoplasma partes que haviam sido removidas. As radiografias revelaram que as partes que faltavam haviam 'crescido outra vez'."

"O senhor diria que os espíritas, pessoas que acreditam implicitamente no tratamento espiritual, se beneficiam mais das suas operações e dos seus tratamentos do que os outros, que não têm essa fé mas apenas esperam o melhor?"

"De modo nenhum. Isso não faz a menor diferença", afirmou o dr. Lang enfaticamente. "Tudo depende de a pessoa estar 'em sintonia', como vocês dizem.

"Algumas das pessoas que vêm me procurar não acreditam absolutamente em nada, mas intrinsecamente são boas pessoas. Também atendo algumas que são interiormente más. Não estou, porém, interessado nisso. Sou um médico espiritual que está aqui para ajudar os doentes. Assim, levo-os para o sofá, converso com eles, afasto um pouco o seu corpo espiritual – como lhe expliquei anteriormente. Até nas situações mais difíceis consigo criar uma atmosfera calma e livre de emoções, e quando o paciente está relaxado mental e fisicamente, num estado que permita receber o tratamento que eu preciso ministrar, começo a cuidar do seu corpo espiritual.

"Sempre dou muita importância ao fato de que o tratamento espiritual não tem nada a ver com a fé ou com o tratamento pela fé, e está sempre à disposição de quem quer que necessite ser tratado. Com o tratamento espiritual, a esse respeito, ocorre o mesmo que com o tratamento médico. As crenças ou descrenças pessoais de um paciente não têm nada a ver com o tratamento que ele recebe do seu médico particular ou de um hospital; o mesmo se aplica ao tratamento espiritual. A única coisa que ajuda o tratamento espiritual a provocar resultados mais imediatos no corpo físico é o desejo, por parte do paciente, de melhorar, mas isso ocorre com a medicina em geral.

"Acho que seria conveniente falar dos rituais de tratamentos que são, de vez em quando, realizados e conduzidos por pessoas com fortes convicções religiosas.

"Durante esses serviços, são entoados hinos, canções e orações fervorosas em favor dos membros da congregação que estão doentes. Esses procedimentos geralmente continuam até que seja atingido um estado emocional e, com ele, uma certa quantidade de energia magnética. Essa energia penetra então no corpo dos pacientes e, estando assim temporariamente revitalizado o armazenamento de energia, a aura torna-se mais brilhante e os pacientes se sentem um tanto melhor.

"O efeito, no entanto, não é duradouro, e depois de alguns momentos os pacientes retornam ao seu estado de saúde anterior, mas com a importante diferença de que seu estado mental é ainda pior do que antes. Eles não entendem a razão da recaída e, se forem profundamente religiosos, tendem a se tornar introspectivos. Isso os leva a questionar se revelaram fé suficiente em Deus e começam a se perguntar se não gozam mais das Suas bênçãos e se estão privados do Seu amor e da Sua compreensão. A maioria deles irá duvidar, daí por diante, de que o tratamento espiritual possa restaurar-lhes a saúde e, com toda probabilidade, jamais buscarão a sua assistência outra vez.

"Nas circunstâncias que acabei de descrever, jamais ocorreu uma cura verdadeira. O doente simplesmente recebeu um tônico espiritual que não teve um efeito duradouro, pois a doença não foi atingida. Não quero dizer com isso que essas igrejas que se empenham em realizar o tratamento espiritual através da oração deixem de tentar ajudar os doentes. Mas se elas não quiserem apenas arranhar a superfície de algo que atualmente não entendem, devem buscar uma nova abordagem do problema e adotar os métodos de tratamento espiritual, e treinar os seus membros para serem instrumentos do Poder Divino, como fez Jesus Cristo com Seus discípulos.

"Existem muitas pessoas com o dom latente da cura que podem ser treinadas para os serviços da Igreja e para a profissão médica. Isso não é uma prerrogativa de poucos, mas muitos não estão conscientes dos dons que lhes foram concedidos. Mas, se essas pessoas pudessem penetrar no domínio do tratamento espiritual, como fez o meu médium, então poderiam estar à disposição de muitos médicos espirituais que estão ansiosos por trabalhar na Terra, da mesma forma que eu, para restaurar a saúde dos doentes.

"Permita-me dizer que o tratamento espiritual é uma ciência – uma ciência do universo – e, para conseguir os resultados de que ela é capaz, temos de obedecer às suas leis. E, sendo uma ciência, o tratamento espiritual não requer cerimônias religiosas, invocações ou emoções. Quero deixar claro, entretanto, que admiro aqueles que, com o espírito de gratidão a Deus, recorrem a hinos e orações de louvor para alcançar os benefícios e bênçãos que esperam receber, mas essas coisas não são essenciais.

"Quando digo que as orações não são necessárias para tornar eficazes os tratamentos espirituais, não se deve supor que os guias espirituais não sejam representantes de Deus. Todos nós somos representantes de Deus e jamais começo uma sessão de tratamento sem dar graças a Deus por me ser permitido voltar à Terra, e também pela utilização do meu médium."

Perguntei ao dr. Lang como ele conseguia visitar muitos milhares de pacientes que o têm procurado através de George Chapman e que normalmente requerem tratamento à distância.

"Oh, não posso exatamente estar em todos os lugares; isso é totalmente impossível", respondeu o dr. Lang. "Na verdade, visito muitos pacientes durante o sono, mas visito apenas aqueles que eu sinto que necessitam da minha atenção pessoal. Os pacientes são visitados por meus colegas em espírito. Não importa para o paciente que seja eu, Basil, Lister ou qualquer outro médico espiritual que vá visitá-lo; o importante é que ele receba o tratamento espiritual e os benefícios que dele advêm."

"Como é que o senhor, ou os seus colegas médicos espirituais, entram em contato com os pacientes?"

"Isso é fácil – mas seria mais correto dizer que os pacientes entram em contato *comigo*. Quando um paciente está doente, ele envia uma vibração mental, que deve ser muito positiva. Então, quando essa vibração é recebida pelo mundo espiritual, é captada por alguém que a transmite a mim.

"Com muita freqüência, quando uma pessoa se sente muito doente e deseja que eu a atenda tão rapidamente quanto possível, eu posso estar realizando uma operação ou então examinando um paciente e não posso, conseqüentemente, receber a mensagem mental. Assim, quem quer que capte a vibração vai ajudar o paciente e depois volta para me dizer o que aconteceu. Tão logo eu esteja livre, sou levado aonde o paciente está."

"O senhor diria que o tratamento à distância é tão eficaz quanto o tratamento por contato?"

"Oh, meu bom Deus! Não. O tratamento por contato é muito mais eficiente. Vou explicar. Quando alguém vem me ver aqui e eu descubro que posso ajudá-lo, faço uma operação em seu corpo espiritual. Então, depois, quando o visito durante o sono, posso cuidar daquilo que necessita ser feito – porque operei o seu corpo espiritual durante o tratamento por contato – e, freqüentemente, uso raios curativos; eis por que as pessoas geralmente vêem luzes.

"Falando francamente, quando uma pessoa escreve solicitando um tratamento à distância – alguém com quem não tive um contato direto anteriormente –, os resultados não são assim tão surpreendentes.

"Naturalmente, o tratamento à distância é de considerável importância. Em muitos casos, quando o paciente está muito doente – talvez uma criança ou alguém que esteja acamado – e eu sei que posso realmente fazer algo, então a ajuda é muito eficaz, mesmo que o paciente nunca tenha feito o tratamento por contato. Mas não pense jamais que poderemos abolir o tratamento por contato e nos dedicarmos apenas ao tratamento à distância. Este é, falando de modo geral, um tratamento do espírito, enquanto que, com o tratamento por contato, posso realizar *qualquer* operação que seja necessária e, podendo me expressar através do médium, tenho a possibilidade de utilizar o poder quase ilimitado do mundo espiritual."

"Tendo investigado muitos casos nos quais o senhor usou o tratamento à distância, descobri que alguns deles tiveram como resultado curas verdadeiramente milagrosas."

"Sem dúvida. Alguns pacientes que visitamos são muito ligados ao mundo espiritual. E quando eles se encontram realmente em seu nível mais baixo de consciência, podemos afastar os seus corpos espirituais para bastante longe – para o mundo espiritual, por assim dizer. Posso então operá-lo e dar-lhe o tratamento, da mesma forma que faço no tratamento por contato. Em certas ocasiões – enquanto o médium está dormindo profundamente no seu período de descanso normal –, posso me utilizar também de algumas de suas energias para suplementar o tratamento, nesses casos específicos de tratamento à distância, e, se existir alguém da família que tenha a mesma disposição espiritual, posso também fazer a mesma coisa. Eis por que, em alguns casos, o tratamento à distância é tão eficiente quanto o tratamento por contato. Mas lembre-se sempre que esses casos especiais são poucos e raros."

"Então o senhor aconselharia a quem esteja sofrendo de uma doença grave a vir procurar um tratamento por contato, sempre que for possível?"

"Sim – se for possível."

"Um dos seus pacientes contou-me que o senhor tem um secretário no mundo espiritual que mantém registros completos de todos os seus pacientes. Isso é verdade? E, se for, o nome dele é Hunt?"

"Sim, é verdade. O nome dele, originariamente, era John Hunter, mas decidimos mudá-lo para Hunt. De fato, ele era um amigo meu durante a minha existência na Terra, e aqui nossa amizade prosseguiu normalmente. Agora, embora eu tenha dito que ele é meu secretário, isso não está totalmente correto porque, em primeiro lugar, ele me dá conselhos, uma grande ajuda e também mantém meus registros em ordem.

"Graças ao caro Hunt, eu sei qual é a doença de um paciente tão logo ele chegue à minha presença, pois, veja, enquanto atendo a um paciente, Hunt anota tudo o que acontece durante a consulta. Ontem, por exemplo, chegou um paciente chamado Clark, mas Margaret não pôde lembrar-se de nada a seu respeito porque fazia muitos anos que ele não vinha aqui. Logo que ele abriu a porta, pude, no entanto, dizer: 'Oh, sim eu o conheço', e falar sobre sua visita ocorrida há alguns anos – por causa dos inestimáveis registros de Hunt."

A conversa voltou ao tema do tratamento espiritual e o dr. Lang me confirmou que ele e seus colegas são capazes de curar quase todas as doenças – desde que não seja demasiado tarde para o tratamento espiritual. Ele citou muitos dos êxitos obtidos com diversas vítimas da poliomielite pela remoção do vírus mortal, o que evitou a paralisia. O dr. Lang também me forneceu provas de que ele e seus colegas haviam conseguido salvar vítimas da leucemia.

"A palavra 'incurável' que há muito vem sendo utilizada na medicina – e suponho que eu mesmo a tenha empregado em certas ocasiões – nem sempre é apropriada", concluiu o dr. Lang. "Quando posso avaliar a energia vital de um paciente, a centelha, se assim você quiser chamá-la, o desejo de ficar curado – e quando o paciente está determinado a lutar contra a doença, então, naturalmente, posso ajudá-lo.

"Não adianta buscar ajuda de alguém que possa curar ou de um médico, e desempenhar um papel passivo. Um paciente, especialmente um paciente 'incurável', deve cooperar, manifestando o seu desejo de ficar curado.

"Falando francamente, nada é incurável – desde que o paciente busque ajuda quando a sua saúde se deteriora e não lute contra a ajuda que lhe é proporcionada."

Capítulo 34

SEMPRE VITORIOSO?

Seria razoável admitir que quem quer que leia este rol de sucessos venha a pensar que eles são inevitáveis. Perguntei a William Lang se isso poderia ser dito do seu trabalho.

"Não. Eu não faço milagres e não levo os pacientes a acreditar que eu possa fazê-los. Quando minhas operações espirituais e meus tratamentos terminam em fracasso – e, infelizmente, isso ocorre de vez em quando. embora, graças a Deus, apenas raramente –, isso se deve ao fato de que até os médicos espirituais trabalham dentro de uma estrutura de leis naturais. Conseqüentemente, a idade influi bastante na saúde de cada um. As partes do corpo desgastadas pela idade não podem ser totalmente restauradas. Mas, nesses casos, quando posso reconhecer que a vida terrena de um paciente está se aproximando do fim, continuo a fazer tudo para aliviar-lhe o sofrimento. Posso até realizar operações no seu corpo espiritual usando o ectoplasma, mas isso é apenas uma medida temporária para assegurar algum alívio e conforto para ele. Quando a vida terrena está próxima do seu inevitável término, não podemos prolongá-la, mas nos esforçamos para tornar a passagem do paciente para o mundo espiritual tão fácil quanto possível.

"Uma outra razão pela qual as operações e o tratamento espirituais nem sempre obtêm sucesso é porque alguns pacientes vêm me procurar quando já é muito tarde. Nesses casos, a doença – quase sempre causada por uma perigosa infecção virótica – já assumiu um controle devastador sobre o paciente. Em conseqüência, tudo o que eu puder fazer será inútil, isso num sentido permanente. Não, as operações e o tratamento espirituais nem *sempre* obtêm êxito. Mas gostaria de enfatizar, mais uma vez, que nenhuma doença é incurável quando o paciente vem me consultar em tempo hábil."

Falei também com George Chapman sobre o mesmo assunto e ele me disse francamente que algumas pessoas não se beneficiam totalmente do tratamento do dr. Lang. Ele lembrou um caso ocorrido há sete anos.

"Os parentes de um paciente que estava internado num grande hospital de uma cidade do interior, no oeste do país, pediram-me para ir vê-lo e ministrar-lhe tratamento espiritual", disse ele. "Disseram-me que o cirurgião encarregado do caso tinha dado permissão para que isso fosse feito. Contaram-me também que havia um registro anterior de pneumonia e remoção de apêndice e que, naquela ocasião, pensava-se que o paciente estava sofrendo de um deslocamento de disco da coluna vertebral. No entanto, o cirurgião havia feito uma operação e removido um abscesso canceroso; mais tarde, foi feita outra operação em Londres para a remoção de uma úlcera duodenal. Um pouco antes de me terem chamado para visitar o hospital, havia sido realizada mais uma operação para cuidar de problemas do fígado e da próstata. Havia uma séria preocupação a respeito das condições do paciente e a equipe médica do hospital mantinha poucas esperanças de recuperação. O paciente sofria de severas e constantes dores, motivo pelo qual estavam sendo aplicadas grandes doses de morfina.

"Quando o vi, numa ala particular do hospital, parecia que o seu fim estava próximo. A equipe do hospital foi muito gentil e colaborou bastante; uma enfermeira permaneceu com o paciente enquanto entrei em transe e o dr. Lang, logo após, assumia o controle. Como era natural, ele fez tudo o que podia para aliviar as dores do pobre homem e obteve sucesso. O paciente ficou mais calmo e tranqüilo. O dr. Lang falou com a enfermeira durante o tratamento, e com a mãe do paciente, dizendo o que estava fazendo e explicando a ela que, embora o seu filho estivesse desenganado, seria possível aliviar o seu sofrimento. A mãe, como era de se prever, ficou muito agradecida. Poucos dias depois, o homem morreu tranqüilamente.

"Uma tarde, cerca de um ano depois desse incidente, minha esposa recebeu uma chamada telefônica a respeito de uma criança que estava passando muito mal num grande hospital público do meio-oeste. O cirurgião que a atendia duvidava que a criança sobrevivesse àquela noite. Como era natural, o pai e a mãe da criança estavam desvairados. Isso me tocou profundamente, pois adoro crianças. Assim, prometi que iria imediatamente ao hospital a fim de que o dr. Lang pudesse fazer o que fosse possível pela criança. Era uma noite escura e chuvosa e o tempo estava péssimo.

"Quando cheguei ao hospital, soube que a criança sofria de leucemia e estava recebendo uma transfusão de sangue. Tive de aguardar por muito tempo na depressiva atmosfera de uma sala de espera, fazendo o possível para confortar os pais que estavam desesperados. Ao contrário do que me havia sido dado a entender, eles não haviam obtido permissão da direção do hospital para a minha visita. Isso resultou em outra demora; porém, quando abordado, o cirurgião deu seu consentimento e, de fato, esteve presente enquanto o dr. Lang atendia à criança.

"Era uma hora da madrugada quando saí do hospital; porém, a despeito das desanimadoras condições da viagem de volta para casa, senti que, mesmo que a criança não pudesse ser salva, havíamos feito tudo o que podíamos. Não me foi possível voltar ao hospital novamente; em vez disso, foi ministrado o tratamento à distância. Foi uma pena que a vida dessa criança não pudesse ter sido salva. O chamado tinha sido feito muito tarde. A única coisa a fazer era tornar suas últimas horas na Terra tão confortáveis quanto possível.

"Tanto o tratamento por contato quanto o ministrado à distância tiveram o efeito desejado. Três semanas após a minha visita ao hospital, a criança pôde voltar para casa, onde passou alguns meses feliz, antes de sua passagem tranqüila para o mundo espiritual."

Num estado de espírito mais animado, George Chapman continuou a falar:

"Nem todas as nossas visitas aos hospitais terminaram de um modo triste. O sr. O., por exemplo, escreveu solicitando tratamento à distância para sua esposa, que estava internada num hospital com câncer no seio. Ele perguntava se eu poderia ir vê-la e ministrar um tratamento por contato. O cirurgião havia concedido permissão para que isso fosse feito. Assim, me dirigi ao hospital. William Lang decidira que era preciso realizar algumas operações no corpo espiritual da mulher e, quando finalmente terminou a cirurgia, declarou que ela estava livre do câncer e pediu que o cirurgião confirmasse isso.

"O cirurgião reexaminou a paciente e, por estar em dúvida, decidiu solicitar outra opinião. A mulher foi examinada por outro especialista, mas este também foi incapaz de expressar um parecer definitivo. A situação foi explicada ao esposo, a quem perguntaram se permitiria que fosse realizada uma operação exploratória para que o cirurgião pudesse verificar exatamente o que havia acontecido. O homem concordou e, depois da operação realizada, foi confirmado que 'tinha havido um diagnóstico errado; tratava-se de um pequeno cisto que desaparecera, e de nada mais.'

"A paciente saiu do hospital três dias depois. Isso ocorreu em fevereiro de 1954 e, desde então, vem passando bem."

Perguntei a Chapman se ele podia me fornecer a porcentagem global de falhas.

"Infelizmente não sei", respondeu ele. "Não é fácil para mim compilar registros precisos sobre os resultados do tratamento de William Lang, porque dependo totalmente das informações dos pacientes. Pedimos a todos os pacientes que vêm aqui, para tratamento por contato, e àqueles que recebem tratamento à distância que nos enviem relatórios regulares sobre o seu estado de saúde. Quando eles atendem a essa solicitação, eu sei até que ponto o tratamento é bem-sucedido. Entretanto, o problema é que a maioria deles deixa de me escrever quando estão totalmente recuperados. Mas não tenho meios de saber se a cura foi permanente. Na verdade, quando um paciente sente qualquer tipo de deterioração em sua saúde, ele escreve imediatamente pedindo uma consulta com o dr. Lang, ou que lhe seja ministrado tratamento à distância; mas isso não garante que aqueles que *não* se comunicaram comigo depois de haverem relatado uma cura completa de suas doenças *estejam* definitivamente curados.

"Você mesmo, quando examinou meus arquivos, descobriu que os pacientes, de repente, 'se evaporaram'. Observou que muitos dos registros dos pacientes estão longe de ser atualizados e que as últimas anotações, em vários deles, datam de dez anos atrás, ou mais. Eu gostaria de pensar que, quando um paciente não me informa mais sobre o seu estado de saúde, é pelo fato de que fomos capazes de curá-lo definitivamente. Mas como podemos ter certeza disso? De fato, a única evidência autêntica que eu tenho de que os pacientes ficaram totalmente curados desde que pararam de me escrever foi a que você me forneceu após tê-los encontrado em suas casas.

"Se eu quisesse manter todos os históricos atualizados, a fim de saber exatamente o que aconteceu com eles, teria de empregar uma equipe de funcionários apenas para se encarregar da correspondência e dos arquivos. E eu, também, teria de dedicar boa parte do meu tempo a esse trabalho. Como as coisas estão, não me sobra sequer tempo disponível para possibilitar que William Lang atenda a todos os pacientes que solicitam consultas. Tenho de tentar marcar datas para eles no futuro e providenciar para que recebam tratamento à distância durante o período de espera. Acho que é mais importante passar o tempo disponível que me resta (após cuidar dos relatórios sobre a saúde dos pacientes, etc.) em transe, para possibilitar que o dr. Lang cuide dos doentes, em vez de organizar registros confiáveis pós-tratamento."

Em tais circunstâncias, infelizmente, não posso dar uma resposta sobre quais as proporções em que ocorrem os insucessos entre o imenso número de êxitos obtidos pelo dr. Lang.

Durante minhas pesquisas, entrevistei 153* ex-pacientes de Lang-Chapman e, depois de minuciosas averiguações em todas as circunstâncias, descobri que esses homens e essas mulheres haviam sido curados completamente e para sempre pelo dr. Lang – a maioria deles há muitos anos.

Depois de ouvir as opiniões de Lang e Chapman sobre se o tratamento espiritual é sempre bem-sucedido, decidi saber o que pensava sobre o assunto uma pessoa ligada à medicina. A pessoa mais bem qualificada para responder a essa pergunta me pareceu ser o dr. S. G. Miron, o cirurgião-dentista já citado neste livro, pelo fato de ser capaz de falar com autoridade tanto do ponto de vista ortodoxo como pelo conhecimento pessoal dos feitos de William Lang. Fui direto ao assunto: "Co-

* Alguns desses pacientes opuseram-se, por razões estritamente pessoais, a que eu publicasse seus nomes e endereços, mas se mostraram dispostos a me fornecer todas as informações solicitadas sobre o seu histórico médico, tratamento e cura efetuados pelo dr. Lang. Eles também me autorizaram a confrontar e conferir suas afirmações gravadas por mim. Alguns sugeriram que eu citasse apenas as iniciais de seus nomes. Porém, como não estavam dispostos a ser interrogados por outros pesquisadores, se necessário, decidi não incluir os seus casos neste livro. Expliquei anteriormente que pretendia me ocupar apenas dos pacientes *conhecidos* e que estivessem dispostos a confirmar minha pesquisa sobre as suas curas. Com espaço limitado, a omissão dos pacientes que desejavam permanecer anônimos serviu a um duplo propósito.

mo pesquisador do trabalho de William Lang, o senhor diria que as operações espirituais são sempre bem-sucedidas?"

"Não. Não acho que seja assim. Eu diria que elas não são mais bem-sucedidas que as operações que ocorrem nesta fase da nossa existência. As razões, no entanto, são muito mais profundas e obscuras.

"Tenho presenciado muitas operações em hospitais que, do ponto de vista técnico, foram completamente bem-sucedidas, mas os pacientes morreram, por uma razão ou por outra. Em alguns casos, a causa da morte não foi plenamente esclarecida.

"No entanto, basta dizer que a maioria dos casos que chegaram às mãos de William Lang foram os menos beneficiados pelo tratamento médico e cirúrgico ortodoxo, e muitos já se encontravam num estágio muito avançado. Todavia, eu mesmo sei de numerosos casos de portadores de câncer, tidos como incuráveis, que se recuperaram e voltaram ao seu estado de saúde normal após o tratamento espiritual ministrado por William Lang.

"Os objetivos das operações espirituais são múltiplos, mas geralmente não diferem daqueles das operações realizadas pelos cirurgiões comuns. Mesmo quando as operações ou tratamentos espirituais realizados por William Lang não curam um paciente gravemente doente, posso dizer sem hesitar – falando por experiência própria e tendo em vista a pesquisa sobre o trabalho de Lang – que o doente fica imensamente aliviado e tem sua passagem para o próximo plano de existência grandemente facilitada."

Durante as inúmeras entrevistas que mantive com William Lang e com George Chapman, quase sempre nos referíamos à impossibilidade de serem marcadas consultas antecipadas para todos os novos pacientes, mas apenas para alguns poucos. "Só se houver um cancelamento, um novo paciente, cujo caso seja de urgência, poderá ser atendido. De outro modo, por mais doloroso que isso seja, ele terá de esperar a sua vez", disse-me Chapman.

"A verdadeira solução do problema está no treinamento de outros médiuns para trabalhar com os médicos espirituais que estão aguardando o dia em que possam exercitar suas habilidades na Terra, da mesma forma que William Lang", eu disse.

"Isso é verdade, no que diz respeito aos princípios das atividades de William Lang, considerados como a abordagem direta médico-paciente, mas isso requer um longo treinamento", disse Chapman. "Lembra-se de quantos anos levou o meu treinamento pelo mundo espiritual antes que eu fosse capaz de trabalhar com William Lang?"

"Você sabe se médiuns de sua espécie estão sendo treinados atualmente para trabalhar com médicos espirituais na Terra?"

"Não sei que tipo de treinamento está sendo dado aos médiuns de cura pelos espíritos, mas me atrevo a dizer que esses esforços estão sendo feitos, porque William Lang disse isso em várias ocasiões", respondeu Chapman. "A única coisa que posso lhe dizer com certeza é que um médium de transe e uma pessoa que cura sem estar em transe estão sendo treinados aqui, na clínica gratuita das terças-feiras."

"Como é feito esse treinamento do médium de transe?"

"Bem, acho melhor você perguntar ao meu guia. Tudo o que eu puder lhe contar está baseado apenas no que me disseram, pois, como sabe, quando estou em transe não tomo conhecimento do que quer que ocorra neste lugar. William Lang poderá lhe responder mais precisamente, porque ele é quem está fazendo o treinamento."

Apresentei a questão ao médico espiritual e ele deu-me a seguinte explicação:

"Tenho uma senhora como aluna na clínica gratuita das terças-feiras, e ela é uma candidata a médium de cura muito promissora. De fato, ela está sendo treinada para ser instrumento do seu próprio pai e para possibilitar que ele trabalhe, da mesma forma que George me dá essa possibilidade. Ora, o pai dela foi um ótimo médico enquanto viveu na Terra e é grande amigo meu. Ele está esperando o dia em que poderá recomeçar seu trabalho de cura. Está ansioso para iniciar sua clínica como médico espiritual, através da sua filha, em Hayes, Middlesex."

"De que forma o senhor está realizando esse treinamento?"

"Eu estou apenas ajudando", o dr. Lang corrigiu-me. "O verdadeiro treinamento *mediúnico* está sendo feito pelos seres espirituais que têm o necessário conhecimento nesse campo específico – o mesmo processo empregado com George quando ele estava sendo preparado para se tornar meu instrumento, antes que eu assumisse o controle do seu corpo em estado de transe. Entretanto, a fim de abreviar o período de treinamento tanto quanto possível e para possibilitar que o seu pai possa se tornar um médico espiritual mais rapidamente, a filha recebe aqui o que eu poderia chamar de instrução preliminar sobre a cirurgia espiritual. E, enquanto ela aqui está, desenvolvendo-se e tomando conhecimento do seu poder de cura, o pai dela observa e se familiariza com os nossos métodos de tratamento, e também aproveita cada oportunidade para experimentar assumir o controle do corpo do seu futuro instrumento."

"Quando o senhor acha que essa senhora estará suficientemente treinada?"

"É muito difícil dizer", respondeu o dr. Lang diplomaticamente. "O período de treinamento de um médium de cura – um médium igual a George – é muito longo. Mas a jovem senhora está evoluindo de modo promissor."

"Isso significa que, quando chegar o dia em que esse novo médico espiritual possa trabalhar através do seu médium, o senhor e George não estarão mais tão sobrecarregados de trabalho como estão agora?"

"Bem, sim. Como você sabe, neste país existem muitas pessoas que ministram tratamento espiritual sem estar em transe. E algumas delas estão realmente adquirindo fama, sendo-lhes creditados muitos êxitos. Porém, muitos pacientes, atualmente, não se contentam apenas em receber tratamento e em ser curados por uma pessoa mediante intervenção espiritual, mas querem falar com eles e explicar-lhes qual a sua doença. Elas gostam de falar com o médico espiritual, gostam de fazer-lhes perguntas – como fazem aos médicos e especialistas da Terra. Eis por que é tão importante que sejam treinados tantos médiuns de cura quanto possíveis, para possibilitar o trabalho de médicos espirituais através dos mesmos."

"Tanto quanto é do seu conhecimento, existem muitos médiuns de cura sendo treinados para servirem como futuros instrumentos aos médicos espirituais que desejam voltar à Terra?"

"Um número apreciável está sendo treinado; mas, como é natural, apenas médiuns *natos* podem ser desenvolvidos para essa tarefa especial. Porém, com o passar do tempo, novos médiuns de cura irão surgir e mais e mais médicos espirituais terão a possibilidade de realizar operações e ministrar tratamentos a todos os sofredores que necessitem de auxílio urgente."

"Se o número de médicos espirituais aumentar com o passar do tempo, isso não afetará a existência das pessoas que curam sem entrar em transe, muitas das quais, como disse o senhor, conseguem notáveis sucessos com doenças incuráveis?"

"Não, jamais haverá um número suficiente de *bons* curadores. Cada vez mais as pessoas estão se voltando em busca da cura espiritual. Portanto, é óbvio que se faça necessário um número muito maior de curadores e de médicos espirituais."

"Se, afinal, houver uma rede muito mais densa de médicos espirituais e de pessoas que curam sem estar em transe, isso não irá afetar a classe médica?

"Graças a Deus, não! Não estamos competindo com a classe médica. Estamos fazendo tudo o que podemos para cooperar com ela, na medida que os seus membros nos permitem fazê-lo. Atualmente, há, proporcionalmente, poucos médicos que aceitam a nossa cooperação; a maioria deles recusa-se obstinadamente a admitir qualquer êxito obtido através de operações ou tratamentos espirituais. Mas quando um grande número de médicos espirituais e de pessoas que curam sem entrar em transe, de qualidade excelente, forem capazes de atuar em todas as partes do universo, e as provas irrefutáveis da eficiência da cura espiritual estiverem além de qualquer dúvida, a classe médica modificará a sua atual atitude hostil e virá, finalmente, a cooperar. Então, a humanidade se beneficiará, como de direito, em grande escala. Sofrimentos desnecessários e mortes prematuras tornar-se-ão coisas do passado.

"Quem quer que pense em termos de competição entre o tratamento espiritual e a classe médica está redondamente enganado. Resumo isso da seguinte maneira:

"O tratamento espiritual cura as doenças e proporciona conforto aos doentes, mas todos sempre devem reconhecer que a classe médica também faz isso. É uma profissão excelente, sem a qual a humanidade não poderia sobreviver. Cirurgiões, médicos e enfermeiras prestam maravilhosos serviços aos doentes de todo o mundo. Nenhum curador jamais deve desencorajar um paciente de procurar um médico; na verdade, deverá sempre aconselhá-lo a buscar ajuda da classe médica. Sempre que for possível, os médicos devem tomar conhecimento de que seus pacientes estão recebendo tratamento espiritual. Deverá haver a mais plena cooperação entre as duas profissões porque cada uma delas aprende muitas coisas da outra. Além de tudo, a moderna medicina científica deve muito aos seus primeiros precursores. E, principalmente, os médicos espirituais que voltam à Terra para ministrar seus tratamentos foram médicos durante sua existência terrena. Como você pode ver, falando de maneira geral, embora estejam atualmente a quilômetros de distância, médicos espirituais e médicos terrenos pertencem à mesma classe – a classe cujo nobre objetivo é curar os doentes."

A apaixonada veemência com que o dr. Lang falou revela seu grau de preocupação com o bem-estar da humanidade. E também mostrou, mais uma vez, quão energicamente ele luta pela eliminação das barreiras existentes entre a medicina ortodoxa e o tratamento espiritual. Com certeza, essas são razões suficientes para que se faça uma tentativa a fim de conseguir uma união que, por certo, virá a beneficiar a humanidade.

Capítulo 35

O TRATAMENTO ESPIRITUAL CURA – FATO OU FICÇÃO

Quando fui ver o dr. William Lang no dia 6 de janeiro de 1964, dirigi o meu carro para Aylesbury como um cético, mas, ao escrever este livro catorze meses depois, estou firmemente convencido de que esse homem aparentemente idoso, que usa um casaco branco e recebe pacientes em St. Brides é, com certeza, o espírito do falecido William Lang, membro do Real Colégio de Cirurgiões, que atua através do corpo do seu médium. Estou igualmente convencido de que, naquela casa de Aylesbury, são realizadas curas de natureza milagrosa todos os dias.

Minha convicção está apoiada pelas persistentes e minuciosas investigações e pesquisas em que me empenhei durante os últimos doze meses. Naturalmente, os primeiros laivos de crença provieram de minha própria experiência relacionada com os meus olhos, cuja visão ainda está melhorando progressivamente. Porém, como afirmei no início deste livro, minha intenção não é tentar convencer quem quer que seja a adotar o meu modo de pensar.

Enquanto trabalhava neste livro, falei freqüentemente com médicos e enfermeiras sobre as curas creditadas ao dr. Lang. Muitos deles estiveram em contato, de um modo ou de outro, com notáveis mudanças para melhor ocorridas depois que os pacientes buscaram ajuda em Aylesbury. Alguns deles endossaram publicamente o fato de que curas extraordinárias de doenças incuráveis haviam sido provocadas pelas operações e pelo tratamento do médico espiritual. Outros, a despeito de se confrontarem com provas autênticas de curas, ainda insistiram em que as leis da natureza poderiam e deveriam ter colaborado para que isso acontecesse – mesmo tendo em vista as esmagadoras probabilidades médicas e matemáticas contra a possibilidade de que isso ocorresse. E, naturalmente, havia aqueles que não queriam se comprometer de maneira nenhuma. Diziam apenas que não estavam convencidos de que os fenômenos *tinham* ou *não tinham* sido provocados pelo tratamento espiritual. Com toda a honestidade, devo confessar que esse último grupo, o *não-comprometível*, era constituído do maior número. Ele também se caracterizou pelo seu *consensus ad idem* sobre um ponto específico: todos os seus membros disseram que não estavam preocupados quanto à forma pela qual as curas tinham acontecido; o importante era que elas tinham acontecido.

Em freqüentes ocasiões, falei também com meu amigo Liam Nolan – um escritor e um homem muito crítico e sensato, possuidor do que eu considero ser um alto grau de inteligência – sobre a parceria Lang-Chapman, seus fabulosos sucessos e, em particular, sobre a fantástica melhora da minha visão. Nós nos conhecemos apenas *depois* de William Lang me salvar da ameaça de cegueira; assim, Nolan não sabia, por observação pessoal, como estava terrivelmente deficiente a minha visão antes de minha visita a St. Brides.

Eu tinha consciência do fato de que Nolan estava longe de estar convencido de que o médico espiritual pudera realizar todas as curas miraculosas sobre as quais eu lhe falara, uma vez que ele era muito educado para insistir em perguntas ou para duvidar abertamente de qualquer coisa que eu dissesse. O brilho de ceticismo em seus olhos, no entanto, demonstrava que ele estava longe de aceitar que os acontecimentos dos quais lhe tinha falado houvessem ocorrido. Tive medo de que ele pensasse que eu poderia estar sendo vítima da auto-ilusão. Enquanto o tempo passava e continuávamos a falar de William Lang e de seu trabalho, tornava-se mais óbvio do que nunca que Nolan não podia compreender como o cético e impassível jornalista e escritor que ele sabia que eu era podia admitir algo que facilmente poderia ser uma simulação ou uma fraude. Naturalmente, ele jamais fez uma observação tão grosseira, mas eu tinha uma boa idéia de quais eram os seus pensamentos.

Então, um dia, quando eu estava contando um exemplo particularmente surpreendente da habilidade de Lang que eu acabara de investigar, sugeri ao meu amigo escritor que ele fosse comigo a Aylesbury para conhecer o médico espiritual e o seu médium. Ele concordou prontamente. Isso não me surpreendeu, pois eu conhecia o tipo de mente impassivelmente analítica e observadora que ele possuía e estava totalmente seguro de que, quando eu fizesse essa sugestão, sua resposta seria de aceitação.

Nosso encontro com William Lang estava marcado para as quatro horas da tarde – depois que o médico espiritual tivesse atendido o último paciente do dia.

Liam Nolan sentou-se em frente do médico, com ceticismo e cautela estampados em seu rosto. Eu me sentei no sofá ao fundo da sala, observando os dois e ouvindo o interrogatório que o meu amigo fazia. À medida que o encontro decorria, a refinada sinceridade do médico espiritual começou a produzir algum efeito sobre a semi-hostilidade de Nolan. Sua avaliação tornou-se um pouco mais amistosa, embora ele continuasse a interrogar o médico espiritual sobre um amplo leque de assuntos. Por uma ou duas vezes, suas perguntas fizeram com que Lang se levantasse da sua cadeira e caminhasse para um retrato na parede e para uma estante.

A entrevista durou cerca de uma hora.

Depois, quando George Chapman readquiriu a consciência, Nolan conversou com ele de uma maneira informal sobre Liverpool, a juventude de Chapman, seu trabalho e muitos outros tópicos. Era totalmente óbvio, para mim, que ele estava deixando a conversação fluir, tentando, por uma astuta sondagem e jogos de palavras, fazer com que Chapman falasse tanto quanto possível. Certa vez, ele me havia dito que se uma pessoa falar por muito tempo e com bastante liberdade, poderemos decifrar o seu caráter. Parecia-me que, naquele momento, ele estava tentando descobrir algumas semelhanças entre os modos de falar de Chapman e de Lang.

Mais tarde, quando eu estava sentado ao lado de Nolan enquanto ele dirigia o seu carro ao longo da rodovia A-413 em direção a Londres, perguntei o que ele achara do seu encontro com o médico espiritual e seu médium.

"Sinto ter de dizer isso, Joe, mas não estou de todo convencido de que o homem que usa um casaco branco seja William Lang, o cirurgião", disse ele.

"E quanto às marcantes diferenças no modo de falar e ao comportamento entre o homem que estava no consultório e Chapman, com quem você acabou de tomar chá?", perguntei.

"Isso não me convenceu de maneira nenhuma. Quem quer que tenha tendência para o teatro e algum talento poderá desempenhar dois papéis de um modo bastante convincente. Truques vocais não são de todo difíceis, como você sabe."

"Não concordo", disse eu; mas não prossegui com a discussão e passei para uma próxima pergunta: "O que você me diz do vasto conhecimento sobre medicina do médico espiritual, que você averiguou até certo ponto enquanto o interrogava? George Chapman não teve absolutamente qualquer instrução sobre o assunto – ele foi mecânico de automóveis, açougueiro, serviu na RAF durante a guerra e terminou sendo um bombeiro, antes de se tornar um médium em tempo integral."

"Como é que *você* sabe que Chapman não tem conhecimento médico?" – foi a pergunta que ele desfechou.

"Eu pesquisei o seu passado e verifiquei que ele teve apenas educação de escola primária. Além disso, muitas pessoas experientes o interrogaram durante o seu estado de vigilia sobre temas médicos e confirmaram que ele não tinha qualquer tipo de conhecimento sobre medicina."

"Tudo isso pode ser um ato calculado", disse Nolan. "Admitindo-se que ele não tenha recebido educação superior, isso não significa que ele não seja inteligente. E não é de todo difícil para uma pessoa inteligente selecionar de uma enciclopédia ou de livros de referências médicas, numa biblioteca, um vocabulário de termos médicos que provoque boa impressão. Principalmente se ele desejar ardentemente fazer isso."

"Você não está indo um pouco longe demais, Liam?"

"Acho que não, Joe. Se, por alguma razão melhor, conhecida por ele mesmo, Chapman quisesse criar a impressão de que, no seu consultório, ele é o médico espiritual Lang, mas em seu estado consciente ele é apenas um homem comum, seria fácil para ele dizer que não sabia nada sobre medicina quando está, de novo, agindo como George Chapman."

"Muito bem, digamos que aquilo que se credita ao médico espiritual seja um embuste – uma fraude se você quiser. . ."

"Eu não disse isso", interrompeu-me Nolan.

"Eu sei. Mas suponhamos que tudo isso seja um embuste, uma fraude, um artifício, um truque ou o que quer que seja que queiramos chamá-lo. Que benefício isso traria a Chapman?"

"Bem, existem dois motivos básicos pelos quais ele poderia estar fazendo isso."

"A saber?"

"A saber: *um*, dinheiro. *Dois*, pode ser que ele esteja realmente interessado em induzir as pessoas a pensarem que estão sendo curadas. Quero dizer: pode ser que exista um motivo muito forte – uma espécie de força de vontade médica. Ou uma profunda compaixão humana pelas pessoas que estão doentes e que, por causa do seu poder de convencimento, reconhecem, afinal, que não estão tão mal assim. Algumas pessoas, como você sabe, quase sempre têm em mente que não estão passando bem."

"Deixemos, por enquanto, o dinheiro de lado", eu disse, "pois acho que posso provar, realmente, que esse problema não existe. Vamos examinar o segundo motivo: que ele está interessado, como você disse, em 'induzir' as pessoas a pensarem que se sentem melhor. Como é que ele faz isso? Como, se não existe nenhum médico espiritual atuando por seu intermédio?"

"Eu não pensava que milagres fossem de competência exclusiva de médicos espirituais", replicou ele. "Afinal, mais de quinhentos milhões de fiéis da Igreja Católica Romana possuem uma relação muito fundamentada de milagres que vêm acontecendo há aproximadamente dois mil anos. E eles acreditam que isso se deve a Deus e aos santos. E quanto a Lourdes? Até não-cristãos e anticristãos têm feito parte de equipes de médicos e investigadores que confirmaram curas ali ocorridas. Os cristãos podem dizer também que as curas que ocorrem em Aylesbury são atos de Deus. E você diria que não são?"

"Não, pois tanto William Lang como George Chapman dizem reiteradamente que sempre rogam a Deus por Sua ajuda e que todas as curas provêm de Deus. Você não descrê que milagres possam acontecer!"

"Como católico, eu poderia? Tudo o que estou dizendo é que não estou convencido de que, se ocorrem milagres em Aylesbury, eles acontecem porque William Lang, supostamente, controla George Chapman. E, além disso, ainda não tenho certeza de que ali são realizados milagres. Um milagre verdadeiro é uma coisa muito extraordinária e necessita de uma imensa quantidade de provas. Existe uma coisa chamada auto-sugestão, que é muito poderosa quando utilizada corretamente."

Abandonamos o assunto, por um momento, uma vez que não chegávamos a um acordo.

Algum tempo depois, perguntei a Nolan se ele poderia me ajudar na revisão do livro, reescrevendo algumas partes quando isso fosse necessário. Ele concordou e fiquei satisfeito por várias razões, no mínimo porque eu tinha a certeza de que ele daria uma disposição equilibrada e objetiva ao assunto. Ele não poderia ser "induzido".

À medida que eu reunia o material, viajando por todo o país com meu gravador, o entregava ao meu colega. Abstive-me de perguntar se tinha havido alguma mudança em sua opinião a respeito de William Lang. Eu queria que ele visse as provas, lesse o que os pacientes e os médicos diziam. Alguns meses antes que o livro estivesse concluído, eu o espicacei novamente.

"Qual é, agora, a sua opinião sobre os sucessos de cura obtidos por Lang-Chapman?"

"Ainda não estou cem por cento convencido de que o homem que conheci em Aylesbury seja o médico espiritual que ele alega ser", disse ele num tom de voz semi-apologético.

"E quanto às curas extraordinárias? Você também as refuta?"

"Não, não as refuto", disse ele. "Seria difícil fazê-lo, tendo em vista os históricos de casos comprovados. Parece que aconteceram coisas surpreendentes, e não posso fingir que compreendo como isso ocorreu. Porém, ainda não consigo admitir que existe algo como um corpo espiritual invisível e que Lang, através de Chapman, realize operações nele e obtenha êxitos. Não posso aceitar que ele esteja investido dos poderes de Deus."

"Mas você está disposto a aceitar que, de algum modo inexplicável, acontecem milagres depois que as pessoas visitam St. Brides e que, também de uma maneira estranha, George Chapman encontra-se envolvido com isso?"

"Estou muito relutante em me comprometer com isso, Joe", disse ele. "Parece que aconteceram coisas semelhantes a milagres. Milagres verdadeiros? Não sei. E também não tenho certeza de que George Chapman desempenha algum papel no esquema geral das coisas.

"Porém, sim, concordo que fenômenos de menor ou maior intensidade têm resultado das visitas de George Chapman a pessoas doentes e das visitas destas a ele. Não aceito a sua explicação. Estou confuso."

"No que me diz respeito", disse eu, "estou convencido de que William Lang *é* quem age por intermédio da mediunidade de George Chapman – mas cada um tem todo o direito de ter a sua própria opinião e de aceitar ou rejeitar a *minha* opinião pessoal.

"Segundo penso, o que importa é saber se esses resultados de cura de fato aconteceram ou não. Acho que eles foram provocados por intermédio de Lang-Chapman. Estou convencido disso, mas você e muitas outras pessoas podem contestá-lo. Acontece que também acredito que as únicas pessoas que estão qualificadas para fazer uma declaração autorizada sobre a eficácia das curas de William Lang, bem como dos seus tratamentos bem-sucedidos, são os inúmeros pacientes que receberam tanto o tratamento médico ortodoxo como o tratamento espiritual.

"Todos os pacientes cujos casos estão publicados neste livro são pessoas vivas e todas elas dificilmente podem estar erradas. Elas podem e estão dispostas a confirmar a grande ajuda e os benefícios que receberam através de operações e tratamentos espirituais realizados por William Lang, caso isso seja necessário. Não acho que seja totalmente razoável que qualquer pessoa, por si só, possa rejeitar as alegações sobre os êxitos obtidos por Lang-Chapman, uma vez que existe um grande número de pessoas – pacientes, médicos e enfermeiras – que podem testemunhar em favor do cirurgião 'morto' e do seu médium."

Liam Nolan concordou que a quantidade de evidências era impressionante e que seria injusto rejeitá-las totalmente.

O número de pessoas de todas as posições sociais – neste país e em muitos outros – que acreditam que o tratamento espiritual pode ajudar os doentes e que, conseqüentemente, se utilizam de suas raras possibilidades, está aumentando cada vez mais. No que diz respeito a George Chapman e a William Lang, o rápido crescimento do número de pacientes que solicitam consultas antecipadamente é tão grande que Chapman tem dificuldade para atender a todos.

A despeito dessa tendência, e do fato de que alguns médicos, clínicos, especialistas e diretores de hospitais admitirem os feitos de William Lang, a classe médica como um todo não admite, por enquanto, o tratamento espiritual, de maneira nenhuma. Na verdade, não é raro que quando um caso convincente de cura milagrosa de uma doença considerada incurável, realizada por William Lang, é apresentado para investigação, alguns membros da classe médica apenas abanam a cabeça e dizem: "Não, não podemos aceitar isso. Deve ter havido um engano no diagnóstico inicial."

Na sua persistência em se recusarem a admitir as evidências, esses membros ultra-ortodoxos da classe médica são, de certo modo, inimigos da humanidade porque, *sem tentarem se dedicar a qualquer pesquisa*, recusam deliberadamente qualquer possibilidade de cura que não tenha sua origem na medicina ortodoxa. Felizmente, entretanto, nem todos os membros da classe médica pensam e agem dentro dessa linha de "restrição". Mas, embora essa atual atitude "oficial" em relação ao tratamento espiritual prevaleça, a maioria deles não ousa expressar abertamente suas opiniões, nem se dedica a pesquisas relativas ao assunto, por medo de serem acusados de "conduta contrária à ética profissional".

Não é estranho que cientistas de todo o mundo estejam competindo uns com os outros para estabelecer contatos entre a Terra e os outros planetas, embora nenhuma investigação científica séria esteja sendo feita no campo do tratamento espiritual – um assunto que, reconhecidamente, diz respeito a todos nós? Estabelecer contato com George Chapman e William Lang poderia proporcionar uma base científica para muitas descobertas de tratamento para os doentes e que viriam auxiliar a classe médica.

Embora nem George Chapman nem William Lang jamais tenham afirmado que a cura de qualquer caso surpreendente tenha resultado de um milagre – na verdade, ambos sempre enfatizaram com muita veemência para mim, e vezes sem conta para outras pessoas, que Lang não faz milagres –, os milagres ocorrem *realmente* em Aylesbury.

Capítulo 36

MUDANÇAS PROVEITOSAS

Na primeira edição original deste livro, apresentei em detalhes minuciosos uma descrição precisa e honesta do maravilhoso êxito dos tratamentos e operações espirituais que George Chapman e William Lang realizaram em Aylesbury e no Centro de Tratamento Espiritual de Birmingham – então existente.

Passei mais de um ano investigando com o maior rigor *cada* aspecto dos feitos sem paralelos de Chapman e Lang. Comecei por selecionar ao acaso um lote de registros, contendo anotações sobre de que modo as operações e os tratamentos espirituais haviam curado permanentemente diversas doenças antes classificadas como "incuráveis" pela medicina. Meu próximo passo foi gravar em fitas minhas entrevistas com William Lang, enquanto Chapman estava em transe profundo, para buscar sua explicação do *por que* e de *como* as operações espirituais podiam ter curado doenças, o que a nossa atual medicina ortodoxa, altamente evoluída, não conseguiu fazer. Também entrevistei, exaustivamente, George Chapman e sua esposa, Margaret, que naquele tempo fazia as vezes de recepcionista e estava em contato direto com os inúmeros pacientes que falavam com ela sobre suas doenças, suas melhoras e até sobre assuntos pessoais – para me familiarizar com todas as informações que cada um dos membros da "equipe de tratamento espiritual" pudesse me fornecer.

Talvez minha tarefa mais importante tenha sido a de verificar se os históricos da medicina ortodoxa confirmavam que os pacientes tinham, na verdade, sido vítimas das doenças alegadas, que eram "incuráveis pela medicina", embora os exames clínicos e testes posteriores constatassem que as doenças não podiam ser mais detectadas, que os pacientes apresentavam saúde perfeita e haviam sido, de algum modo, curados. Para que me fosse possível obter alguma informação sobre o estado de saúde anterior (bem como do atual) fornecida pelo médico do paciente, pelas direções dos hospitais e pelos clínicos, eu necessitava, naturalmente, de uma autorização dos pacientes, dizendo por escrito que consentiam que os médicos e hospitais revelassem as informações confidenciais médico-paciente. Entretanto, antes de tentar obter evidências médicas, eu queria primeiro ver os pacientes e gravar em fita os relatos de suas próprias experiências, como eles as interpretavam e delas se lembravam.

Em companhia de minha esposa, Pearl, que havia assumido a dupla função de minha motorista e secretária, percorri milhares de quilômetros entrevistando todos os pacientes de modo mais perspicaz, uma vez que estava determinado a gravar *cada* detalhe sobre as suas doenças, os tratamentos médicos, as operações espirituais e as suas voltas aos seus médicos particulares e clínicos de hospitais *depois* que William Lang lhes dissera que estavam totalmente curados, acrescentando que a cura era o resultado final de seus quase sempre demorados tratamentos espirituais, reiterando que a cura poderia ser permanente durante toda a sua vida e finalmente, propondo que eles fossem ver os seus médicos e clínicos dos hospitais que poderiam confirmar que as doenças outroras "incuráveis" não estavam mais presentes. Fiquei surpreendido com a disposição dos pacientes para revelar cada detalhe que eu necessitava conhecer – mesmo quando uma entrevista informal se transformava, às vezes, num tipo de exame comprobatório necessário, feito quase que como um interrogatório – e a detalhar a maneira como Lang realizava com perícia as operações espirituais que, finalmente, provocavam curas permanentes. Eles também lembravam de quando haviam visitado os seus médicos e os clínicos dos hospitais que haviam mandado fazer diversos exames clínicos e de outros tipos que precisavam ser realizados. Depois disso, anunciaram: nenhum vestígio da doença pudera ser detectado, o que significava a confirmação de que o paciente estava curado. E quando a entrevista acabava, todos os pacientes, sem nenhuma hesitação, concordavam em me entregar uma carta pela qual o médico, a direção do hospital e os clínicos estavam autorizados a me revelar o histórico médico confidencial e a fornecer-me qualquer informação adicional que eu solicitasse.

Embora eu apresentasse a carta de autorização dos pacientes, um esforço totalmente determinado foi necessário para persuadir alguns médicos e, particularmente, a direção de alguns hospitais a cumprirem os termos das cartas de autorização de seus pacientes. Consegui, finalmente, constatar dos históricos médicos que os pacientes tinham, de fato, sido classificados como "clinicamente incuráveis", embora os últimos registros afirmassem: todos os exames confirmaram que não havia sido detectado qualquer vestígio da doença. Dessa forma, obtive confirmação médica oficial de que as operações e os tratamentos espirituais de Lang realmente haviam curado os pacientes anteriormente considerados clinicamente incuráveis.

Enquanto investigava e escrevia este livro, visitava William Lang e George Chapman regularmente em St. Brides e, realizando operações espirituais em meus olhos, a intervalos trimestrais, Lang conseguiu o que era quase impossível. Atendendo à sua sugestão, fui afinal examinado por um oftalmologista, e um exame de vista acurado demonstrou: minha visão havia melhorado a tal ponto que consegui passar no exame obrigatório para a obtenção da carteira de habilitação de motorista.

Tendo reunido irrefutáveis evidências que comprovavam que eu exibia fatos – os quais não apenas eu, mas muitos outros experientes investigadores, especialistas em pesquisas e até membros altamente classificados e liberais da classe médica examinaram, reexaminaram e confirmaram –, achei que era meu dever relatar *todos os detalhes* neste livro. Meu objetivo era estritamente humanitário. Concluí que pelo menos *alguns* doentes clinicamente incuráveis que passam a vida em agonia e em total desespero poderiam, quem sabe, ser ajudados, ou talvez até curados, se tivessem possibilidade de tomar conhecimento de detalhes sobre as operações e tratamentos espirituais de Lang e Chapman. E se, totalmente desesperados, decidissem dar "uma oportunidade ao tratamento espiritual", não teriam nada a perder; muitos poderiam ter a felicidade de se beneficiar em muito e alguns poderiam até ser curados, se buscassem a ajuda do tratamento espiritual em St. Brides ou no Centro de Tratamento Espiritual de Birmingham.

Quase como que para justificar minha crença de que este livro poderia se tornar uma espécie de "salvação" para muitos doentes, cujas condições de saúde estão completamente deterioradas e num estado tal que a vida tornou-se insuportável, uma vez que as drogas mais poderosas não conseguem sequer aliviar a dor brutal que sentem, quando até mesmo algumas dessas pessoas rogam a Deus que ponha um fim às suas atrozes provações permitindo que morram em paz –, inesperadamente me foram fornecidas outras evidências de como as operações espirituais de William Lang podem, às vezes, provocar resultados que normalmente seriam considerados impossíveis.

Quando a produção deste livro estava bem adiantada e aproximava-se o dia de sua publicação, me vi envolvido num acidente. O cirurgião do hospital diagnosticou o rompimento de uma cartilagem no meu joelho esquerdo; as radiografias revelaram que eu havia fraturado a rótula e que havia sofrido outras lesões. O tratamento provou-se ineficaz; meu joelho parecia mais uma bola do que parte do meu corpo, e uma enorme intumescência se espalhou – sem falar da dor violenta que aumentava dia a dia. O cirurgião ortopedista decidiu que minha perna esquerda *devia ser amputada*, tentou me consolar dizendo que a amputação seria feita logo acima do joelho, e pediu que assinasse um formulário autorizando-o a proceder à operação. Achei que William Lang seria capaz de salvar-me da perda de minha perna realizando uma ou mais operações no meu corpo espiritual e, em vez de assinar a autorização, disse ao cirurgião que precisava pensar sobre o assunto e que, por isso, não poderia, de imediato, assinar o formulário.

Telefonei imediatamente para George Chapman e consegui falar com ele um pouco antes que entrasse em transe. Tendo explicado a situação, ele sugeriu que eu fosse a St. Brides o mais rápido possível e prometeu que ficaria em transe até a nossa chegada. Pearl levou-me a Aylesbury em tempo recorde e chegamos lá quando Lang estava atendendo exatamente o último paciente daquele dia.

Quando ele finalmente me examinou no sofá, disse que a minha lesão era muito grave e que seria necessária muita habilidade para salvar a minha perna. Seu colega cirurgião espiritual, dr. McEwen, que fora outrora um famoso cirurgião ortopedista escocês, realizou uma complexa cirurgia, assistido por William Lang, seu filho cirurgião, Basil, e muitos outros famosos cirurgiões e assistentes que faziam parte da equipe de William Lang. Eu observava de perto Lang utilizando instrumentos invisíveis e, embora ele nem uma só vez tenha tocado no meu corpo durante a operação espiritual, que durou mais ou menos 50 minutos, e suas mãos segurassem os instrumentos invisíveis a pelo menos três centímetros acima do meu joelho e de minha perna, sentia as dolorosas incisões e outra cirurgia sendo feitas.

Completada a cirurgia em meu corpo espiritual, William sentou-se exausto numa cadeira próxima: pela sua expressão, compreendi que o dr. McEwen, Basil e os demais cirurgiões assistentes e auxiliares estavam, igualmente, necessitando de um pequeno descanso. Eles tinham necessitado de habilidade e técnicas especiais para realizar diversas operações simultâneas no tempo mais breve possível, por causa das diversas lesões; além disso, haviam se utilizado de métodos especiais para fazer com que o efeito das operações fossem transferidos para o corpo físico dentro dos próximos dias, a fim de convencer o cirurgião ortopedista do hospital de que a amputação não seria mais necessária.

"Você não vai perder a sua perna, Joseph", Lang finalmente assegurou-me com grande alívio. "A cirurgia foi muito bem-sucedida e você não terá mais nenhum problema com o seu joelho e com a sua perna." Por fim, ele me instruiu para permanecer o dia seguinte deitado, a fim de ajudar a transferência da operação para o meu corpo físico. "Quando você for ver o cirurgião do hospital depois de amanhã, dia no qual ele planeja amputar a sua perna", concluiu Lang, "observe o rosto dele e as suas reações ao descobrir que o seu problema desapareceu. É uma pena que ninguém esteja presente para tirar um instantâneo da sua expressão facial. Seria uma fotografia excepcionalmente rara."

A previsão de Lang estava correta em todos os pontos. A expressão facial do cirurgião, quando verificou a drástica mudança em minhas condições, foi indescritível. E quando ordenou radiografias imediatas do meu joelho esquerdo e comparou-as com as que haviam sido tiradas logo após o acidente, que mostravam a rótula fraturada, ele murmurou para o seu assistente: "É incrível que algo como isso tenha acontecido!" Durante os seus trinta anos como cirurgião ortopédico, ele havia se deparado com diversas mudanças nas condições de saúde de pacientes que, mesmo se tomados em consideração todos os aspectos médicos, permaneciam como problemas sem solução, para os quais os mais qualificados clínicos e pesquisadores médicos não haviam descoberto uma explicação plausível. Ele tinha visto edemas de vários tipos e dimensões diminuírem e desaparecerem subitamente, de forma que não estava perplexo pelo fato de a inchação do meu joelho – embora ela tivesse sido, talvez, a maior e mais grave que ele havia visto – estar quase imperceptível, mas sim, pelo fato de as primeiras radiografias terem mostrado a minha rótula nitidamente fraturada e em processo de deterioração, sendo que, agora, as radiografias revelavam que a mesma rótula estava em perfeitas condições e que, sem que o mais leve dano pudesse ser detectado na radiografia, que estava perfeita, mesmo quando examinadas cuidadosamente com uma lente de aumento. Isso o deixou assombrado.

Ao me dispensar, o cirurgião ortopedista deixou claro que, se por acaso houvesse a mais leve recidiva, eu deveria voltar a procurá-lo imediatamente. Entretanto, cerca de doze anos decorreram desde que essas operações espirituais de emergência foram realizadas e, como William Lang havia predito nessa ocasião, minha perna e o meu joelho ficaram permanentemente em boas condições.

Não muito tempo após a primeira edição deste livro ter sido publicada, ocorreram mudanças proveitosas e, por isso, ele tornou-se em parte incorreto e até, possivelmente, falso sobre as atividades e o local onde se realizam os tratamentos de George Chapman e William Lang. Conseqüentemente, o livro precisa ter agora uma versão totalmente atualizada.

Uma das mudanças foi a construção do Anexo para Tratamento – uma edificação tipo bangalô – que abriga uma sala de espera, a sala de consultas de William Lang, a parte administrativa etc. Tão logo o Anexo foi construído, a sala de consultas de William Lang foi transferida da sala da frente da casa de Chapman, o mesmo acontecendo com a antiga pequena sala de espera localizada no edifício principal. Um Anexo para Tratamento Espiritual, construído apropriadamente com todas as comodidades necessárias, proporcionou melhores e mais tranqüilas condições para as operações e tratamentos espirituais de William Lang e maior conforto para os seus pacientes.

Perguntei ao dr. Lang se a construção do Anexo havia sido idéia sua ou se fora de Chapman. Ele respondeu-me:

"O Anexo foi construído simplesmente para a comodidade da família Chapman. Às vezes, alguém da família queria escutar uma música ou assistir a um programa de televisão, mas não podia fazê-lo porque o barulho iria interferir no nosso trabalho. Isso significava que a família não tinha o seu próprio lar. Assim, sugeri que o Anexo fosse construído para que, ali, pudéssemos trabalhar sem sermos interrompidos e para permitir à família Chapman preservar sua privacidade. Um dia eu disse para Margaret comunicar a George que ele deveria construir um anexo ao lado da casa, para a equipe administrativa e para que eu ali trabalhasse. Ele foi construído para a comodidade de todos."

"Na sua sala de tratamentos em St. Brides o senhor havia criado certas vibrações que eram favoráveis à realização de curas bem-sucedidas", disse eu. "Foi difícil transferir essas vibrações auxiliares da sua antiga sala de consultas para o Anexo recém-construído?"

"Não, isso não tem importância", respondeu Lang. "Vim aqui para trabalhar e minhas vibrações são criadas porque essa é a minha equipe. O que eu quero simplesmente é trabalhar com êxito em qualquer lugar onde haja um ambiente agradável, onde – como vocês dizem – eu me sinta em casa. Isso é o que importa. Mas posso trabalhar em qualquer lugar. Algumas pessoas me têm dito – pessoas ligadas à imprensa e ao trabalho psíquico: 'O senhor estabeleceu boas condições aqui em St. Brides, mas nos disseram que outras pessoas que curam não trabalham em outro lugar senão em seus próprios santuários, porque sentem que não podem obter bons resultados em outros lugares.' Bem, isso pode acontecer com elas, mas no que me diz respeito, posso trabalhar com êxito em qualquer lugar."

"Então não houve absolutamente nenhuma interrupção", comentei.

"A única coisa é que, quando construímos um novo edifício, ele está frio", explicou Lang. "Assim devemos colocar calor nesse lugar. Mas isso é feito rapidamente."

Outra mudança vantajosa foi o encerramento das atividades no Centro de Tratamento Espiritual de Birmingham, que outrora possibilitava aos pacientes que viviam próximo dessa região da Inglaterra se utilizarem das operações e dos tratamentos espirituais de Lang sem terem de viajar até a distante Aylesbury. E o registro de curas de pacientes clinicamente incuráveis nessa espécie de clínica do Centro de Tratamento Espiritual de Birmingham foi verdadeiramente fenomenal. No entanto, o encerramento das suas atividades estava além do controle de George Chapman e de William Lang.

Perguntei a Lang: "O senhor não lamenta que o Centro de Birmingham tenha sido fechado?"

"De certa forma, sim. Eu trabalhava ali com muita satisfação", disse Lang. "Mas a igreja foi vendida e essa foi a razão pela qual deixamos de viajar até Birmingham. Os pacientes de lá vêm agora de trem até St. Brides em busca de tratamento. Assim, como você vê, as atividades não cessaram realmente. De fato, as pessoas de Birmingham dizem que adoram suas viagens mensais de trem até Aylesbury."

"O Anexo tornou-se o quartel-general do tratamento espiritual de George Chapman e de William Lang em Aylesbury. No início, a esposa de George, Margaret, desempenhava o papel de recepcionista, marcando, de acordo com as instruções, as futuras consultas para tratamento e cuidando dos pacientes.

No entanto, uma outra mudança foi feita posteriormente. Michael Chapman, filho de George, assumiu as funções de recepcionista antes ocupadas pela sua mãe. Foi esse o seu primeiro passo para se tornar mais tarde um membro da equipe de tratamento do médico espiritual.

Capítulo 37

O MELHOR DE AMBOS OS MUNDOS

John Leadbitter, um ex-mineiro de Newton Aycliffe, Inglaterra, foi outrora um dos muitos pacientes que recebeu do seu médico particular e dos clínicos dos hospitais o diagnóstico desalentador de que estava "clinicamente incurável" e destinado a passar o resto da vida sofrendo. Porém, como muitos outros portadores de doenças semelhantes e desesperados, ele encontrou e leu a versão original deste livro, o que o induziu a buscar a ajuda de William Lang, esperando, naturalmente, que as operações e o tratamento espiritual pudessem ser tão bem-sucedidos quanto os que aqui estão descritos.

Escolhi deliberadamente esse caso em particular, de um grande volume de históricos de êxitos, porque ele revela muito nitidamente que: 1) Lang descobriu precisamente a grave raiz original da séria doença do paciente, que o seu médico particular e os clínicos do hospital não puderam detectar; e 2) fiel ao seu costume, quando tratava de casos específicos "sem esperança", ele aconselhou Leadbitter a se submeter também a um tratamento médico ortodoxo.

"Combinar nossas operações e os nossos tratamentos espirituais com um tratamento médico simultâneo não cria conflitos – antes, pelo contrário", explicou ele. "Se a medicina ortodoxa estiver sincronizada com nossas operações espirituais, e se todas as instruções forem totalmente cumpridas, esse esforço conjunto *pode* reverter o diagnóstico inicial de 'incurável'. Às vezes, o tratamento prolongado e ininterrupto é fundamental para que consigamos uma melhora gradual para que – às vezes, muitos anos mais tarde – a situação outrora 'desesperador, incurável' *possa ser, finalmente, curada*!"

Investiguei minuciosamente o caso de John Leadbitter; verifiquei seus registros médicos, estudei os históricos de Lang e discuti o caso com ele enquanto George Chapman estava em transe. Também "atormentei" Leadbitter para me fornecer *o seu próprio relato* do que fora divulgado. Ele cooperou bastante e, para ter certeza de que me fornecia *apenas fatos não distorcidos* do seu caso, que tivera origem há muitos anos, verificou amavelmente as esmeradas anotações que fizera regularmente.

John Leadbitter nasceu em abril de 1915. Freqüentou a Browney Colliery School da qual saiu com a idade de catorze anos. Ele não tinha outra alternativa se não a de trabalhar na mina de carvão – como todos os que saíam da escola e como o seu pai tinha feito durante toda a vida.

"Trabalhei na mina durante vinte e seis anos, até que a pneumoconiose – pó de carvão no peito e nos pulmões – deteriorasse minha saúde de maneira tão grave que me tornou incapaz de continuar a trabalhar como mineiro", descreveu Leadbitter a origem da sua doença que piorava cada vez mais. "O *Pneumoconiosis Board** de Newcastle-Upon-Tyne descobriu a minha doença. Fui considerado inválido para o trabalho na mina em 1956 e me foi concedida uma pensão. Era examinado por essa junta de médicos a cada dois anos, mas o diagnóstico era sempre o mesmo: 'Não havia melhoras.' Minha pensão por incapacidade era renovada a cada vez e, desde que fui considerado inválido em 1956, permanecia em vigor."

Entre 1956 e 1969, John Leadbitter teve diversos empregos que a sua saúde deficiente possibilitava exercer com eficiência. Sua pensão era insuficiente para o seu sustento, por mais frugal que fosse. Porém, em vez de solicitar benefícios suplementares a que tinha direito, decidiu aumentar seus ganhos fazendo trabalhos leves; ele não podia suportar a simples idéia de ser considerado como "um preguiçoso inútil" ou um "aproveitador avesso ao trabalho". Mas o trabalho ininterrupto durante treze anos – quase sempre com muito esforço – teve um efeito adverso sobre as deficientes condições de sua saúde, que pioravam cada vez mais, o que, finalmente, pôs um ponto final nas suas esperanças de continuar a trabalhar.

"Eu costumava ir à loja onde comprava o jornal todos os domingos de manhã", Leadbitter conta como ocorreu a sua crise mais forte em outubro de 1969. "Então, exatamente quando eu entrava na loja, minhas pernas

* Junta médica encarregada de examinar os mineiros portadores da doença. (N.T.)

começaram a se dobrar como se fossem de borracha; senti meu peito e minha garganta como se estivessem em fogo. Lutei para respirar e não sabia o que estava acontecendo. Consegui, com grande esforço, voltar para o meu carro e dirigir até em casa.

"Tive de esperar até segunda-feira de manhã para que o meu médico viesse me examinar. Ele não pôde diagnosticar o que estava errado e decidiu que eu deveria ser examinado por um especialista no Bishop Auckland Hospital local. Eu estava alarmado e meu médico reiterou que o meu caso era de urgência, mas tive de esperar duas semanas até poder ser examinado no hospital. O diagnóstico foi "angina" e me deram comprimidos que não me valeram de nada. O especialista afirmou então que se tratava de um mal clinicamente 'incurável' e acrescentou que um tratamento ou o que quer que a medicina pudesse fazer seria incapaz de melhorar meu estado de saúde.

"Eu não sabia o que fazer, pois estava visivelmente me tornando um vegetal", continuou ele. "Não tinha forças e era quase continuamente atormentado pela queimação no peito e na garganta e, além disso, eu geralmente tinha dificuldade para respirar e, às vezes, sentia-me asfixiado e prestes a morrer. Pior ainda era o desmoralizante fato de não poder caminhar mais de dez metros sem ser obrigado a parar, apoiar-me em minha bengala e esperar até que as minhas pernas 'de borracha' readquirissem forças suficientes que me permitissem caminhar mais uma curta distância. Minha saúde estava tão ruim que não me importava se iria viver ou morrer.

"Em absoluto desespero, numa noite de outubro de 1969, fui visitar minha filha – sra. Marian Wheeler – que morava a mais ou menos dez quilômetros de onde eu vivia. Era um esforço quase sobre-humano dirigir até lá, mas quando finalmente cheguei à casa dela, isso mostrou-se ter sido a minha salvação", relembrou ele. "Ela havia acabado de ler o seu livro e sugeriu que eu deveria lê-lo. Eu me sentia tão desesperado que estava ansioso para tentar *qualquer coisa* para melhorar. Assim, peguei o livro, li-o com interesse e escrevi imediatamente para Aylesbury, solicitando uma consulta urgente. Infelizmente, para mim, George Chapman respondeu que seus horários estavam completamente tomados e sugeriu que eu escrevesse novamente em 1970. Assim o fiz em janeiro e tive a sorte de conseguir marcar uma consulta para abril de 1970. . ."

Enquanto John Leadbitter sofria e esperava por sua consulta com William Lang, sua filha mudou-se para Nuneaton. Essa mudança de endereço permitiu que o seu pai dirigisse com mais facilidade até Aylesbury. Ele poderia iniciar sua longa viagem no dia anterior ao da consulta, passar a noite com a filha e continuar a dirigir no dia seguinte pela manhã.

"Bem, o grande dia da minha primeira visita a St. Brides chegou", disse Leadbitter, revelando ainda excitação na voz, "quando chegou minha vez de ser atendido pelo homem que eu estava esperando encontrar há meses. O dr. Lang, um cavalheiro de aparência nitidamente envelhecida, saudou-me com as palavras: 'Entre, meu jovem. Prazer em conhecê-lo. . .'. Fiquei encantado por ter sido chamado de 'jovem', pois estava então com cinqüenta e cinco anos de idade.

"O dr. Lang colocou-me deitado no sofá, examinou-me tocando ligeiramente no meu corpo e finalmente disse: 'A primeira e mais importante coisa a ser feita é fortalecer os músculos do coração em seu corpo espiritual e tentar limpar os seus pulmões.' Eu podia ouvir o estalar dos seus dedos e também ele chamando Basil – o seu filho cirurgião 'morto' que o assiste quando uma operação ou outro tratamento espiritual especial está sendo realizado. Cerca de meia hora depois, o dr. Lang disse que eu poderia ficar à vontade e me levantar do sofá, pois minha primeira sessão de tratamento havia terminado, e instruiu-me:

"Durante as próximas quatro horas eu não deveria comer mais do que dois biscoitos e tomar apenas uma xícara de chá. Ao fim de quatro horas, deveria tomar um banho quente e, finalmente, poderia fazer uma refeição completa. Deveria voltar a vê-lo, sem falta, depois de seis meses."

Leadbitter cumpriu as ordens do cirurgião espiritual ao pé da letra. Dirigindo de volta para Nuneaton durante quase quatro horas, chegou à casa da filha, pronto para cumprir exatamente o que lhe fora recomendado e para tomar o seu banho quente.

"Quando saí da banheira para me enxugar, senti um odor peculiar", recordou Leadbitter a sua atordoante experiência. "Era um cheiro de éter – como se alguém tivesse estado num hospital se submetendo a uma cirurgia. Depois de puxar o tampão da banheira para a água escorrer, o cheiro desapareceu. Era estranho. Mas para eu ter certeza de que não havia imaginado estar sentindo algum tipo de fenômeno sobrenatural, perguntei a minha filha, que havia preparado o banho para mim, se ela havia colocado algum desinfetante na água. Quando ela confirmou que *não havia colocado nada*, ambos concluímos que tinha havido, provavelmente, algum tipo de fenômeno psíquico que, de algum modo, estava ligado à operação espiritual e que era, talvez, uma indicação sobrenatural de que a visita ao dr. Lang tinha sido bem-sucedida."

Retornando à sua casa, John Leadbitter aguardou que algum progresso, por menor que fosse, viesse a ocorrer. Mas, quando se convenceu por si mesmo que houvera apenas uma melhora insignificante, não ficou desapontado pelo fato de a sua primeira visita ao dr. Lang não ter provocado uma "cura milagrosa". Ele compreendia que a sua saúde, que se deteriorava progressivamente durante os últimos trinta e nove anos, não poderia ser curada ou melhorada significativamente, por "apenas uma operação espiritual inicial, para fortalecer os músculos do coração e limpar em parte os seus pulmões de camadas de pó de carvão profundamente enraizadas" – principalmente porque, quando da sua primeira visita a St. Brides, suas forças estavam mais desgastadas do que nunca, pois ele "bufava e arquejava" ao tentar caminhar até as distâncias mais curtas, e levava uma vida de sofrimentos quase insuportáveis.

Em outubro de 1970, seis meses após sua primeira visita a Aylesbury, John Leadbitter foi ver o dr. Lang mais uma vez. Ele esperava que outras operações e tratamentos espirituais pudessem resultar em melhoras mais perceptíveis. Suas esperanças não foram em vão pois Lang lhe assegurou que a primeira operação e o primeiro tratamento espiritual haviam obtido êxito. Os músculos do coração estavam mais fortalecidos e alguma poeira de carvão havia sido removida dos pulmões.

Enquanto realizava outras operações espirituais, Lang afirmou peremptoriamente: "As glândulas do seu corpo estão desajustadas e, até que sejam colocadas em equilíbrio, suas condições de saúde não poderão melhorar satisfatoriamente." Ele sugeriu que Leadbitter fosse consultar seu médico particular e, com toda a diplomacia, pedisse que ele lhe ministrasse um tratamento médico ortodoxo para as glândulas; explicou que isso poderia provocar resultados mais rápidos do que se o tratamento se limitasse apenas às operações e aos tratamentos espirituais semestrais.

"Fui ver meu médico depois de minha volta de St. Brides e perguntei-lhe subitamente: 'Será que as minhas glândulas estão desequilibradas?' O médico respondeu que 'podia ser que sim' e mandou-me fazer um exame de sangue no Bishop Auckland Hospital. Quando recebeu o resultado do hospital, ele explicou que 'a glândula tireóide, a principal glândula do corpo, estava com a sua atividade um tanto reduzida'. Receitou-me comprimidos para a tireóide e comecei a recuperar minhas forças. Depois meu médico disse: 'Estou satisfeito por ter descoberto que isso estava acontecendo.' Porém, se o dr. Lang não me dissesse para falar para o meu médico que as minhas glândulas estavam desequilibradas, acho que não teria feito nenhum progresso e poderia estar, há muito tempo, abaixo dos sete palmos de terra ou, então, sentado aqui como um cadáver."

O tratamento de John Leadbitter foi prolongado – ele viajou a cada seis meses, durante sete longos anos, para Aylesbury a fim de receber tratamento e se submeter a operações regulares realizadas por William Lang que – a seu pedido, assistidas pelo médico particular do paciente – finalmente conseguiu reverter o diagnóstico original de "clinicamente incurável" e restaurou a saúde de Leadbitter a ponto de ele viver, atualmente, uma vida quase normal.

"Graças ao nosso Grande Amigo dr. Lang, nunca mais precisei usar bengala e atualmente sou capaz de caminhar com toda a facilidade", confirmou Leadbitter. "E se não fosse pelo fato de a minha filha ter adquirido o seu livro maravilhoso, eu jamais teria tomado conhecimento do dr. Lang e de suas operações espirituais. Aquela outrora horrível queimação em meu peito e em minha garganta, a alarmante dificuldade para respirar e todos os outros sofrimentos que suportei são agora torturas do passado – como pavorosos e horrendos pesadelos."

Leadbitter concluiu seu relato com um "final muito feliz" que me relatou em 27 de novembro de 1977, com um tom de júbilo na voz:

"Minha última visita a George Chapman ocorreu há três semanas. Cheguei a St. Brides e tive o prazer de conhecer George pela primeira vez, pois ele ainda não havia entrado em transe e o seu corpo não estava sob o controle do dr. Lang. Tomamos café juntos e conversamos um pouco. Quando chegou a hora de ele entrar em transe profundo, levou-me para a sala de consultas do dr. Lang.

"Isso me proporcionou a muito privilegiada e rara oportunidade de ver tanto George como o dr. Lang juntos. Eu observava George como um falcão e fiquei aturdido pela facilidade e rapidez com que ele entrou em transe e se transformou exatamente no mesmo dr. Lang de aparência envelhecida que eu havia conhecido em minha primeira visita a St. Brides e que, então, me saudou novamente com o seu costumeiro 'prazer em vê-lo, jovem'. Ele era totalmente diferente de George! Eu *jamais* esquecerei dessa aparentemente incrível transformação de um homem em outro perante os meus olhos que, perscrutadora e atentamente, observavam os seus mais insignificantes gestos. E isso ficará, *para sempre, firmemente gravado em minha mente durante toda a minha vida,* principalmente porque essas transformações diárias possibilitavam ao dr. Lang, utilizando-se do corpo de George, a mudança dos diagnósticos de 'clinicamente incuráveis' em curas, ou quase curas, de sofredores anteriormente desesperançados. Não posso expressar, de maneira apropriada, minha profunda gratidão a Deus por Ele me haver permitido o raro privilégio de eu ter sido destinado a viver o verdadeiro milagre de transformação de minha outrora doença 'incurável' no meu atual, permanente e perfeito estado de saúde."

Quando falei sobre o caso de John Leadbitter a William Lang, ele declarou:

"Sim, foi um caso muito difícil. Uma saúde que vem, há trinta e nove anos, sendo continuamente deteriorada, não pode ser curada, ou substancialmente melhorada, do dia para a noite, por assim dizer. Eu avisei ao jovem Leadbitter, logo no início, que sua situação era excepcionalmente séria, que ele tinha vindo me procurar ainda em tempo, mas que levaria talvez muitos anos até que pudéssemos melhorar o seu estado de saúde. Ele foi, e ainda é, muito compreensivo e nos ajudou bastante quando realizamos as operações mais urgentes no seu corpo espiritual, que foram suplementadas pelas injeções e tratamentos espirituais adicionais, não apenas quando ele vinha me ver em St. Brides mas também nas muitas noites em que o visitei em sua casa enquanto ele dormia. Nós estávamos bem conscientes do fato de que, a despeito dos nossos esforços mais concentrados, até as mínimas melhoras seriam, a princípio, muito, muito lentas; mas sabíamos também que, mais tarde, quando conseguíssemos atingir as causas originais mais graves de sua doença, ocorreria uma progressiva e considerável melhora, e o jovem Leadbitter poderia, finalmente, colher os frutos de nosso duradouro sucesso e gozar a vida, livre de problemas."

Perguntei: "Era imperativo combinar as operações e o tratamento espiritual com o tratamento médico ortodoxo?"

"Não era de todo imperativo; podíamos ter obtido exatamente o mesmo êxito por nós mesmos e sem uma cooperação exterior", Lang respondeu. "Mas, nesse caso em particular, seu progresso teria sido muito mais lento se tivéssemos apenas o tratamento espiritual. E foi por esse motivo que eu sugeri ao jovem Leadbitter que suplementasse seu tratamento submetendo-se ao tratamento clínico ortodoxo ministrado pelo seu médico, para que o progresso ocorresse mais rapidamente. Expliquei-lhe tudo isso, e ele compreendeu e aceitou minha sugestão. Para me assegurar de que o médico lhe daria o tratamento clínico suplementar correto, ressaltei-lhe a necessidade de se utilizar de uma abordagem 'diplomática', ao trazer à baila a possibilidade de as glândulas do seu corpo estarem desequilibradas, e assim por diante. Como você sabe, isso funcionou de maneira admirável."

"O senhor não acha um tanto estranho que, embora o paciente tenha levado o médico ao diagnóstico sobre a disfunção glandular, este tenha orgulhosamente declarado que estava satisfeito *por haver detectado o problema da glândula*?"

"Bem, isso realmente não importa", disse ele sorrindo de modo condescendente, como sempre faz em ocasiões semelhantes. "A única coisa que realmente importa para mim, e para todos nós, é que: tendo escutado a 'delicada' referência do seu paciente ao possível problema, ele tenha agido perfeitamente de acordo, ele *provou ser um médico que se preocupa com o bem-estar dos seus pacientes e que está pronto a usar outros métodos, se isso puder contribuir para aliviar o sofrimento de alguém*. Lembre-se, Joseph, quase sempre, até mesmo os médicos mais qualificados, quando examinam um corpo *físico*, não conseguem detectar exatamente as causas de determinados sintomas tão facilmente como eu quando examino um corpo *espiritual*. Vangloriando-se por *haver detectado o problema da glândula*, ele estava deixando-se levar subitamente pelo *ego humano* – um dos defeitos humanos mais comuns e de conseqüências insignificantes, ao qual um número bastante considerável de pessoas que vivem no *seu* mundo estão sujeitas, muito embora elas ignorem que essa é uma das muitas influências típicas do seu planeta. Mas tudo isso não tem, na verdade, a mínima relação com o fato de *esse médico ser bom e cuidadoso*.

E concluiu com muita ênfase:

"As únicas duas coisas que importam para mim, para os meus colegas médicos espirituais e auxiliares, nesse caso em particular, são: 1) que o jovem Leadbitter é agora um homem totalmente diferente daquele que era quando o vi pela primeira vez há sete anos; 2) que um médico em carne e osso no *seu* mundo efetivamente, e com a melhor das suas capacidades, fez *tudo* para recuperar a saúde do seu paciente. Além disso – não importa se vivemos no *seu* mundo ou no *nosso* mundo espiritual – *somos todos médicos, cujo primeiro interesse e dever é o de, com a ajuda de Deus, conseguir curar nossos pacientes.*"

Leia também

A CURA PELAS MÃOS

Richard Gordon

O equilíbrio da energia polarizada é reconhecido como um dos mais poderosos instrumentos na manutenção da saúde integral devido à sua simplicidade e eficácia. É sutil, fácil de ser aprendido e, assim mesmo, inacreditavelmente eficaz. A utilização das correntes naturais da força vital que fluem através de nossas mãos possibilita a liberação das correntes de energia que acompanham os sintomas das doenças e a restauração do equilíbrio e da saúde.

"*A Cura pelas Mãos* é a primeira publicação no gênero dirigida tanto aos leigos como aos profissionais que possuam as habilidades vitais necessárias ao sistema de cura naturalista e integral. Todos podem perceber os extraordinários benefícios dessas técnicas dinâmicas que, pela força de sua eficácia, vêm recebendo respeito tanto dos amadores quanto dos profissionais. Trata-se de uma obra amplamente recomendada pela Federação Internacional da Polaridade."

Alan Jay,
Diretor da International Polarity Foundation.

EDITORA PENSAMENTO

ZEN SHIATSU

Como harmonizar o Yin e o Yang para uma saúde melhor

Shizuto Masunaga e Wataru Ohashi

Segundo a medicina oriental, cada vez mais valorizada no Ocidente, a tendência natural de todo organismo vivo é a de curar-se a si mesmo. Conseqüentemente, o meio mais natural e o mais eficaz para sarar de uma doença é estimular essa capacidade de autocura.

Desenvolvendo uma terapêutica que se harmoniza perfeitamente com o organismo do paciente como um todo, o *shiatsu* é uma das disciplinas que fizeram progredir enormemente esse tipo de terapia, com base num sistema médico oriental completo, que explica o corpo humano em termos de uma rede de meridianos através da qual flui uma energia que os japoneses chamam de *Ki*. Se o fluxo do *Ki*, através dos meridianos, é regular, a pessoa goza de boa saúde; se essa energia se estagna, a pessoa cai doente. A natureza desse fluxo de energia é analisada na base da concepção chinesa do Yin e do Yang. O meio de restabelecer o equilíbrio do sistema da energia *Ki* é o assunto deste livro.

Nesta obra, abundantemente ilustrada, os autores estudaram minuciosamente o princípio de tonificação-sedação e o *shiatsu* dos meridianos. A inclusão de um capítulo sobre a auto-aplicação das técnicas aqui ensinadas fazem deste livro uma obra fora do comum.

OS AUTORES

Shizuto Masunaga, formado pelo Departamento de Psicologia da Universidade de Kyoto, foi durante dez anos instrutor do Instituto de Shiatsu *do Japão. Atualmente, é membro da Associação de Psicologia do Japão, da Associação de Medicina Oriental Japonesa e presidente da Associação Iokai para a Terapia* Shiatsu.

Wataru Ohashi, formado pela Universidade de Chuo, é fundador do Centro de Educação de Shiatsu *de Nova York e criador do Ohashiatsu, seu método de terapia baseado na teoria dos meridianos e na cinesiologia.*

EDITORA PENSAMENTO

PRIMEIROS SOCORROS NA PONTA DOS SEUS DEDOS

D. & J. Lawson-Wood

"Um livrinho simples de compreender, rápido de consultar e fácil de carregar" — na definição de seus autores, este manual de primeiros socorros não pretende substituir nenhum outro, mas deve ser usado suplementarmente, em condições de emergência.

O método aqui descrito dispensa qualquer tratamento ulterior, embora, em todos os casos de ferimentos graves ou de enfermidade repentina, o tratamento e o aconselhamento médicos devam ser feitos tão depressa quanto possível.

As condições a serem tratadas estão dispostas em ordem alfabética — ACESSOS..., CÃIMBRAS..., DESMAIO..., INSOLAÇÃO..., FRATURA..., etc. — sendo todos os verbetes ilustrados com a indicação do ponto exato a ser pressionado para que se consigam resultados rápidos e satisfatórios.

O massageamento desses "pontos de pressão", cuja descoberta deve ser creditada à Acupuntura chinesa, dispensa o conhecimento especializado da anatomia ou qualquer outra força especial, exigindo-se apenas a localização exata do ponto a ser tratado e a qualidade do tratamento, que nunca se deve estender por mais de quatro minutos.

Um livrinho para atender de modo especial a circunstâncias especiais, quando alguma coisa deve ser feita rapidamente, usando apenas *"a ponta de seus dedos"*.

EDITORA PENSAMENTO